智能系统与技术丛书

U0150808

MLOps
工程实践
工具、技术与企业级应用

陈雨强 / 郑 曌 / 谭中意 / 卢 冕 / 李 瀚 / 黄 飞 / 吴官林
陈 庆 / 付 豪 / 赵喜生 / 颜丙政 / 刘 扬 / 袁丽雅 / 郭育波　◇著

MLOps Engineering Practices
Tools, Technologies and Enterprise Applications

机械工业出版社
CHINA MACHINE PRESS

图书在版编目（CIP）数据

MLOps 工程实践：工具、技术与企业级应用 / 陈雨强等著 . —北京：机械工业
出版社，2023.7

（智能系统与技术丛书）

ISBN 978-7-111-73329-4

I. ① M… II. ① 陈… III. ① 机器学习 IV. ① TP181

中国国家版本馆 CIP 数据核字（2023）第 102007 号

机械工业出版社（北京市百万庄大街 22 号　邮政编码 100037）

策划编辑：杨福川　　　　　　责任编辑：杨福川　　董惠芝

责任校对：龚思文　　张　薇　责任印制：李　昂

河北宝昌佳彩印刷有限公司印刷

2023 年 8 月第 1 版第 1 次印刷

186mm×240mm・21.75 印张・407 千字

标准书号：ISBN 978-7-111-73329-4

定价：109.00 元

电话服务　　　　　　　　　　网络服务

客服电话：010-88361066　机　工　官　网：www.cmpbook.com

　　　　　010-88379833　机　工　官　博：weibo.com/cmp1952

　　　　　010-68326294　金　书　网：www.golden-book.com

封底无防伪标均为盗版　机工教育服务网：www.cmpedu.com

作者简介

陈雨强

第四范式联合创始人、首席研究科学家、全球人工智能应用领域杰出科学家。在 NIPS、SIGKDD、AAAI 等多个国际顶级人工智能会议上发表过多篇论文,获 APWeb2010 Best Paper Award,在 KDD Cup2011 中名列第三。曾在百度凤巢主持构建世界上第一个商用的深度学习系统,在今日头条主导设计并实现了中国用户量最多的新媒体人工智能推荐系统。

郑曌

第四范式技术副总裁,Linux 基金会 AI & DATA Board 成员,开源机器学习数据库 OpenMLDB 、AI 操作系统内核 OpenAIOS 项目发起人,开源推荐算法工具 SVDFeature 作者,设计开发 ATX 系列机器学习全生命周期加速卡,主持中国市场份额第一的 AI 操作系统 Sage AIOS 的设计与研发。研究领域覆盖分布式机器学习系统架构、个性化推荐架构、高维稀疏机器学习框架等,曾获 ACM ICPC 世界冠军、KDD Cup 冠军。

谭中意

星策社区发起人,LF AI & DATA TAC 成员兼 Outreach 主席,开放原子基金会 TOC(技术监督委员会)主席,Apache 基金会正式成员。资深开源专家,在 Sun、百度、腾讯等有丰富的平台化和开源开发、治理及运营经验,是多个开源基金会项目 Mozilla、GNOME、Apache、InnerSourceCommons、Openchain 的贡献者。

卢冕

香港科技大学计算机科学博士，第四范式资深架构师，基础算力方向主要研发负责人，软件定义的算力平台 SageOne 研发负责人，开源机器学习数据库 OpenMLDB 研发负责人。在人工智能基础架构、软硬件联合设计优化、数据库架构方面有深厚的技术沉淀。在国际顶级学术会议（如 SIGMOD、VLDB 等）和期刊发表学术论文 30 余篇，提交或授权专利近 20 项。

李瀚

第四范式平台架构师，拥有多年推荐和搜索等智能系统及机器学习平台设计经验，先后负责第四范式"先知"、4Paradigm Sage HyperCycle 等 MLOps 产品的设计和开发工作，在金融、零售等多个行业拥有丰富的 AI 项目落地经验。

黄飞

小米商业平台技术总监，拥有 10 多年搜索、推荐、广告系统与商业化解决方案的落地经验，先后负责小米商业化广告引擎、投放平台、机器学习平台、搜索 / 推荐架构、机器学习训练框架的设计与开发工作，在商业化场景方面有丰富的系统架构设计与团队管理经验。

吴官林

网易云音乐技术总监，拥有 10 多年 AI 项目落地经验，近几年专注于 MLOps 实践和探索，负责机器学习平台、推荐 / 搜索架构和实验平台落地，服务数百个内容分发和商业化场景。先后在腾讯广点通承担 pCTR 算法工程工作，主导构建实时推荐引擎；在唯品会从零开始主导构建全流程实时推荐平台，在推荐系统领域有丰富的工程落地、系统架构设计和团队管理经验。

陈庆

第四范式架构师，拥有丰富的 AI 平台和各大行业领先企业的场景落地经验，深度参与第四范式机器学习平台 AIOS、推荐平台天枢等多个机器学习产品的设计和研发工作，对于 AI 场景落地过程中存在的痛点有深刻的洞察和见解。

付豪

第四范式高级系统开发工程师，有多年 AI 工程化和 AI 基础设施设计经验，多个高级项目核心成员，负责为企业构建先进的数据处理和机器学习解决方案。

赵喜生

腾讯机器学习平台架构师，曾主导华为消费者云机器学习平台的建设工作，在大数据和机器学习工程方面有丰富的经验，曾主导多个数据及机器学习产品的研发和设计工作。

颜丙政

第四范式架构师，有多年 AI 平台设计、研发、落地经验，先后参与第四范式强化学习平台、北极星 A/B 实验平台设计与研发工作，曾任职于百度，是百度全功能 AI 开发平台 BML 的核心研发成员。

刘扬

第四范式开发工程师，长期参与第四范式的 AIOS 等 MLOPs 项目的应用层研发工作，对该领域产品有着丰富的设计、开发经验。

袁丽雅

中兴通讯标准及开源高级工程师，有丰富的人工智能开源工作规划和开发经验。目前担任开源项目 Adlik 的技术指导委员会主席以及国际电信联盟（ITU）自智网络焦点组（FG AN）WG3 的主席，曾参与多项人工智能相关的国际标准的制定。

郭育波

众安保险大数据高级技术专家，拥有 15 年软件开发经验，曾就职于陆金所、德勤、eBay 等公司，最近 6 年在互联网金融行业，对互联网应用架构、中间件、大数据架构有丰富的经验，目前在众安金融负责特征平台、CDP、数据中台的系统架构设计和开发工作。

前　言

为什么写作本书

我们非常幸运地见证了 AlphaGo、ChatGPT 等令人激动的人工智能技术的突破。不可否认，人工智能已经像手机、电力、网络一样融入每个人的工作和生活，进入各个行业。人工智能从早期在互联网企业的推荐、广告、搜索等场景中大放光彩，发展到在视觉、安防、金融等领域落地，再到今天走入交通、制造、生命科学等领域，并在排工排产、自动驾驶等场景中崭露头角。

作为计算机科学的一个重要领域，机器学习也是目前人工智能领域非常活跃的分支之一。机器学习通过分析海量数据、总结规律，帮助人们解决众多实际问题。随着机器学习技术的发展，越来越多的企业将机器学习技术作为核心竞争力，并运用在实际业务中。

但是，机器学习应用落地并非一件轻松的事情，AI 开发者往往需要面对各个环节的挑战。这些环节包括目标定义、数据收集、数据清洗、特征提取、模型选择、模型训练、模型部署和模型监控等，其中任何一个环节出现失误，都可能影响算法和策略在最终业务中落地的效果，造成成倍的损失。反过来看，利用工程化技术去优化模型的自学习能力，能让模型保持持续更新、迭代和演进，随着数据和业务的变化不断进行自适应，避免衰退，始终保持在最佳状态，为业务场景带来更好的效果、更多的价值。

除了效果之外，机器学习应用的开发效率也是阻碍落地的关键因素。像 Google 这样的互联网领头羊企业，其 AI 科学家与 AI 工程师也常常会遇到"开发一周，上线三月"的情况。因此需要针对每个模型花费数月时间进行正确性排查，覆盖模型鲁棒性、数据时序穿越、线上线下一致性、数据完整性等各个维度。

从团队协作角度来看，数据、模型、算法的开发和部署需要不同的技能和知识，需要团队敏捷地进行沟通和协作。因此，建设一种可以在任何时间、任何环境被信任的团队合作模式、沟通渠道以及反馈机制，形成一个如敏捷迭代、Kubernetes 一样的事实标准，可方便 AI 工程师敏捷、快速地上线 AI 应用。

除了效果和效率两个 AI 开发者所关注的维度外，成本、人才、安全也是机器学习应用开发落地时需要权衡的。

- 成本：无论软件、硬件成本还是人力成本，企业需要在落地 AI 应用的效益和成本之间进行权衡，确保投入产出比是可行的，而这要求开发者对成本和产出有更加精准的预测和判断。
- 人才：人才短缺是一个普遍问题，哪怕是在硅谷、中关村等科技人才聚集地，具备机器学习和软件开发能力的人也是供不应求的。开发者需要更好地精进技能，规划好 AI 工程化的技能树和学习路径，把自己变成有竞争力的人才。
- 安全：几乎所有的企业都会要求 AI 应用背后的数据、算法和模型符合法规和标准。开发者需要确保 AI 应用和系统不会向企业外部泄露数据，不让非法的攻击侵入并影响业务系统。

正是在这样的背景下，MLOps 快速成为机器学习生产落地中不可或缺的关键能力。构建一个靠谱、永远可以信任、从容应对新技术演进的机器学习系统，匹配让 AI 开发者高效且省心省力的机器学习应用开发流程，成为当前机器学习领域面临的极为关键的问题之一。

作为当今企业和研究人员关注的热点领域，MLOps 相关的知识和实践仍然相对分散，因此，迫切需要一本系统化介绍 MLOps 实践方法的书籍，这也正是我们撰写本书的动力所在。我们希望本书能够：

- 梳理 MLOps 的核心概念和方法，帮助读者全面了解 MLOps 的基本原理；
- 提供实用的案例分析和操作指南，使读者能够在实际项目中应用 MLOps，提高工作效率；
- 针对不同规模的企业和团队，给出相应的 MLOps 最佳实践，帮助它们量身定制 MLOps 策略；
- 探讨 MLOps 的未来发展趋势，以及如何将新技术方向（如人工智能伦理、可解释性等）融入 MLOps 实践。

我们深知 MLOps 实践的推广和普及需要时间和努力，希望本书可以为研究人员提供全面、系统和实用的指南，以便他们在实际应用中构建可靠、高效和稳健的机器学习模型，实现业务价值最大化。

本书内容

本书是一本面向 MLOps 的工程实践指南，旨在帮助读者了解如何在实际工作中应用 MLOps 技术。本书介绍了不同的主流工具和技术，这些工具和技术可以帮助构建可靠、可重复使用和可扩展的机器学习模型。通过实际案例，读者可以更好地理解这些工具和技术的用途和优缺点，以及如何将它们应用于实际项目。

本书内容如下。

第 1 章系统地介绍 MLOps 出现的背景，给出 MLOps 的定义和内涵，然后比较 MLOps 和 DevOps 及其他 XOps 的异同，帮助读者对 MLOps 有较全面的了解。

第 2 章介绍 MLOps 涉及的几种角色，包括产品经理、数据科学家、数据工程师、机器学习工程师、DevOps 工程师、IT 运维工程师等，并分析 AI 科学家与 AI 工程师协作中容易出现的问题及其解决办法。

第 3 章重点介绍机器学习项目涉及的相关概念和问题，并以全局视角解读机器学习项目的全流程，探讨在这个过程中 MLOps 需要解决的痛点问题，为后续深入学习 MLOps 方法论和工具做准备。

第 4 章重点介绍 MLOps 中有关数据的内容，介绍什么是以数据为中心，以数据为中心的人工智能与以模型为中心的人工智能有什么区别，MLOps 中数据的生命周期是什么样的，数据架构是如何演进的，主要的数据问题是什么以及应该如何解决。

第 5 章结合机器学习难以落地在工程层面存在的问题，介绍 MLOps 领域出现的通用流水线工具以及如何帮助提升 MLOps 流程的串联效率，并重点介绍两个典型的流水线工具：Airflow 和 MLflow。

第 6 章主要介绍 MLOps 中特有的特征平台，从特征平台的起源、作用、现状以及未来趋势，分析当前的几个主流商业产品和相关的开源项目，让读者对特征平台有一个全面的了解，同时对如何挑选特征平台给出一些建议。

第 7 章从构建企业级实时特征平台的方法论出发，讲述线上线下一致性的重要性，以及所带来的工程化挑战；基于开源的机器学习数据库 OpenMLDB，深入介绍如何践行线上线下一致性；通过案例演示，带领读者了解 OpenMLDB 的基本使用方法。

第 8 章从机器学习模型落地的挑战开始，引出对 Adlik 推理工具链的介绍，包括 Adlik 架构、端到端模型推理优化实践等，帮助读者全方位了解如何利用 Adlik 构建完整的机器学习推理方案。

第 9 章以业界领先的某国际知名云服务提供商开发的 SageMaker 为例，介绍这种全家桶式服务是如何帮助客户应对大规模机器学习业务开发所带来的挑战的。

第 10 章通过信用卡交易反欺诈系统、推荐系统案例来展示 MLOps 在不同场景下的挑战和解决思路，帮助读者更好地理解和应用 MLOps。

第 11 章以网易云音乐实时模型应用为例，介绍网易云音乐 FeatureBox 在特征工程上如何解决特征开发效率、特征数据准确性、特征读写性能、使用资源大小等一系列问题。

第 12 章以小米广告机器学习平台实践为例，介绍小米如何将机器学习开发流程抽象化、工具化、系统化、平台化，从而提升算法迭代效率，并不断提升算法效果。

第 13 章介绍腾讯金融业务推荐系统建设的方法，包括如何围绕业务增长、用户体验优化和效率提升等关键目标，应用大数据和机器学习技术，以数据驱动方法推动各个业务目标的迭代实现。

第 14 章介绍众安金融的 MLOps 建设背景和整体的实施思路，同时重点介绍实时特征平台的架构设计、实时特征计算的实现方式，以及特征平台如何支持反欺诈场景的特征应用。

第 15 章介绍 MLOps 成熟度模型，然后介绍谷歌、微软及信通院对 MLOps 成熟度模型的划分方式，让读者对 MLOps 在业内的发展有更全面的了解。

读者对象

本书旨在帮助读者掌握 MLOps 技术，从而构建可靠、可重复使用和可扩展的机器学习工作流程。我们更加强调实践和操作，通过示例来帮助读者更好地理解并应用这些技术和工具。

本书适用的读者对象如下。

• 数据科学家和 AI 研究人员：希望了解如何将自己的模型和算法更有效地部署到实际生产环境，提高工作效率和质量。

• 机器学习工程师和 DevOps 工程师：想要掌握 MLOps 的最佳实践，以便在组织内更好地支持 AI 和 ML 项目的开发、部署与维护。

• 产品经理和业务负责人：希望了解 MLOps 的概念和实践，以便更好地推动组织内 AI 和 ML 项目的落地，提高项目成功率和产出价值。

• 教育者和学者：在教学和研究过程中需要掌握 MLOps 的理论和实践知识，以便为学生和咨询者提供指导。

X

与我们联系

若本书中有描述不到位或错误的情况，恳请读者批评指正，意见可发送至邮箱 startogether2022@163.com。

致谢

在本书撰写过程中，我深深地感到，要想打造完美的内容，个人的力量是远远不够的。在这里，我要感谢所有为本书写作提供帮助的人，感谢我的同事、家人和朋友，他们一直支持并鼓励我完成写作。

感谢所有致力于 MLOps 领域的人，他们的努力为这个领域的发展做出了重要贡献。

郑 曌

第四范式技术副总裁

CONTENTS

目　录

第 1 章

全面了解 MLOps

人工智能已经出现很久了，我们可喜地看到，当前它在企业中的价值已经得到了广泛验证。随着企业数字化、智能化转型的深入，它的前景一致被看好。但是，人工智能在企业落地，并不像在实验室里做算法研究那么简单，还需要解决很多工程问题。它面临着巨大的工程挑战，于是，MLOps 应运而生。

本章首先介绍当前人工智能技术在企业落地的趋势和现状，以及阻碍人工智能在企业批量落地的主要问题；然后介绍为解决这些问题应运而生的 MLOps 的定义和包含的内容；最后分析 MLOps 与各种常见的 XOps（包括 DevOps、AIOps、DataOps 等）的关系。希望通过本章的学习，读者可以对 MLOps 有一个全面的了解。

1.1 人工智能的趋势和现状

近年来，国内外的人工智能研究和应用出现如下两个明显的趋势。

- 人工智能正在企业内加速落地，越来越多地发挥价值。
- 人工智能的应用正从以模型为中心（Model-centric）向以数据为中心（Data-centric）转变。

1.1.1 趋势 1：人工智能在企业中加速落地，彰显更多业务价值

熟悉人工智能技术发展历史的读者都知道，人工智能的技术发展经历了数次高潮和低谷。自从 2012 年 AlexNet 在 ImageNet 大赛上夺魁之后，人工智能技术的研究和应用进入了新的高潮。

机器学习不仅在学术界取得很好的进展——AlexNet、VGGNet、GoogleNet、ResNet、Transformer 的 GPT-2 和 GPT-3 等算法模型层出不穷，在工业界的应用也飞速增长。人工智能在企业内正在加速落地，一方面是落地场景类型增多，不仅在传统的感知类场景中有应用，包括图像识别、语音识别、自然语言处理，还在企业经营决策类场景中有应用，包括风控、推荐、预测等；另一方面是人工智能在企业内部落地的绝对数量上呈指数级增长。

（1）传统的感知类场景

人工智能在企业内部感知类场景的落地一直以来是关注的重点。例如图像识别技术在企业的客户资料审核、安全监控等方面得到了广泛应用，大大提升了业务效率；语音识别技术在输入法、智能个人管家等产品中得到了广泛应用，帮助人类更好地进行语音输入，提升了用户进行数字活动的效率；自然语言处理技术在搜索、知识生产等领域得到了广泛应用。

（2）企业经营决策类场景

我们欣喜地看到，大量企业把人工智能技术应用到经营决策类场景，让计算机从海量数据中发现规律，辅助人类做出高效、正确的业务决策，从而提高企业的经营效率和核心竞争力，创造经济价值。例如人工智能技术应用在金融行业的风控系统中，帮助企业在信用卡开户、贷款审核和发放、资金转账、在线消费等场景中识别潜在风险，减少资金损失和商誉损失；人工智能技术应用在消费品行业的电商推荐系统中，通过给消费者推荐更感兴趣的商品来促进消费，提升商品交易总额；人工智能技术应用在物流行业的物流预测上，通过准确预测商品销量帮助企业进行更精准的备货和铺货，提高销售额的同时减少备货过多而导致的浪费。

以上这些都是企业内部应用人工智能技术的典型例子。相当多的企业成功应用案例证明，人工智能技术在这些场景的落地，大大提升了企业的决策效率，降低了成本，提升了企业的核心竞争力。

（3）企业内部落地数量增长

人工智能在企业内部应用，除了落地类型丰富之外，在落地的绝对数量上也增长很快，尤其是大中型科技企业落地机器学习模型的数量呈指数级增长。以国内某著名大型金融企业为例，它同时在线上生产环境中运行机器学习模型的数量达到上千级别。其中，某些风控模型能帮助企业每年在多个场景下减少上亿元的业务损失，某些推荐模型能帮助企业每年在多个场景下增加十亿元级别的营收。这些模型在企业的各个业务场景下正在发挥着越来越大的作用，带来更高的经济价值。

相信随着我国企业数字化、智能化转型的深入和全面推进，越来越多的企业会发现人工智能技术对于业务的价值，从而推动人工智能技术在更多行业、更多场景的落地。

1.1.2　趋势 2：人工智能应用从以模型为中心向以数据为中心转变

目前，人工智能技术在企业内部正在加速落地，但是我们在人工智能应用的研究、模型设计和算法性能的提升方面出现了瓶颈。人工智能应用正在从传统的以模型为中心向以数据为中心转变。

2021 年，曾任斯坦福大学人工智能实验室主任、"谷歌大脑"负责人和百度首席科学家的著名学者 Andrew Ng（吴恩达）教授在美国通过他创办的 DeepLearning.ai 发表题为"MLOps：From Model-centric to Data-centric AI"的线上演讲，在人工智能行业引起了很大反响。在演讲中，他认为当前在工业界落地人工智能的现状是通过模型调优带来效果提升，这远远比不上通过数据质量调优带来的效果提升，所以带来的人工智能落地趋势是从以模型为中心向以数据为中心转变。具体来说，采用以模型为中心方法就是保持数据不变，不断调整模型算法，比如使用更深、更复杂的网络层，更多的网络节点，更多的超参数等，对最终结果的改善空间很小；而采用以数据为中心方法就是保持模型算法不变，把主要精力花在提升数据质量上，比如改进数据标签、提高数据标注质量、保持数据在训练和预测等多个阶段的一致性等，相对来说容易取得比较好的结果。对于同一个人工智能问题，改进模型还是改进数据质量，效果提升的差异很大。

他在演讲中列举了几个实际的工业界例子，分别通过以模型为中心和以数据为中心方法进行准确率提升，结果如表 1-1 所示。

表1-1　通过以模型为中心和以数据为中心方法提升的效果对比

采用的方法	钢材缺陷检测	太阳能电池板缺陷检测	表面检测
基线	76.2%	75.68%	85.05%
以模型为中心	+0 （76.2%）	+0.04% （75.72%）	+0 （85.05%）
以数据为中心	+16.9% （93.1%）	+3.06% （78.74%）	+0.4% （85.45%）

如表 1-1 所示，在 3 个人工智能任务中，基线的准确率分别是 76.2%、75.68%、85.05%。采用以模型为中心方法（即进行模型调参数等操作之后），最终结果是模型准确率提升幅度非常小，三个任务结果分别为 +0、+0.04%、+0。但是采用以数据为中心方法对数据进行优化（包括引入更多数据、提升数据质量等），最终结果是模型准确率提升幅度大得多，三个任务结果分别为 +16.9%、+3.06%、+0.4%。对比一下，采用以数据为中心方法在结果准确率提升上完胜采用以模型为中心方法。

之所以会出现这种结果，吴恩达教授给出的分析是数据远比想象中更重要。大家都知道"Data is Food for AI"，用一个简单的公式来表示：

$$Better\ AI = Data \times （80\%）+ Code \times 20\%$$

一个真实的人工智能工作场景中，分析师大概有 80% 的时间在处理数据，20% 的时间用来调整算法。这个过程就像烹饪，八成时间用来准备食材，对各种食材进行选择和处理，而真正的烹调时间很短。

为了顺应以数据为中心的发展趋势，吴恩达教授提出 MLOps（Machine Learning Engineering for Production）。他认为，MLOps 是帮助机器学习进行大规模企业应用的一系列工程化方法和实践，它最重要的任务是在机器学习应用研发生命周期的各个阶段（包括数据准备、模型训练、模型上线、模型监控和重新训练等）始终保持高质量的数据供给。

为了在业内对齐以数据为中心的认知并推广 MLOps，他还联合业内专家在所负责的 Cousera.ai 培训平台上推出 "Machine Learning Engineering for Production（MLOps）" 专项课程。该课程内容包括如何构建和维护在生产环境中持续运行的机器学习系统，如何处理不断变化的数据，如何让模型以较低成本不间断地运行并达到最高性能等。

以上是以吴恩达教授为代表的人工智能顶尖科学家对于人工智能在企业内部落地趋势的判断：对于模型效果的提升，模型算法的迭代不如数据质量提升和数量增加。

接下来，我们来看一下当前企业内部人工智能落地现状。

1.1.3　现状：人工智能落地成功率低，成本高

首先，从业内统计数据来看，目前人工智能技术在企业内部落地成功率非常低。2019 年 5 月，Dimensional Research 发现，78% 的人工智能项目最终没有上线；2019 年 6 月，VentureBeat 发现，87% 的人工智能项目没有部署到生产环境；2020 年，Monte Carlo Data 预估人工智能项目的死亡率在 90% 左右。也就是说，虽然 AI 科学家、AI 工程师一起做了大量工作（包括数据准备、数据探索、模型训练等），但是大部分机器学习模型最终没有上线，即没有产生业务价值。

其次，从人工智能实际从业者（包括 AI 科学家和 AI 工程师）视角来看，在企业内部落地人工智能项目的周期往往比预期的要长很多。通常，一个机器学习模型落地时间是机器学习模型调优时间的数倍。一个 AI 科学家在一次业内交流会上感叹，他只花了 3 个星期来开发模型，但是过去了 11 个月，该模型仍然没有被部署到生产环境。事实上，这不是个例，在业内是普遍现象。

接下来，我们分析人工智能落地现状背后的具体问题、挑战以及应对措施。

1.2　人工智能的问题、挑战以及应对措施

人工智能在企业落地成功率低、成本高的问题究竟出在哪里？为什么 AI 科学家在实验室内构建模型比较简单，但是到线上运行就麻烦得多呢？归根到底，这是人工智能系统研发的工程问题。

相对于传统的企业应用系统或者互联网应用系统，人工智能系统的特点是除了需要算法模型之外，还需要数据（往往是海量数据和新鲜数据）。而数据带来的问题是最大的，规模化部署人工智能系统又带来工程实践规模化的挑战。

1.2.1　问题 1：机器学习代码只是整个系统的一小部分

谷歌发现：AI 科学家根据给定的相关训练数据可以在离线环境下训练出效果非常出色的模型，但是真正的挑战并不是得到一个效果不错的模型，而是在生产环境下构建一个持续运行的机器学习系统，并一直保持不错的效果。谷歌工程师 2015 年在 NIPS 发表的论文 "Hidden Technical Debt in Machine Learning Systems" 中提到，人工智能系统进行包含数据收集、数据验证、资源管理、特征提取、流程管理、监控等诸多环节，但真正和机器学习算法相关的代码工作量仅占整个人工智能系统代码量的 5%，其余 95% 的代码量与数据相关。而数据是最重要的部分，也是最容易出错的部分。

该论文展示了机器学习系统中系统架构和代码占比情况，如图 1-1 所示。

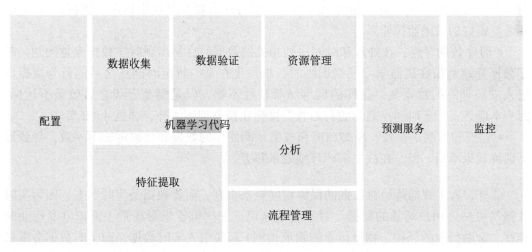

图 1-1　机器学习系统架构和机器学习代码占比

（资料来源：https://proceedings.neurips.cc/paper/2015/file/86df7dcfd896fcaf2674f757a2463eba-Paper.pdf）

如图 1-1 所示，真正和机器学习模型计算相关的代码只占整个系统代码的一部分。

而配置、数据收集、特征提取、数据验证、资源管理、预测服务、监控等占了 95% 的代码量。

1.2.2 问题 2：数据是最主要的问题

2017 年，Uber 的机器学习工程师在一篇机器学习博客" Meet Michelangelo: Uber's Machine Learning Platform"中系统地阐述了 Uber 内部机器学习平台的构建思路和实践，这被认为是 AI 工程化的里程碑式文档之一。（本书第 7 章对该博客还有更详细的解读。）在该博客中，这位 Uber 工程师感叹数据之难："数据是机器学习中最难的部分，也是得到正确结果的关键。错误的数据是生产环境中出现问题最常见的原因。"

笔者非常认同他的观点，数据给人工智能系统落地带来的问题主要包括以下几点：

• 可扩展性：海量的特征读取是一个挑战，训练往往需要海量的特征数据，不是TB 级，更多是 PB 级，例如各大媒体网站和电商网站的推荐系统都需要处理海量用户行为数据，包括点击、收藏、观看等，每天产生几 PB、几十 PB 规模的数据。

• 低延时：线上预测服务需要做到低延时和高吞吐。提供预测服务往往需要同时达到高吞吐和低延时的服务能力，才能满足像实时风控、实时推荐等业务场景的需求，保证基本的用户体验，从而实现业务价值。

• 模型效果衰退：机器学习模型是从数据中挖掘、提取规律的，当外部发生变化时，模型效果会发生衰退。如何来应对？我们往往需要及时收集数据、重新进行训练，还需要很好的效果监控体系。

• 时序数据穿越：在处理和时间序列相关的数据时容易出现时序数据穿越问题。时序数据穿越是指在机器学习模型训练时，把发生在某一特定时间点之后的行为数据也混入需要训练的数据集，这样的训练结果往往不错，但是模型上线之后效果不达标，因为本应该把特定时间点之后的行为数据排除在模型训练之外，详见 4.4.2 节。

• 训练和预测不一致：模型训练和模型预测使用的数据和代码逻辑不一致，导致线下训练效果不错，但是在线上生产环境效果很差。

此外，人工智能落地对数据的保鲜程度要求很高，需要数据是实时数据，因为实时数据是更贴近用户场景的数据。对于企业来说，一些机器学习场景（例如电商行业的推荐、金融行业的风控、物流行业的物流预测）需要引入实时数据，而实时数据会带来更大的挑战。

图 1-2 是人工智能商业价值分析图，横轴是机器学习系统技术能力，纵轴是商业价值。

从图 1-2 可以看出，既具备流式实时数据接入又具备实时在线预测能力的机器学习模型的商业价值最大。这很容易理解，因为在企业中机器学习模型最能产生商业价值的场景莫过于广告系统的 CTR 预估模型和电商系统的推荐模型等。这些场景下的机器学习模型如果能以用户的最新行为数据进行训练，并提供实时预测能力，则能提升推荐准确度并最终体现在商业效果提升上。而接入实时数据流，并完成在线训练和预测，对机器学习系统要求更高，挑战也更大。

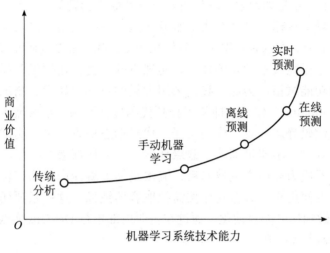

图 1-2　人工智能商业价值分析

　　机器学习项目需要收集大量原始数据，然后进行数据聚合、数据抽取、数据转换、数据训练。多个业务场景下的机器学习模型训练需要使用大量特征数据，这些特征数据往往存在重复的情况，即从原始日志文件读取开始，经执行一系列特征提取工程，最后得到一个表现力强的特征，这个特征可以被模型 A 使用，也可以被模型 B 使用，这就会产生特征数据共享和复用的问题。很显然，如果特征数据不能共享和复用，那么所有特征工程任务都需要重复执行，这会浪费大量的存储资源和计算资源，同时增加了模型上市时间。

1.2.3　挑战：人工智能系统如何规模化落地

　　对于构建人工智能系统的工程师来说，解决现有的数据问题已经很难，人工智能系统规模化落地则带来更大挑战。以笔者熟悉的一个国内大型金融企业为例，该企业在线上同时运行 1000 多个机器学习模型，这些机器学习模型在金融核心业务的风控场景、ToC 消费场景的实时推荐和预测场景中发挥着非常关键的作用。

　　模型在企业内部规模化落地"快、好、省"方面面临挑战。

- 快：需要系统落地时间短，迭代速度快。比如在实时推荐场景中，常常需要做到每天 1 次全量训练，每 30min 甚至每 15min 1 次增量训练。

- 好：需要每个系统的落地效果达到预期，要体现业务价值。
- 省：需要每个系统的落地成本低，符合预期。

1.2.4　应对措施：MLOps

我们回顾一下当年是如何解决软件研发质量和效率问题的。当年，软件研发周期超出预期，代码质量不达标，甚至有线上服务崩溃、不响应用户请求等严重影响用户体验和业务的问题出现。在这种情况下，我们采用 DevOps 来改进研发模式，在保证质量的前提下，更快地提高版本发布的速度，实现更多、更快地研发和部署，从而进行更多的功能迭代和功能试错。为此，我们采用大量的自动化研发、测试、运维等工具进行流水线（俗称 Pipeline）作业，即从工程师代码提交开始，触发流水线自动化执行一系列任务，完成代码静态检查、代码编译、代码动态检查、单元测试、自动化接口测试、自动化功能测试、小流量部署、蓝绿部署、全流量部署等操作。在计算机系统逐渐云原生化，容器成为业内主流技术后，流水线加上编译产出物打包成容器镜像并部署到容器仓库，以便用户从容器仓库按需拉取容器镜像。这一系列任务需要在多个业务线上执行，并做到尽可能自动化。通过在企业内部推行 DevOps 实践和工具，软件研发和部署效率得到大大提升。

既然 DevOps 这么成功，我们可以借鉴 DevOps 的实践经验，把机器学习模型研发和现代软件模型研发结合起来形成一套人工智能系统落地流程，我们将其称为 MLOps。

1.3　MLOps 简介

1.3.1　MLOps 的定义

对于究竟什么是 MLOps，目前业内并没有标准的定义。我们来看几个比较流行的定义。

1. 来自百科的定义

"MLOps 是一套在生产环境中部署和运维机器学习模型的可靠和高效的实践。"

这种说法是把 MLOps 和 ModelOps 等同起来，笔者对此另有看法。笔者认为 MLOps 和 ModelOps 并不完全一样，MLOps 的 ML 是指 Machine Learning，而不只是 Model 的缩写，MLOps 所包含的概念比 ModelOps 的概念要广泛，ModelOps 指的是模型（Model）相关的开发和运维自动化，而 MLOps 关心的不只是 Model，还包括 Data 和 Code。所以 MLOps 相对 ModelOps 来说，范围更广，严格意义来说 MLOps 包含 ModelOps。

2. 来自著名人工智能云厂商谷歌云的定义

谷歌云在 2021 年发布的 MLOps 实施指南 "Practitioners guide to MLOps: A framework for continuous delivery and automation of machine learning" 中认为："MLOps 是一套标准流程和技术能力，用来快速和可靠地构建、部署和运维机器学习系统。"谷歌云认为 MLOps 是将 DevOps 的实现原则应用于机器学习系统，工程方面主要是实现机器学习系统的持续交付和流水线。它的看法抓住了各种 Ops 的关键工程部分，即自动化和流水线，但是笔者认为这一定义并不全面。这是因为 MLOps 不仅仅局限于工程上的自动化和流水线，还包括相应的平台和工具，以及对应的组织。

3. 来自著名人工智能硬件厂商 Nvidia 的定义

Nvidia 在官方博客发表了 MLOps 的定义："MLOps 是企业在不断扩大的软件产品和云服务帮助下成功运行人工智能系统的最佳实践。"简言之，MLOps 是企业成功运行人工智能的一套实践。这个说法简单明确，强调了软件和云的支撑作用，认为 MLOps 覆盖机器学习模型研发、部署和更新的全生命周期，包括数据采集、数据注入、数据分析、数据标注、数据验证、数据准备、模型训练、模型评估、模型验证、模型部署等各个环节，具体如图 1-3 所示。

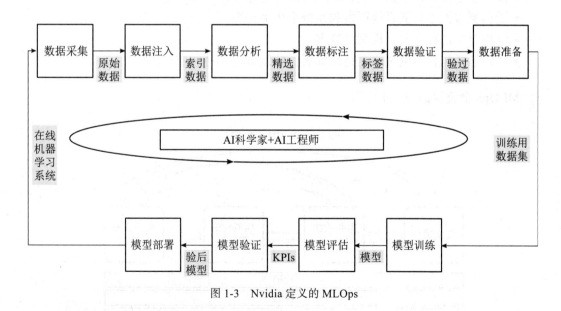

图 1-3　Nvidia 定义的 MLOps

4. 来自著名人工智能软件厂商 Databricks 的定义

Databricks 在官网对 MLOps 做了定义："MLOps 是机器学习工程的核心功能，旨在简化将机器学习模型推向生产环境的过程，并随后维护和监控它们。MLOps 是一个协作过程，通常由数据科学家、DevOps 工程师和 IT 人员协作完成。"该看法增加了对多种角色协作的关注。

以上多种看法仅供参考，更多人认为 MLOps 就是机器学习领域的 DevOps，即 DevOps + 机器学习 = MLOps，确实 MLOps 的实现参考了 DevOps 的很多实现原则和实践并做了扩展。

笔者认为：MLOps 是企业内人工智能系统成功落地过程中的一套最佳工程实践，它参考了 DevOps 的实现原则和实践，涉及 AI 工程师和 AI 科学家等多个角色，覆盖了人工智能系统研发和运维全生命周期，包括数据收集、数据分析、模型训练、模型迭代、模型部署、监控等活动，体现在代码、模型、数据的持续集成、持续部署、持续训练和持续监控等一系列操作自动化上。

拆开来看：

- MLOps 是一套工程实践，偏重于工程，不是算法和模型；
- 适用于企业内部，不适用于实验室研究场景；
- 目的是成功落地机器学习项目，让人工智能技术在企业内发挥价值；
- 参考并扩展了很多 DevOps 实践；
- 涉及多个角色，包括 AI 科学家、AI 工程师等；
- 活动覆盖人工智能系统研发和运维全生命周期；
- 管理对象包括代码、模型、数据；
- 实践活动包括持续集成、持续部署、持续训练和持续监控。

MLOps 全流程如图 1-4 所示。

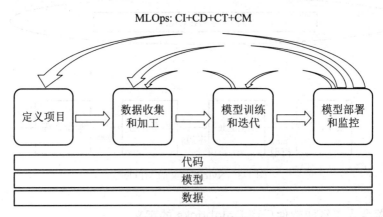

图 1-4   MLOps 全流程

首先，MLOps 的核心是一个包含多个循环的流水线。如图 1-4 所示，MLOps 覆盖人工智能系统落地的全生命周期活动，即在第一步的定义项目中，确定项目要解决的商业问题是什么，比如是一个安防领域内进行人脸识别的图像识别问题，还是一个给用户推荐可能喜欢的产品的推荐问题；在第二步的数据收集和加工中，收集对解决商业问题有用的数据（或者从系统后台日志系统收集，或者从第三方系统收集），收集之后还需要进行数据的加工；在第三步的模型训练和迭代中，设计各种模型和算法，使用给定的数据进行训练，训练效果不好还需要进行修改；在第四步的模型部署和监控中，训练完成后获得模型，把模型部署到线上，然后针对新的请求进行计算后给下游系统返回需要的结果（或者是人脸识别结果，或者是推荐的商品列表）。其中包括若干循环：模型训练不理想，需要返回到上一步重新进行数据收集和加工；模型监控下发现线上模型的预测效果有回退，需要返回到上一步重新进行模型训练；模型部署到线上后发现效果不达预期，可能需要收集更多数据进行更多特征工程，然后进行训练等，也可能返回到第一步，即重新开始定义项目范围和目标。

其次，MLOps 包含 CI、CD、CT、CM 多个活动，具体含义如下。

• CI（Continuous Integration，持续集成）：数据、代码、模型不停地产生，产生之后将引发流水线的一系列操作，例如单元测试、功能测试、代码质量检查、代码编译、代码打包等，最后生成二进制文件或者容器镜像包并保存在软件制品仓库中。产生的新数据（例如用户浏览、点击、下拉、点赞等行为数据）都会被后台自动记录下来，然后被 ETL（抽取、转化、加载）工具进行处理，并保存到一个特定的地方，供下游服务使用和消费。

• CD（Continuous Deploy，持续部署）：数据、代码、模型等持续部署到生产环境，供用户使用来产生价值。例如在代码完成持续集成并保存到软件制品仓库后，下一步是把这些软件制品部署到线上环境，操作过程包括小流量验证、分级部署、全流量部署等。数据和模型也会被持续部署到线上环境来发挥作用。

• CT（Continuous Training，持续训练）：特指训练机器学习模型，数据注入之后需要不断进行训练，无论离线环境下的全量训练还是在线训练，都希望模型能更快反映现实规律。

• CM（Continuous Monitoring，持续监控）：指当数据、代码、模型都部署到线上环境之后，需要对系统的稳定性和可靠性进行持续监控，还需要对机器学习模型的预测效果进行监控。对于前者，系统出现故障可以实时触发报警，然后由运维人员介入处理，或者按照预先设定的规则自动进行处理。对于后者，预测效果有较大的降低，低于一定阈值后需要更新模型，触发后台的持续训练完成模型的自动训练和更新。

这种持续集成、持续部署等活动的触发条件可以是代码的修改，也可以是数据的更新和产生。

最后，MLOps 涉及的对象包括代码、模型和数据。DevOps 实践中往往只包含代码，代码相关的操作包括代码管理、代码编译、代码测试等；相对于 DevOps，MLOps 增加了模型和数据相关的操作。

1.3.2　MLOps 相关的工具和平台

为了支持 MLOps 全流程操作，我们需要各种相关的工具和平台。

1. 流水线工具

为了支持 MLOps 全流程操作，我们需要借鉴 DevOps 实现原则和实践，通过自动化工具建立各种流水线，以提升整个流程的运转效率。

传统的 DevOps 实践中最关键的工具是 Pipeline，具体的实现有 Jenkins 这种大家耳熟能详的流水线开源工具，也有 Tekton 这种云原生环境下的新锐流水线开源工具。

MLOps 实践中需要各种开源的流水线工具，包括 Airflow 和 MLflow 等，详见本书第 5 章。

2. 针对机器学习场景定制的大数据平台

MLOps 实践需要复用大数据领域已有的分布式大规模存储和计算平台，并针对机器学习的具体场景做特定优化，以便适应机器学习场景中数据存储和计算的特殊需求。

（1）存储平台：特征数据和模型的存储与读取

存储平台是用来存储机器学习训练和预测所需要的特征数据和模型的，需要满足两方面要求：一方面满足利用海量数据进行训练的可扩展性需求，另一方面满足线上预测高吞吐、低延时需求。一般用两个不同的存储系统来做后台实现，一个用于离线训练，一个用于线上预测，两者之间需要进行数据同步。

（2）计算平台：流式、批处理特征计算

特征计算有两个场景：支持海量文件的批处理计算，支持来自消息队列的实时数据的流式计算。针对风控、预测、推荐场景，对于包含时间序列信息的结构化数据，如何高效、低成本地返回一些滑动窗口的操作，例如过去 7 天某客户消费的平均值、最大值、最小值之类的计算结果，也是很大的挑战。

（3）消息队列：接收实时数据

消息队列一般用于接收实时数据（包括电商领域的用户点击、浏览、收藏、查询数据），需要高效、不丢失地将数据传给后台系统，以便完成实时训练、实时统计等。

（4）调度工具：各种资源（计算 / 存储）的调度

各种存储和计算任务都需要调度底层分布式资源。此外，当预测到流量增长时，系统需要进行动态弹性扩容，快速增加虚拟机或者容器并进行业务部署来应对流量洪峰，以保证用户体验；当预测到流量降低时，系统需要进行动态弹性缩容，释放空闲的虚拟机或者容器，以减少资源占用来降低成本。

3. MLOps 特有的平台

MLOps 还包括一些机器学习实践所特有的平台，具体如下。

- Feature Store（特征平台）：注册、发现、共享各种特征的平台。
- Serving Tool（预测工具）：用来提供高效预测服务的工具。
- Model Store（模型平台）：用于注册、存储的平台。
- Evaluation Store（评估平台）：用于监控、A/B 测试的平台。

其中，特征平台被认为是 MLOps 的核心基石，近几年发展非常快，详见第 6 章。

Serving Tool 有很多种，各有其应用场景。本书将介绍一个 Linux 基金会 AI 和 Data 子基金会负责的项目 Adlik，详见第 8 章。

Model Store 和 Evaluation Store 用于确保模型在线上被监控和管理，限于篇幅，本书没有详细介绍。

1.3.3 MLOps 的优势

MLOps 的优势很多，包括提高人工智能系统研发和运维效率，提升人工智能业务可扩展性，并降低风险。

- 提高人工智能系统研发和运维效率：推行 MLOps 实践能让人工智能系统研发和运维团队以更快的速度实现模型开发和上线，从而实现业务价值。
- 提升人工智能业务可扩展性：推行 MLOps 实践能实现扩展到多个场景和多个模型的管理，可以同时训练、部署、监控数千个模型，并通过持续集成、持续部署、持续监控、持续训练等自动化方式提高模型的质量和迭代速度。
- 降低风险：通过对人工智能系统训练和运维全流程进行自动化管控，降低了数据合规风险，也通过持续监控等降低了模型效果衰退等风险。

1.4 MLOps 与 DevOps

MLOps 借鉴了很多 DevOps 实现原则和实践，并应用在人工智能系统研发和运维实践中，所以 MLOps 和 DevOps 有很深的关系。本节将详细讲解两者之间的关系。

1.4.1 DevOps 的 3 个优点

什么是 DevOps？

DevOps（Development 和 Operations 的组合词）是一组过程、方法与系统的统称，用于促进开发（应用程序、软件工程开发）、技术运营和质量保障部门之间的沟通、协作与整合。它是一种重视软件开发人员（Dev）和 IT 运维人员（Ops）之间沟通合作的文化，通过软件交付和架构变更流程自动化，使得软件构建、测试、发布更加快捷、可靠。它的出现是由于软件行业日益清晰地认识到：为了按时交付软件产品和服务，开发和运维工作必须紧密合作。

笔者这里总结一下 DevOps 的优点。

1. 打破软件研发和 IT 运维之间的部门墙

在传统研发模式下，软件研发人员和 IT 运维人员之间协作不顺畅。我们这里来看看 Google SRE 对 DevOps 的解读。

软件研发人员和 IT 运维人员的工作关系如图 1-5 所示。

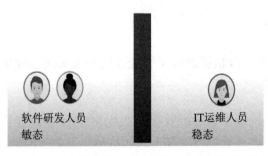

图 1-5　Google SRE 描述研发和运维的关注点以及部门墙的存在

在传统研发模式下，软件研发人员和 IT 运维人员分属于不同的团队，两者之间存在部门墙（专业术语叫 Silos）。软件研发人员关心敏捷，即产品功能的快速迭代；IT 运维人员更关心整个系统的稳定性。从部门分工和岗位职责来看，软件研发人员希望更多、更快的代码修改和上线，以实现更多软件功能；IT 运维人员则希望更少的代码修改和上线，以保持系统的稳定性。两者的关注点完全不一样，相互冲突。

　　软件研发人员交付产出物给 IT 运维人员的过程如图 1-6 所示。

　　可见，软件研发人员做好代码开发和测试之后，把生成的软件包交给 IT 运维人员。这个移交过程在某些公司做得比较规范，会设定一定的准入门槛，例如需要清晰完整的测试报告、完整详细的上线文档（包括如何回滚）等，基本上是为了运维方便。在这种模式下，研发人员不关心线上稳定性，只关心快速完成功能并完成内部测试。

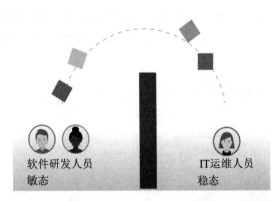

图 1-6　Google SRE 描述软件研发人员把产出物交给 IT 运维人员的过程

　　IT 运维人员收到软件研发人员交付的产出物之后的动作如图 1-7 所示。

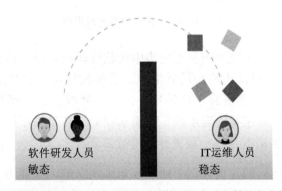

图 1-7　Google SRE 描述 IT 运维人员收到软件研发人员交付的产出物之后的动作

　　可见，IT 运维人员在收到软件研发人员交付的软件包之后，将其部署到线上环境并在线上生效。他们负责系统的稳定性，可能采用从小流量部署过渡到全流量部署的方式，也可能采用异地多活等方式。

　　通过图 1-5、图 1-6 和图 1-7，我们能清楚地看到软件研发人员和 IT 运维人员之间的合作关系和关注点。显然，两者存在天然的矛盾。

　　但是在需要越来越快地进行业务更新的情况下，两者的矛盾是一个很大的阻碍。

DevOps 的出现打破了软件研发和 IT 运维之间的部门墙，促使软件开发人员和 IT 运维人员顺畅协作，因此产生了很多 DevOps 落地实践，体现在团队组织、研发与运维代码管理、运维任务管理上。例如在团队组织管理上，提倡构建更小的敏捷团队、开发运维一体化；在研发与运维代码管理上，提倡运维配置代码化、研发和运维人员共享彼此代码权限；在运维任务管理上，提倡运维任务共享、线上值班等。

2. 将流水线扩展到运维环节

DevOps 实践包括 CI 和 CD。DevOps 之前的工程实践为敏捷开发，往往只有 CI，只覆盖了代码开发、代码编译、代码测试、代码打包环节，并没有覆盖部署环节。

DevOps 双环流水线模型如图 1-8 所示。

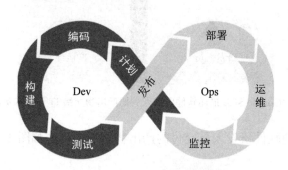

图 1-8　DevOps 双环流水线模型

该 DevOps 双环流水线模型的左半边集中在软件研发阶段，从产品需求定义到编写代码、编译代码，再到测试代码，最后生成、发布软件包；右半边集中在软件部署阶段，从获得软件包开始到部署到生产环境、执行各种线上运维操作，再到监控线上服务。两个环构成 DevOps 完整的流水线。该流水线的运转是持续的，左半边流水线一般被称为持续集成，右半边流水线一般被称为持续部署。

显然，该流水线运转的速度说明了研发和运维团队的工程能力。在保证一定质量的前提下，运转速度越快，意味着更多的功能迭代，一般也意味着更强的团队工程能力。当然，部署频率也不是越快越好，每次迭代都要有明确的业务目标。

3. 利用工具实现自动化，并构建工具链生态

DevOps 工具链生态如图 1-9 所示。

可以看出，DevOps 流水线上的每个环节都有多个工具支持协作，这里有开源的软件（如 Git、GitLab、Gradle、Jenkins），也有商业软件和服务（如 Azure 和 AWS）。

DevOps 的推广和运营如此成功，之后又衍生出很多类似的名词，包括 DevSecOps、GitOps、DataOps、ModelOps、AIOps、NoOps、MLOps 等。各种 XOps 都包含相应的流程和工具（即通过工具自动化来完成流程执行），也都涉及相应的角色，不同的是具体应用在哪个业务领域，是哪些任务的自动化，有哪些工具和角色参与其中。MLOps 被认为是 DevOps 在机器学习领域的扩展，既对 DevOps 的优点进行了延续，又有相对 DevOps 独特的地方。

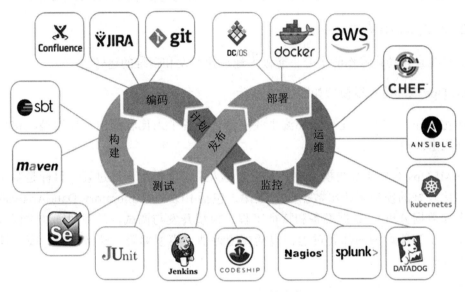

图 1-9　DevOps 工具链生态

1.4.2　MLOps 延续了 DevOps 的优点

1. MLOps 同样打破了部门墙

如果说 DevOps 打破了软件研发和 IT 运维之间的部门墙，推动两个部门高效地协同工作，则 MLOps 打破了人工智能系统研发（AI 科学家）和运维（AI 工程师）之间的部门墙。

AI 科学家的职责是利用数据训练出较好的模型，工作重点是改进模型从而达到用户所预期的准确率、召回率等性能指标。AI 科学家往往是通过 Jupyter Notebook 完成工作，擅长构建模型和特征处理，但是并不关心模型大小、训练和预测的成本、预测服务的延时、预测服务的 QPS 等指标。

AI 工程师的职责是在线上部署 AI 科学家训练好的模型，然后对用户请求或者下游系统提供预测服务，从而实现商业价值。AI 工程师对最终服务负责，关心产品成本、性能、稳定性、客户满意度等指标，需要花费大量精力提升产品可扩展性和自动化水平，往往需要长期维护一个产品。

这两个角色都是人工智能系统在企业内落地过程中必不可少的角色。但是在如今的人工智能系统研发和运维流程中，其职责和目标不同，导致协作非常不顺畅，降低了人工智能模型训练和部署的效率。

所以，MLOps 也需要跟 DevOps 一样，打破人工智能系统研发和运维之间的部门墙，让 AI 科学家和 AI 工程师紧密协作。这两个角色的合作问题详见第 2 章。

2. MLOps 同样有流水线

流水线是自动化操作的集合，能极大地加速开发和运维的运转。

MLOps 双环流水线模型如图 1-10 所示。

除此之外，MLOps 还有三环流水线模型，笔者个人比较倾向双环模型，这里不再对三环流水线模型赘述。

在 MLOps 双环流水线模型中，左半边是人工智能模型训练过程，目标是基于数据训练出比较好的模型来找出数据间的规律，包括 EDA（Exploratory Data Analysis，数据探索和数据分析）、数据准备和特征工程、模型开发与调试、模型训练和重训等；右半边是人工智能模型的部署过程，包括模型评估、模型部署、模型预测、模型性能监控和服务监控。

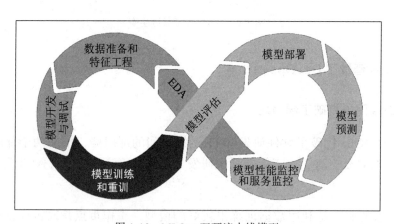

图 1-10　MLOps 双环流水线模型

（资料来源：Databricks 官网）

3. MLOps 同样利用了各种平台和工具

DevOps 已经发展出成熟、丰富的工具链生态，MLOps 的发展还处于早期，但是也有各种各样的工具链来支持人工智能系统的研发和运维。

Google Cloud 推荐的 MLOps 成熟形态的工具和平台架构见图 1-11。

从图 1-11 可以看到，MLOps 高成熟度的实现需要如下平台和工具的支持。

- Feature Store（特征平台）：存放在线业务和离线业务所需要的各种特征。
- Model Store（模型平台）：存放模型的各种版本和版本相关的各种信息。
- Model Monitoring（模型监控）：专门用来监控模型性能。
- Metadata DB（元数据的数据库）：存放模型、数据的各种元数据信息。

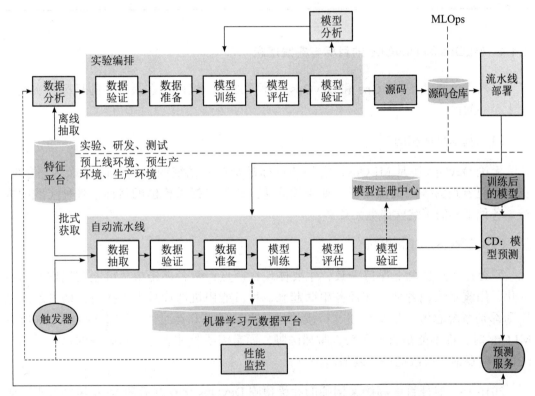

图 1-11　Google Cloud 推荐的 MLOps 成熟形态的工具和平台架构

其中，特征平台、机器学习元数据平台、模型注册中心都是比较重要的工具。

1.4.3　MLOps 和 DevOps 的不同之处

DevOps 和 MLOps 存在较大差异，在流水线部分就有很多不同的地方。DevOps 和 MLOps 的不同点如表 1-2 所示。

表1-2　DevOps和MLOps的不同点

技术	对象	流水线内容	流水线触发条件
DevOps	代码	持续集成 持续部署	代码修改
MLOps	代码 数据 模型	持续集成 持续部署 持续训练 持续监控	代码修改 数据变化 模型效果回退

1.4.4　MLOps 和 DevOps 的目标与实践理念

虽然上文描述了 MLOps 和 DevOps 的不同之处，但两者在最基本的目标和实践理念上是一致的。

（1）基本目标相同

无论 DevOps 还是 MLOps，它们的目标都是提升系统的研发和运维效率，更快、更好、更省地为客户提供价值。如果没能达到给客户提供价值的目标，各种实践的推行、各种工具的采纳就都毫无意义。

（2）基本实践理念相同

两者在实践理念上保持一致，主要体现在两点：两者都希望尽可能实现作业的自动化，用流水线把各种工作任务串联起来，尽可能用机器代替人来执行；两者的改进原则都是系统思考、尽快反馈、持续改进。系统研发和运维团队在推行 DevOps 或者 MLOps 时，都不能是头痛医头、脚痛医脚，而是需要整体思考，对改进的每一步都要进行及时反馈，且改进是持续的。

2010 年，时任百度高级架构师的乔梁预测 DevOps 会在之后的 10 年风靡起来，成为业内软件研发的默认词。笔者认为，随着企业数字化转型逐渐深入，人工智能系统将在企业内大量落地并发挥关键作用，MLOps 也会成为热词，并在未来 10 年内，成为业内人工智能系统落地的默认词。

1.5　MLOps 与其他 XOps 的区别

除了 MLOps 外，最近业内还出现了各种各样的 XOps，比如 DataOps、AIOps、ModelOps 等。本节简单介绍几个目前比较常见的 XOps。

1.5.1　MLOps 与 AIOps 的区别

AIOps（Artificial Intelligence for IT Operations）是在 IT 运维领域利用人工智能技术，基于已有的运维数据，通过机器学习模型进一步提升系统运维能力，提高运维效率，降低运维成本。

典型的 AIOps 应用场景如下。

- 流量预估：网站系统运维人员在运营活动前都需要做流量预估方案，即预估在活动中可能承受多少流量。AIOps 可以基于积累的数据，参考业内相关的案例，通过机器学习模型给出一个比较合理的预测，以便运维部门科学地制定容量准备方案，以支撑业务的同时更好地控制成本。
- 容量管理：业务方需要根据业务压力（比如业务流量和业务系统 CPU 利用率等）自动进行扩 / 缩容或者在线 / 离线混布，这需要对流量和业务压力进行比较准确的预估。AIOps 可以通过机器学习进行建模，从过往的大量数据中找出规律，然后自动进行各种运维操作，使 CPU 利用率等保持在合理的水平，用较低的成本来弹性支撑业务。

AIOps 和 MLOps 有很大的不同，虽然它们都需要使用机器学习模型，都需要读取大量数据，但是 AIOps 的业务场景集中在 IT 运维领域，目标是提升 IT 运维效率和降低成本；而 MLOps 本身是没有业务属性的，可以应用于各种业务领域，例如金融领域的风控场景、电商领域的推荐场景等，甚至是 IT 运维领域。

1.5.2　MLOps 与 DataOps 的区别

DataOps 是一种应用在数据分析领域的工程实践、流程和技术，覆盖从数据准备到数据报告的整个数据分析生命周期。

典型的 DataOps 应用场景如下。

- 数据分析流水线：定义一个数据分析的 DAG（Directed Acyclic Graph，有向无环图），即一系列数据相关的操作，从读取原始数据，到抽取数据的某些元素，再到形成终端用户可见的可视化报表。
- 数据分析任务编排：定义一个数据分析任务，通过分布式计算集群进行计算任务的分发和汇总，最后得到需要的结果。

两者的使用场景和目标不一样，DataOps 应用在数据分析领域，最终用户感受到的是数据分析报表；MLOps 应用在机器学习领域，最终用户感受到的是依赖模型和数据的预测服务。

1.5.3   MLOps 与 ModelOps 的区别

ModelOps 关注的对象是机器学习后得到的模型，使用场景是模型训练、模型部署和模型监控，目标是保证模型不断迭代的同时线上模型效果达到预期；MLOps 关注的对象不仅仅是模型，还包括模型所需要的数据（特征数据）和代码（训练过程和预测服务所需要的代码），使用场景是这些对象的持续集成、持续部署、持续训练和持续监控，目标是保证机器学习全生命周期的正常运转并达到业务目标。严格来说，ModelOps 是 MLOps 的一个子集。

1.5.4   XOps 的相同点：都基于 DevOps 原则

下面介绍一下 DevOps 的实现原则，这些原则在所有的 XOps 中同样适用。

- 自动化：DevOps 团队的北极星指标是自动化，需要把任务所涉及的活动尽可能地通过软件实现自动执行。
- 协同：任务涉及的各参与方需要很好地沟通、反馈和协作。
- 持续改进：不断对各个阶段的活动进行工具和流程的改进，提升效率。
- 快速反馈：一切以用户需求为核心，快速反馈，实现闭环。

1.6   本章小结

本章系统地介绍了人工智能发展趋势、人工智能在企业内规模化落地的问题、挑战及解决方案，并借鉴 DevOps 的实现原则和实践，引出 MLOps，同时给出 MLOps 的定义及相应工具和平台，最后比较 MLOps 和 DevOps，给出 MLOps 与其他 XOps 的区别等。

下一章将介绍人工智能在企业落地过程中所涉及的多个角色以及各角色之间的关系。

## 第 2 章

MLOps 涉及的角色

就像 DevOps 打破软件研发和 IT 运维之间的部门墙一样，MLOps 也打破了 AI 科学家和 AI 工程师之间的角色墙。

本章主要介绍 MLOps 在企业内部落地过程中软件研发和运维方面涉及的各种角色的职责、特长（技术栈）、关注点以及主要工作内容，并重点介绍角色之间存在的问题，而这些问题是人工智能在企业落地难的根本原因。

2.1 角色类型

人工智能系统在从项目立项，到数据收集、模型训练，再到模型部署上线并最终产生实际业务价值过程中会涉及各种角色的软件研发和运维人员。这些角色如下。

- 产品经理
- 数据科学家
- 数据工程师
- 机器学习工程师
- DevOps 工程师
- IT 运维工程师

注意，在实际工作中，有些角色承担多种职责。许多数据科学家在负责模型任务之外，还负责一些人工智能工程任务。在有的企业中，DevOps 和 IT 运维是同义词，即同一个部门承担这两种角色的职责。另外，以上仅仅是常见的角色分类，在很多企业中还有其他的分类。

下面将从这些角色的职责、特长、关心点和工作内容进行分析。

2.1.1 产品经理

产品经理一般是人工智能项目的发起人，可能挂着各种各样的职位名称，比如产品经理、产品总监、项目总监等。

（1）职责

产品经理或者直接作为项目经理，或者在专职项目经理的帮助下，指导团队生产出符合预期且给企业带来最终商业价值的人工智能模型，并最终成功部署上线以满足用户需求。

（2）特长

产品经理对用户需求和用户场景往往有最深刻的理解，知道如何评估项目的实际效果，了解如何度量项目最终产生的收益。

（3）关注点

产品经理最关心项目落地产生的效果和能带来的商业价值，并从项目研发和运维成本、收益两方面进行衡量。

（4）工作内容

产品经理定义用户场景，并给出评估项目落地收益的方式。

商业分析师也可以归为这类角色，他们承担着整个项目商业分析的职能，包括项目的商业价值、用户场景分析、项目成功条件定义等。

2.1.2 数据科学家

数据科学家又被称为 AI 科学家，是人工智能系统研发和运维中所特有的角色。传统的业务研发没有这类角色。

（1）职责

数据科学家从产品经理那里获得用户需求和用户场景后进行分析，针对具体的商业问题，找出数据驱动的解决办法。产出符合产品经理预期的人工智能模型是他们的主要职责。

（2）特长

数据科学家往往拥有硕士甚至博士学位，大学专业是数学、统计学、计算机科学、电子工程等，他们往往擅长数据收集、数据统计分析、数据可视化和构建人工智能模型。他们最常使用的工具是 Python 和 Notebook（一种支持 Python 编程的集成式开发环境），擅长在 Notebook 中进行 Python 编程，完成数据抽取、数据转化、模型构建和训练等工作；但是，对于模型上线之后构建高吞吐、低延时的预测系统所使用的各种技术栈，例如 C++ 和 Java 并不是太熟悉，同时对于底层分布式大数据存储、分布式计算系统、底层资源管理的容器编排系统，以及监控系统也不是太熟悉。

（3）关注点

数据科学家的大部分时间花在模型调优、寻找合适的数据以及对数据进行各种特征工程处理上，最关注模型的效果。

（4）工作内容

通常，他们会先针对需要解决的商业问题来分析已有的数据，然后通过构建人工智能模型来找出能解决该商业问题的规律。例如，对于用户推荐类问题，他们可能会从用户行为数据中找到有价值的用户分类规律，然后构建模型对这些用户进行分类，以便于根据用户分类提供差异化服务，更好地挖掘用户价值。如果已有的数据不足以训练出符合期望的模型，他们还会要求产品经理从第三方渠道获得更多数据，或者要求数据工程师提供更多的数据。

2.1.3　数据工程师

数据工程师和数据科学家配合工作，主要工作与数据相关。

（1）职责

数据工程师负责供给高质量的数据，一方面提供给数据科学家进行模型训练，另一方面提供给线上预测服务进行预测。

（2）特长

数据工程师擅长和各种分布式存储系统和分布式计算系统打交道，包括构建各种大数据底层系统，从各种数据源（日志、外部数据源、系统内部其他数据源等）得到各种原始数据，然后根据数据科学家的需求对原始数据进行各种处理。他们往往是工科背景，学历不需要像数据科学家那么高，擅长使用各种流行的服务端开发语言，在服务端开发和运维方面经验比较丰富。

（3）关注点

数据工程师主要关注从上游节点获取数据的流水线，然后分析做哪些 ETL 操作来满足数据科学家的需求，还关注线上服务所需要的数据特征的稳定性、延时、吞吐等指标。

（4）工作内容

数据工程师最主要的工作包括从上游节点获得数据（往往是从数据湖获取数据），之后进行数据清洗、加工和转换，以便后续使用。例如他们可能会调整图片的尺寸和格式，也会对结构化表格数据进行 ETL 操作。这样，数据科学家可以将精力集中在数据分析和数据建模上，而不是数据操作上。数据工程师往往需要编写很多程序脚本，定义各种数据处理流水线来完成这些与数据相关的工作。

2.1.4 机器学习工程师

机器学习工程师是一个相当新的角色。随着企业不断在企业内落地机器学习模型并实现商业价值，该角色变得越来越重要。数据科学家通过数据收集、数据探索和模型初步训练，得到一个可用的模型。这个模型往往是在规模较小的数据集上训练得到的。该模型要部署到线上，还需要在线下通过海量数据并消耗海量计算资源来完成训练。部分企业是先让机器学习工程师部署好 Notebook 的环境，让数据科学家在该环境中完成模型的训练。

（1）职责

机器学习工程师负责完成机器学习模型在真实环境的训练，并把训练好的模型部署到线上系统以提供稳定、可靠的服务。

（2）特长

机器学习工程师一般了解一些机器学习理论知识，但是并不像数据科学家那样了解的深入。他们负责对接数据工程师提供的海量数据并进行自动化模型训练、测试模型、验证效果，以及在生产环境中部署和监控模型。他们通常会为了满足线上预测服务高吞吐、低延时以及低成本的需求，重写数据科学家编写的大部分代码，例如将数据科学家在 Notebook 中用 Python 语言开发的脚本转换为用 C++、Go、Java 等编程。

（3）关注点

机器学习工程师主要关注线上环境中模型的构建、性能和效果。

（4）工作内容

机器学习工程师的日常工作是用真实的海量数据训练模型，并部署到线上环境；在线上构建高吞吐、低延时的预测服务，供应用开发者（例如各种 App 或者小程序的开发者）进行集成，最后带来商业价值。

2.1.5　DevOps 工程师

在传统业务研发或 Web 研发流程中，DevOps 工程师负责代码的持续集成和持续部署。在人工智能系统研发中，DevOps 工程师将人工智能预测系统和业务系统连接起来，负责业务系统相关的持续集成和持续部署。

（1）职责

DevOps 工程师负责完成集成模型预测服务到最终用户应用程序中的业务，并记录相应行为数据到后台系统，用于后续持续训练。

（2）特长

DevOps 工程师擅长业务研发，熟悉各种业务系统常用的架构和编程工具、编程语言等，对人工智能模型构建原理、训练过程等并不是很了解。

（3）关注点

DevOps 工程师关注最终用户应用程序的可伸缩性、稳定性和响应性。

（4）工作内容

DevOps 工程师连接人工智能模型和最终用户应用程序，例如向 Web 应用程序发布新的推荐引擎，同时记录用户的各种点击行为数据，并通过日志文件消息队列将数据传到大数据平台。

2.1.6　IT 运维工程师

很多企业有专门的 IT 运维团队，或者通过虚拟的团队来支持 IT 运维。

（1）职责

IT 运维工程师负责人工智能线上系统的运维，保证线上系统的稳定运行。

（2）特长

IT 运维工程师对线上系统十分熟悉，擅长建立各种业务监控系统，通过监控发现线上服务稳定性相关的问题并进行各种运维操作；同时对底层的云基础设施运作十分熟悉，包括资源扩容、资源缩容、流量调度等。

（3）关注点

IT 运维工程师关注线上环境中系统的稳定性。

（4）工作内容

IT 运维工程师会建立各种业务监控系统，来检测线上系统的可用性是否符合预期。如果出现报警，例如服务拒绝或者用户响应延时严重，他们需要第一时间介入，处理各种事故，降低事故带来的损失。当然，他们需要管理各种资源，比如 CPU、内存、硬盘的扩容和缩容；还需要进行线上系统的安全管理，包括访问控制、防御 DDoS 攻击等。

2.2　角色划分以及角色之间存在的问题

2.2.1　角色划分

以上种种角色，除了产品经理外，其他都是研发和运维相关人员。这些角色在本书中划分为两类：一类是 AI 科学家，另一类是 AI 工程师。AI 科学家即前文所说的数据科学家，AI 工程师即前文所说的数据工程师、机器学习工程师、DevOps 工程师、IT 运维工程师等的集合。这两类角色在人工智能应用开发和运维中承担不同的职能，又相互协作来确保通过人工智能应用达到业务目标。

常见的大中型企业中的人工智能业务研发部基本上分为 AI 科学家团队和 AI 工程师团队。例如国内各互联网大厂内部负责核心人工智能业务系统（包括广告系统和信息流推荐系统）的部门，都分为策略或者算法团队、工程团队，对应 AI 科学家团队和 AI 工程师团队。

AI 科学家的主要职责是和产品经理一起定义问题，收集数据并分析数据，构建和训练模型，设计出符合预期的算法和特征处理逻辑。

AI 工程师的主要职责是提供真实数据，帮助 AI 科学家训练模型；然后更新线上业务，把训练好的模型部署到线上真实环境来承接业务流量并产生业务价值；之后继续采集日志数据等用于之后的持续训练；同时监控整个流程中的各个环节，确保服务的可用性。此外，AI 工程师还需要监控模型的预测情况，确保模型效果不随着时间推移而变差，必要时需要使用更新的数据重新训练模型。

下面说明 AI 科学家和 AI 工程师因为技术栈和关注点不一致而存在的两个主要问题。

2.2.2　问题 1：技术栈不一致导致人工智能模型线上、线下效果不一致

如前文所述，AI 科学家擅长特征探索、数据转化、模型开发等工作，比较熟悉 Python 编程语言以及 Python 的各种人工智能开发库和开发工具。他们常用的工具是

Notebook。

AI 工程师比较熟悉的编程语言是各种高级编程语言，例如 C++、Java、Go 等，适合编写和运维高吞吐、低延时系统。他们常用的工具是各种编程语言的集成式开发工具、简单的 VI 等工具和各种命令行工具。除了对 Java、C++ 编程比较了解外，AI 工程师还对底层的资源调度系统、分布式计算系统、存储系统、云系统包括监控系统、消息队列等比较熟悉。

这些差异导致人工智能线上、线下效果一致性问题的出现，表现为 AI 科学家在线下环境训练得到的模型的预测效果非常好；但是部署到线上环境后，预测效果差得很远。部分原因在于线下训练时，AI 科学家使用 Python 语言进行各种特征转化的逻辑，并不能 100% 准确地通过 Java 或者 C++ 语言重新编写并在线上运行，这导致人工智能模型预测偏差较大，详见本书第 4 章。

2.2.3　问题 2：关注点不同导致对系统的需求不同

AI 科学家关注的是模型或算法的效果，一般用常见的指标来度量效果。例如精确率：预测正确的样本数量占总体样本数量的比例，是常用的模型效果度量指标。一般来说，模型精确率越高，说明模型效果越好。此外，召回率、AUC 等也是常用的模型效果度量指标。AI 科学家往往对线上系统运行相关的事情不是太关心，例如如何保证线上系统的低延时和高吞吐，如何弹性伸缩线上系统以适应快速变化的流量，如何保证系统的可用性等。

相反，AI 工程师往往不关注模型是如何实现的，比如各种人工智能模型的网络结构以及算法相关的各种超参数等。他们更关注如何把模型部署到线上，一是保证模型线上运行效果和线下测试效果一致；二是保证线上系统的高吞吐、低延时，从而给下游用户应用系统开发创造条件，保证最终的用户体验；三是做好资源的弹性伸缩和线上预测服务的监控，保证在用户接受范围内的服务稳定性，保证服务可用性（SLA）为 3 个 9 或者 4 个 9。所以，他们关心的是模型的大小、预测服务的延时和 QPS 等和工程相关的技术指标。

因为 AI 科学家关心的是模型的效果，所以他们会不断尝试引入新的数据进行数据探索，并不断对模型进行调优或者尝试更复杂的算法，希望不断对模型进行更新，以取得更好的预测效果。相对来说，他们对线上服务的改动会更激进一些。

但是，AI 工程师因为需要对线上服务负责，往往需要保证预测服务的可用性，所以倾向于对线上系统尽量少做修改，避免因为各种更新操作而引起服务故障。相对来说，AI 工程师对线上系统更有敬畏之心，改动更保守一些。

2.2.4　协作问题及解决办法

1. 协作问题

综上所述，AI 科学家和 AI 工程师擅长的技术栈不同会导致人工智能模型线上、线下效果不一致，两者关注点不同导致系统迭代方向、迭代节奏不同。而这都会导致人工智能模型部署时间超出预期，效果不达预期等问题出现。

例如，AI 科学家抱怨 AI 工程师部署模型耗时长，AI 工程师抱怨 AI 科学家根本不懂线上服务，二者互相抱怨不给力，这在人工智能模型落地时是一个常见的现象。

2. 解决办法

两者之间出现问题是很正常的，因为两个团队关注的内容不同，技术栈也大不相同，但是他们需要相互配合，共同保证人工智能模型在线上有比较好的预测效果和好的用户体验，以实现业务价值。两者在人工智能团队中扮演非常重要、不可或缺的角色。试想一下，如果一个人工智能团队只有 AI 科学家而没有 AI 工程师，那么他们只会开发出一些针对线下小规模数据训练出来的、理论上效果不错的模型；如果只有 AI 工程师而没有 AI 科学家，那么线上系统根本无法发挥人工智能的价值。

出现问题不可怕，我们需要开发和利用工具和平台——MLOps，让这些角色充分发挥价值。

2.3　本章小结

本章介绍了 MLOps 涉及的几种工作角色的职责、特长、关注点以及工作内容，并分析了 AI 科学家和 AI 工程师协作中出现的问题，以及解决办法。MLOps 和 DevOps 一样，都需要各个关键角色紧密配合。

第 3 章

机器学习项目概论

在前文中，我们介绍了 MLOps 的概念及相关角色。相较于传统的软件项目，机器学习项目从问题定义到投产持续服务，除了代码逻辑复杂度提高之外，模型的复杂度也提高了，涉及数据、算法、开发、运维等多个领域，需要不同专业背景的角色共同参与，挑战更大。更进一步，随着机器学习算法的不断成熟、场景不断增多，降低落地门槛、提高规模化落地效率都迫切需要方法论和工具链的支撑。

在这样的大背景下，MLOps 作为一个新兴领域正在蓬勃发展。MLOps 的作用是围绕机器学习项目生命周期，帮助各个角色在一致的方法论和工具链支撑下规范、协同工作，通过自动化工具和集成平台简化工作，消除不必要的错误，加速机器学习项目的规模化落地。

为了更好地学习和理解后续章节，本章将重点介绍机器学习涉及的相关概念和问题，并从全局视角解读机器学习项目的全流程，探讨在机器学习项目全流程中 MLOps 需要解决的痛点。

3.1 机器学习项目简介

机器学习涉及的概念繁多，在不同资料中的叫法和理解也常有差异。为了避免概念不一致带来的理解困难，本节将介绍书中可能涉及的机器学习相关概念及常见问题，从而厘清边界，为后续章节更好地探讨机器学习项目及 MLOps 落地做准备。

3.1.1 机器学习的定义

机器学习有 3 种定义。

- 机器学习是一门人工智能的科学，主要研究对象是人工智能，特别是如何在经验学习中改善具体算法的性能。
- 机器学习是对能通过经验自动改进的计算机算法的研究。
- 机器学习是用数据或经验，优化计算机程序的性能标准。

机器学习是人工智能领域的重要组成部分，其本质就是从历史数据中寻找规律，然后基于规律预测未来。相较于传统的通过规则来定义执行逻辑，机器学习通过一些算法挖掘数据中蕴含的统计规律形成模型，从而表达执行逻辑。这在某种意义上体现了机器学习的内涵，那就是机器可以自主地根据数据来学习规则而不需要人去定义规则。图 3-1 揭示了人类与机器在解决问题时的模式共性与差异：人类通过不断地总结过去处理问题的经验，归纳推理形成规律，并利用规律推测未来；机器是收集历史数据，通过训练形成模型，利用模型来预测未知属性。

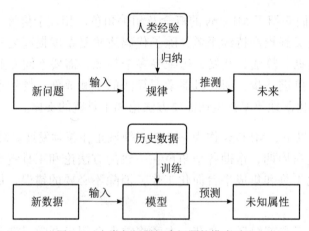

图 3-1   人类与机器解决问题的模式对比

可以看出，机器基于历史数据借助一些特有算法习得模型，并用于预测。这与人类通过总结经验学习形成规律，然后指导实践有一定的相似之处。然而，在这样的框架下，机器又比人有一些先天优势，那就是人类总结经验是有上限的，也是会疲倦的，无法对客观世界做到极致精细和理性。而机器可以不断增强算力，突破这样的限制。例如，在内容分发领域，传统方式是以编辑为主导，很难做到千人千面，最多只能根据用户类别分发不同的板块内容，或是根据有限规则展示不同的内容。在这种模式下，用户在内容获取上是很单一的，运营者能做的优化只是不断堆叠板块，而这又会增加运营者和用户的负担。图 3-2 和图 3-3 分别为传统的内容媒体网站和个性化内容推荐网站的截图。

图 3-2 传统的内容媒体网站

图 3-3 个性化内容推荐网站

然而，随着机器学习技术在推荐领域的应用，一个内容网站不仅可以做到千人千面，还可以根据用户的行为、时间、外部环境等多种因素实时提供个性化内容，这是传统通过规则运营难以做到的，其运营效率也自然获得了极大提升。

3.1.2 机器学习相关概念

以下是本书中常用到的一些机器学习概念。假设一个机器学习预测过程可以抽象为：

$$y=f(x)$$

其中，x，y 均为一组参数值。

机器学习是在已知 x、y（不一定明确）的情况下，求解合适的 f，并根据 f 来预测新的 y 的过程。

1. 标签

标签（Label）就是我们要预测的事物，即公式中的 y。比如我们有一个识别苹果甜不甜的模型，那么甜还是不甜就是标签。常见的标签不仅可以是一个是或否的布尔值，也可以是一个离散的枚举集合，比如苹果的品种为红富士、黄元帅等。它也可以是一个连续的数值，比如苹果的重量。

2. 特征

特征（Feature）是模型预测的输入，也就是公式中的 x。还以识别苹果甜不甜为例，那么苹果的颜色、大小、硬度就是特征。我们可以认为特征是判断标签的依据，而标签是结论。因此，在一定程度上，特征的丰富程度和质量决定了模型的效果。在工业界，特征可以分为以下几种。

根据特征数值特点，我们可以将特征分为离散特征和连续特征。离散特征就是它的取值是一些离散数值的集合，比如苹果颜色的取值范围是红色、黄色等。连续特征就是它的取值是一些连续的数值，比如苹果的重量等。连续特征和离散特征在我们未来做特征工程时尤为重要，两者可在一些场合中相互转化。

根据特征加工维度，我们可以将特征分为原始特征和衍生特征。所谓原始特征，就是直接收集过来的数据。为了进一步挖掘数据中蕴含的信息，我们一般会基于数据进行一些加工。原始特征可以是自身进行一些数值变换或者编码生成，也可以是多个特征进行组合变换生成。例如，一个学生的原始特征里有地域、性别、身高、体重、出生日期等，基于出生日期可以衍生出年龄特征，而根据"性别 + 身高"能衍生出女生身高和男生身高。

在实际工作中，还有一类特征对于模型效果提升尤为重要，那就是时序特征。简单讲，时序特征就是和时间相关的特征。它考虑到了时间的变化，比如，一个用户最近半小时看过的文章就是一个时序特征。时序特征之所以重要，是因为当前很多业务场景均和时间有关，比如对于推荐系统，一个用户在最近几分钟、几小时、几天的浏览行为能够很真实地反映用户的偏好，而且这一类特征可以通过收集和计算获得，真实性和可靠性都有保证。

举一个例子，用户在系统资料里填写的性别是男性，然而通过分析该用户的一些时序特征，发现该用户经常浏览口红、裙子等内容，那么我们基于该用户的行为推送化妆品、美容相关内容比推送电子产品、科技等内容更为合理。当然，时序特征的存储和计算也给工程开发带来了巨大挑战。如何在保证计算正确的情况下，降低资源损耗并提升计算性能等将在后续章节详细展开介绍。

3. 样本

样本（Sample）是数据集（样本集）的一行。我们可以简单地根据有无标签将样本分为有标签样本 $(x_1, x_2, \cdots, x_n, y)$ 和无标签样本 $(x_1, x_2, \cdots, x_n)$。按照组织形式不同，样本可分为结构化样本和非结构化样本。常见的表数据是结构化样本，而图片、文本是非结构化样本。样本是机器学习模型训练的原材料，因此样本的多少和质量对模型预测效果影响很大，而在实际项目中，如何收集有效的样本成为项目成功的关键。

4. 模型

模型（Model）实际上是特征到标签的映射关系，可以是一个统计模型，也可以是一个算法脚本，也就是上面的函数 f。从使用角度看，模型大致可以分为两个阶段：训练阶段，通过已知样本进行训练得到模型；预估、推理阶段，即通过训练好的模型，针对新的无标签样本推理、预测结果。

5. 参数与超参数

参数和超参数是机器学习中两个很重要的概念。前文提到我们可以假设机器学习过程就是要在标签和特征之间找到一个映射关系 f。f 本质上表达了数据规律。假如数据规律是一个一阶线性函数 $y=kx+b$，那么训练的核心就在于找到 k 与 b。而这里的 k、b 就是模型的参数。然而在实际机器学习问题中，数据规律是很难预知的，我们就需要假设一些模型训练算法，通过模型训练算法近似生成 f，即找到这里的一阶线性函数 $y=kx+b$。常见的算法有逻辑回归、决策树、朴素贝叶斯、人工神经网络、K- 近邻、支持向量机等。使用这些算法时，我们需要设置参数，比如逻辑回归算法中有学习速率 α、迭代次数 epoch、批量大小 batch-size 等参数，决策树算法中有树的深度、树的数量等参数。

调参是一个耗时耗力、反复试验的过程，所谓调参如"炼丹"也是这个原因。当前业内为了提升建模效率，有了自动机器学习技术，这为进一步降低 AI 科学家准入门槛、提升建模效率起到很重要的作用。

6. 训练集、验证集、测试集

为了训练和评估模型，我们一般将数据集分为训练集、验证集、测试集。这么拆分的原因是机器学习模型训练是一个迭代、尝试的过程。训练集是机器用来学习数据规律的数据集，需要尽可能体现真实规律，避免样本不平衡导致模型训练效果差。验证集是为了验证每一次迭代模型质量的数据集，通过验证评估进一步指导参数及超参数调整。机器学习的最终目的是预测未知。为了验证模型的泛化能力，我们需要预留一部分数据作为测试集，以实际评估模型效果。从这个角度讲，测试集不能与训练集、验证集有重合，并且测试集需要尽量反映真实的数据情况，从而提升测试结果的准确性。

7. 机器学习分类

数据样本对于机器学习尤为重要。我们基于样本情况对机器学习进行了分类。基于样本有无标签的情况，我们将机器学习分为监督学习、无监督学习、半监督学习、强化学习 4 类。

（1）监督学习（Supervised Learning，SL）

监督学习就是通过训练包含标签的样本，建立特征与标签的映射关系。而在建立映射关系的时候，我们需要特别考虑模型的记忆性和泛化性。所谓记忆性，就是完全拟合特征与标签的关系，而泛化性要求模型不仅仅预测历史样本的属性，更要能预测无标签待测样本的属性。根据标签的类别不同，监督学习分为分类和回归。

分类对应离散标签。当标签只有两种情况时，我们称分类为二分类。标签超过两种的分类叫多分类。在实际工程中，多分类问题可以转化为二分类问题，以提升模型训练和预估效率。这里特别提出，分类问题中的标签值并不是明确的值，而是概率值。在实际应用时，我们可以设置一个阈值，将阈值范围内的标签归为一类。对于推荐点击率模型来讲，我们常将用户是否点击某一个物品作为标签，将用户、物品等特征作为输入，通过模型获得用户是否点击该物品的概率，继而排序形成列表（机器给用户推送物品的推荐列表）。当标签是一个连续值时，模型需要推理出具体的值，这类问题叫作回归问题。回归可以看作分类的泛化问题。常见的房屋价格预测、销量预测等都属于回归问题。

监督学习在实际项目中非常常见，也是本书关注的问题。若无特别说明，后续章节所介绍的场景就是监督学习。而监督学习面临的一个很大的挑战是样本收集和处理。样本数量和质量直接决定了模型的效果，这也是 MLOps 重点关注的问题。

（2）无监督学习（Unsupervised Learning，UL）

和监督学习相反，无监督学习中训练样本是没有标签的。由于训练样本没有标签，某种意义上讲就没有了结论，它的价值在于呈现数据的自身规律。在无监督学习中，常见的问题就是聚类问题。所谓聚类，就是通过计算数据之间的距离，将数据形成一些子集，每个子集被称为一个簇，通过这样的划分，每个簇就可以表达某种潜在的类别。常见的聚类算法有 K-means 等。在工业界，最常见的聚类莫过于协同过滤

（Collaborative Filtering，CF），它的本质就是将用户或物品进行聚类，向用户推荐和他相似的人买过的商品，或是向用户推荐他已买过的商品的相似商品。

另外，无监督学习还有一个应用场景就是降维。所谓降维，就是降低特征维度，目的在于突破算力的约束，减少不必要的特征，从而简化计算，降低模型复杂度，继而降低模型使用复杂度。相对而言，由于不需要标签，无监督学习在样本收集上更加容易。

（3）半监督学习（Semi-Supervised Learning，SSL）

它介于监督学习和无监督学习之间。在很多实际问题中，获得有标签样本的成本很高，通常需要专门标记，所以我们通常只能拿到少量有标签的样本。而半监督学习的目的就是利用无标签样本，获得更好的模型效果。它由于更符合实际情况，近些年成为研究的热点。常见的半监督学习算法有 Self-training、生成式方法、S3VM 等。

（4）强化学习（Reinforcement Learning，RL）

强化学习是最近很流行的机器学习方法。著名的 Alpha Go 就是基于强化学习实现的。强化学习借鉴了行为心理学理论，在对训练对象给予奖励或惩罚的刺激下，逐步形成对刺激的预期，产生能获得最大利益的习惯性行为。其本质是通过环境给予的奖惩对机器进行指引，这样机器能通过不断试错，学到最终的策略。另外，强化学习中的奖励用于引导智能体做出合理的动作。但是在强化学习过程中，智能体的一个决策动作的价值并不是当前的奖励能反映的，可能会在今后的一段时间体现。

例如，为了提高一个高中生的高考成绩，我们可以设置月考、期中考试，以分阶段评价该学生的成绩，并制定合适的阶段性奖励，以便达成提升高考成绩这一目标。这实际上与样本标签难以获取或者获取成本很高，但通过奖惩规则达成目的的情况类似。我们可通过构建虚拟环境快速低成本试错，从而获得最优策略（即模型）。比如对于汽车自动倒车入库场景，正常情况下通过实际操作获得样本。非常困难，但这个场景有一个非常大的特点就是环境规则明确——压线还是撞车，都能够实际给予反馈，因此通过构建虚拟环境，机器就可以通过模拟进行大量尝试，最终习得倒车入库的模型。强化学习有潜在的大量应用场景，当前比较常见的应用场景有无人驾驶、游戏等。

3.1.3　机器学习能解决的问题

电影、电视把 AI 描绘得无所不能：它不仅能帮忙做日常琐事，还能够拯救世界。然而，实际机器学习乃至人工智能系统能做的事情是有边界的。那么，什么样的问题适合通过机器学习来解决呢？大致需要满足以下 3 个条件。

1. 问题本身具备规律

机器学习不是占卜，它本质上是通过一些算法分析数据，从而总结其中的规律，然后加以利用。如果问题本身就是随机的，不具备逻辑规律，那么不仅机器学习无法解决，传统的编程也是无法解决的。常见的人脸识别、反欺诈、推荐都是有明确规律的，这也是很多场景问题最初不用机器学习也能通过专家经验解决的原因。从这一点讲，机器学习是现有问题的一种新的解决思路。

2. 规律爆炸，难以通过编程实现

如前文提到，一些机器学习场景问题最初是通过编程解决的，即通过人来归纳其中的规律，然后通过编程来解决。早期的人工智能很多也是基于这样的思路实现的。然而，可以想象的是，当输入与规则越来越多时，手工编程将会变得非常复杂，维护也将非常困难，传统编程方法难以完成。而机器学习可不依赖人类经验，自主从大量历史数据中总结规律，从而形成模型并加以利用。

3. 要有足够多可用来学习的数据

机器学习需要从数据中挖掘规律，数据就是机器学习的关键。那么，怎么判断足够多呢？这里的多不只是简单的数量大，而是要多且丰富，要能充分反映事件所蕴藏的规律。如果数据太少，规律描述不足，在机器学习里会出现欠拟合现象，但如果数据很多，分布不均匀，大量同质化，那么训练时模型效果可能很好，但是泛化性不足，会出现过拟合现象。这两种现象在实际预测中并不尽如人意。

如果数据很多，但数据质量不佳，样本与标签之间没有因果关系，比如我们要识别苹果甜不甜，但拿装苹果的箱子作为输入，那么可以见得这样的样本是无意义的。机器学习里的"Rubbish in, Rubbish out"也正是这个意思，无论怎么调整模型和参数都是徒劳的。最后，选择的拟合算法也要合理，也就是说，模型本身要选择合理。不然，即使数据本身是没有问题的，但是处理数据的模型并不适合，也很难得到最佳的效果。

3.1.4 机器学习项目度量

如何度量机器学习项目的成功与失败？笼统地讲就是是否达到业务预期。从指标上看，机器学习项目度量大致分为 3 个维度：效果、性能与可用性、成本与效率。

1. 效果

效果分为模型效果和业务效果。模型效果评估不仅是对最终模型效果的一种判定，也可以作为不同模型之间选择的依据。模型评估的方法很多。以二分类为例，模型好坏就是区分分类的准确性。为了更好地表达，我们引入混淆矩阵，如表 3-1 所示。

表3-1 混淆矩阵

	预测值 =1	预测值 =0
真实值 =1	TP	FN
真实值 =0	FP	TN

4 个指标的含义如下:

• TP（True Positive，真正）：样本的真实类别是正样本，并且模型识别的结果也是正样本。

• FN（False Negative，假负）：样本的真实类别是正样本，但是模型识别为负样本。

• FP（False Positive，假正）：样本的真实类别是负样本，但是模型识别为正样本。

• TN（True Negative，真负）：样本的真实类别是负样本，并且模型识别为负样本。

基于此表格，常见的度量指标计算如下。

• 准确率 =（TP+TN）/（TP+TN+FN+FP），即预估正确的样本 / 总的参与预估的样本。

• 召回率 = TP/（TP+FN），即实际预估正确的正样本 / 总的参与预估的正样本。

• 精确率 =TP/（TP+FP），即实际预估正确的正样本 / 实际预估为正样本的样本（含错误地将负样本预测为正样本的情况）。

• $F1$ 分数 =$2PR$/（$P+R$）=$2TP$/（$2TP+FN+FP$），即模型准确率（P）和召回率（R）的一种调和平均数，它的最大值是 1，最小值是 0。之所以这么设计，是因为召回率和准确率是有负向关系的，我们无法简单地追求召回率最大或者准确率最大，而是要结合实际场景综合考虑。

然而，在真实情况下正负样本常常很不均衡。以病毒检测为例，100 万个样本中可能真的正样本，即感染病毒的样本只是个位数，在此情况下计算准确率，哪怕不采用模型，直接默认都是负样本，准确率也能高达 99.9%。这样的评估是无意义的。那么，怎么才能有意义地评估呢？ AUC（Area Under Curve）是评价二分类模型效果的常用指标。AUC 被定义为 ROC 曲线（Receiver Operating Characteristic Curve，接受者操作特征曲线）下的面积，而 ROC 横坐标是 FPR（False Positive Rate，假正率），纵坐标是 TPR（True Positive Rate，真正率）。

一个二分类模型 AUC 的阈值（即正负样本判定的标准，在 0 ～ 1 之间）可能设定为高或低，每个阈值的设定会得出不同的 FPR 和 TPR，将同一模型每个阈值的（FPR，TPR）坐标都画在 ROC 空间，就形成特定模型的 ROC 曲线，如图 3-4 所示。由于 ROC 曲线只和 FPR、TPR 有关，而与正负样本比例无关，因此它能很好地避开样本不平衡问题。

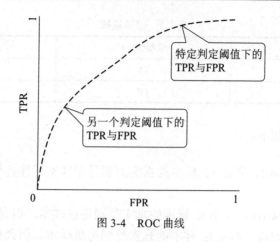

图 3-4   ROC 曲线

那么，如何通过 AUC 值评估模型效果呢？从 ROC 定义角度看，每一个点越靠近坐标系左上角，说明 TPR 越高，FPR 越低，即图线越陡越好。从 AUC 含义可知，AUC 值越大越好，值为 1 时理论上最好，实际上是过拟合导致的不合理状态。图 3-5 展示了不同 AUC 对应的 ROC 曲线。

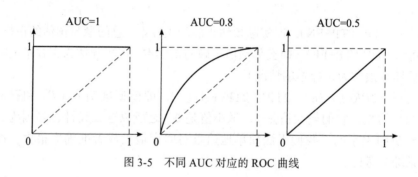

图 3-5   不同 AUC 对应的 ROC 曲线

在实际应用中，AUC 值多大才合适呢？这并不是一个固定值，而是需要结合业务来确定，比如股票预测模型 AUC 值在 0.6 ～ 0.7 之间便可以接受。除了 AUC 之外，分类模型还有很多评估指标，如 KS 值、PSI 值、Gain 值和 Lift 值等。对于回归模型，常见的评估指标有 MAE（Mean Absolute Error，平均绝对误差）、MSE（Mean Square Error，均方误差）、RMSE（Root Mean Square Error，均方根误差）和 MAPE（Mean Absolute Percentage Error，平均绝对百分比误差），其中常用的是 MAE 和 MSE，公式如下：

$$\mathrm{MAE} = \frac{1}{n}\sum_{i=1}^{n}\left|y_i - \hat{y}_i\right|,\ \mathrm{MAE} \in \left[0, +\infty\right) \qquad \mathrm{MSE} = \frac{1}{n}\sum_{i=1}^{n}\left(y_i - \hat{y}_i\right)^2,\ \mathrm{MSE} \in \left[0, +\infty\right)$$

MAE 和 MSE 体现的是模型预测值 $\hat{y}$ 与真实值 y 的误差情况，而误差来源于偏差和方差两方面，反映了预测值与真实值的偏离程度以及预测值的集中程度。在实际业务场景中，我们需要结合领域知识综合判断模型效果，并且在此基础上形成更加直观的业务效果评估指标。它们往往更符合实际情况，比如推荐场景中的转化率、点击率，反欺诈场景中的识别率等。

2.性能与可用性

作为一个需要投入生产的系统，性能与可用性是模型价值的体现。在机器学习系统中，我们可从在线、近线、离线 3 个层面进行评估。针对机器学习模型性能与可用性评估，除了传统指标，如 SLA、QPS、并发度、延时、吞吐量等，我们还需要关注与机器学习模型特点相关的指标，如特征的正确性与实时性、训练时长与频率、推理服务的延时与吞吐。进一步地，推理服务可分为线上实时推理及离线批量推理两种，前者强调低延时，后者强调高吞吐。另外，由于机器学习模型效果与数据高度相关，模型效果会随着时间的推移衰退，因此模型自我迭代更新的频率也需要关注。从可用性角度看，预估的 SLA 需要高于训练的 SLA，这要求训练系统与推理服务解耦，避免相互影响。

3.成本与效率

机器学习是一个涉及数据、算法、工程的系统工程。那么，机器学习项目的成本投入及落地效率也是需要重点关注的。机器学习项目落地效率和成本投入与很多因素有关，如资源（人力与机器）投入、数据的接入和处理效率、模型调研与训练效率、业务对接模型服务的周期、性能问题出现频率及排查效率、外围配套系统构建效率等。基于这些因素，提供一套认知高度一致的、开放可扩展的机器学习敏捷基础设施成为机器学习项目成功的关键。

3.1.5　机器学习项目难以落地的原因

机器学习项目落地难在业内是公认的。曾有调查报告显示，多达 85% 的机器学习项目最终未能兑现，机器学习项目的平均落地时间超过半年。那么，相较于一般软件项目，机器学习项目落地到底难在什么地方呢？

1.效果目标难以设定且不稳定

对于机器学习项目来讲，相较于一般的软件项目，它不仅需要关注功能、性能，还需要关注效果。而效果作为业务目标的关键部分，如果没有达到预期，那么功能和性能目标也就无从谈起。效果目标的设定既需要体现专业性，也需要体现领域业务性。正确地将业务目标转化成合适的效果指标是一个大的挑战。另外，模型效果与数据相关，目标是基于当前数据给出的，然而数据本身不是一成不变的，项目团队经常面临的局面是，从生产环境中获取数据，经过几个月分析和建模，等到系统要上线时发现当前数据已经随着时间和一些业务的变化而发生了变化，导致之前的工作变得没有价值。我们把这个现象称为概念漂移和数据漂移。要想避免或减少这样的情况发生，我们就需要加速调研和投产。

2.数据科学家稀缺，多角色协作困难

机器学习项目以数据科学家为核心，由业务专家、数据工程师、DevOps 工程师等多角色协同完成。在项目实施过程中，我们面临数据科学家稀缺、多角色协作困难的问题。

（1）数据科学家稀缺

据麻省理工 2019 年某报告显示，随着人工智能需求的爆发式增长，数据科学家的缺口越来越大，招聘成本也越来越高，这直接导致一些中小企业无法落地机器学习项目。

（2）多角色协作困难

机器学习项目涉及大数据、微服务、算法、DevOps 等多个领域，涉及业务专家、数据科学家、开发、运维等多角色，然而他们分属不同的团队，知识结构、专业背景都有很大差异，这就带来一个很大的问题——沟通和协作问题。那么，如何让他们在标准和规范下有序工作变成破解机器学习项目落地难的又一命题。

3.工具、基础设施繁杂

机器学习项目要想成功落地，需要一套完整的基础设施支撑。它不仅要保证 AI 科学家与 AI 工程师借助平台工程能力完成项目工作，还要让各角色协同工作，尽可能减少错误，提高开发和排错效率。然而，为了达到这些目的，我们在工程层面就不得不面临以下挑战。

（1）工具繁杂、流程复杂且难定制

机器学习项目呈现两个鲜明的特点：一个是工具繁杂，各个业务领域的工具层出不穷；另一个是机器学习模型作为传统业务系统的增强模块，时常需要插入现有系统，这就涉及数据流、业务流的对接和定制，这在实际项目中是最不可控的，如何妥善解决就显得尤为重要。

（2）部署复杂与弹性扩展

机器学习项目涉及的技术组件多，较传统的 Web 项目要增加 50% 以上，且部署本身相对比较烦琐，再加上机器学习项目天然涉及大数据存储和计算，如何管理及根据存储和计算规模弹性扩展也是待解决的关键技术问题。近年来，云原生架构被引入机器学习项目建设，很大原因是期望更有效率地管理服务。

（3）效果重现难

与功能实现为主的传统项目相比，机器学习项目有一个很大的不同——迭代的过程，需要不断根据最终业务效果，调整数据及训练方案。另外，受到环境的约束，数据科学家获得的数据的质量和生产环境中的数据质量也有一定差异，比如离线调研获得的数据通常来自数据仓库，而在生产环境往往需要直接对接业务，如何保证效果重现也成为关键问题。因此，在机器学习项目建设一开始，我们就要考虑数据和代码版本问题；并且基于数据和代码版本快速重现模型效果。这样，开发者可从未知的数据和代码一致性问题中解放出来，省去不必要的工作。

（4）监管与合规难

机器学习平台作为公共基础设施，为了防止滥用和不合法使用，必须支持监管、权限设置、审计等企业级功能。另外，在机器学习项目全生命周期，数据安全需要得到足够的关注，以便 AI 科学家和 AI 工程师能够合规使用工具和平台。

4.数据复杂

与传统的软件项目不同，机器学习项目的一个突出特点就是与数据相关，如图 3-6 所示。有统计表明，在机器学习项目落地的整个工作量中，数据相关工作占比超过 80%。另外，数据质量及数据使用的正确性直接影响模型最终的效果，甚至在实际项目实践中，是否正确使用数据的重要性超过了模型优化本身。有统计表明，80% 的模型效果问题并不是模型本身的问题，而是数据处理不当或者错误导致的。

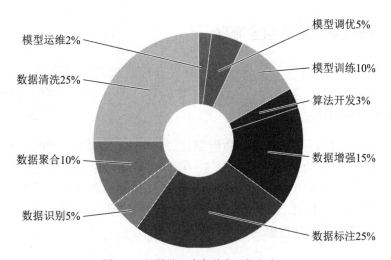

图 3-6 机器学习中各种类型任务占比

具体来讲，数据复杂性体现在以下 3 个方面。

（1）多种数据源及数据形式

在机器学习项目中，上游数据往往分散在不同的数据源中，存储的形式也各有不同。数据源可能是数据库、文件等，也可能是 HDFS、Hive 等，还有可能是实时消息接口。数据形式有结构化数据，也有非结构化数据。由于数据来源和数据形式存在差异，我们在数据接入和存储方面均需要花费时间和精力。

（2）复杂多变的数据处理流程及数据版本

机器学习项目要对接上下游数据，而这一过程往往需要结合既有系统加以适配。有的企业通过数据流水线来完成从原始数据到可以用来训练模型的特征过程中存在的数据对接、清洗、加工、特征构造等多个环节工作，让工程师将大部分时间花费在构建数据流管道工作中。随着数据流转的复杂度提升以及建模方案的迭代，数据管理、数据版本管理、数据血缘的诉求随之而来，这提高了数据处理和管理的复杂度。

（3）线上、线下效果不一致问题

机器学习包含训练和预估阶段。由于离线和生产环境不同，工程架构上也有很大差异。举个例子，训练时数据来自数据仓库等，处理是批量的，强调大吞吐，一般采用 Hive、Spark 等大数据计算引擎，然而在预估时，数据来自业务系统，样本少，强调低延时，这就存在一个很大的差距，如特征计算时，数据本身来源不同，并且无法采用同一套模式处理数据，这就有可能引入不一致问题，进而导致效果问题出现。目前，业内在这方面也期望通过统一数据、统一处理、与业务系统形成闭环的方式，尽可能避免这一过程带来的问题，保证预估结果正确性。

3.2　深入理解机器学习项目全流程

为了进一步熟悉机器学习项目，我们有必要深入机器学习项目全流程的各个环节，了解各环节的目标、涉及的角色及其工作内容，进而了解机器学习项目的挑战及 MLOps 需要解决的问题。

如图 3-7 所示，机器学习项目生命周期分为两个大的阶段：一个是方案调研阶段，即以数据科学家为核心的调研阶段，在这一阶段，数据科学家需要结合业务实际情况进行必要的业务分析，制定项目优化目标，并通过反复试验寻找合适的解决方案并固化；另一个是方案投产阶段，即以工程师为中心，将调研方案转换为生产可用方案后完成投产，并持续监控各项指标是否符合预期。

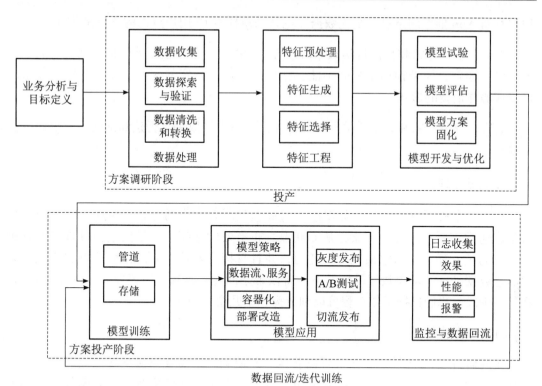

图 3-7　机器学习项目生命周期

3.2.1　方案调研

在方案调研阶段，以数据科学家为核心，与业务专家、工程师一起定义项目目标，将业务问题转化为机器学习问题，并通过不断探索试验，形成可投产的原型方案。

1. 业务分析与目标定义

通常来讲，一个机器学习项目解决一个实际业务问题，这里通常认为某些工作是可以通过机器学习来优化改进的。而业务问题被提出来，数据科学家就需要评估它是否可以利用机器学习来解决。

此环节的工作如下。

首先，业务专家和数据科学家等角色结合实际业务进行分析，辨别机器学习是否可以被应用在该场景中，明确该业务问题是不是一个机器学习问题以及优化目标是什么。

其次，业务专家和数据科学家等角色进一步结合业务和系统现状进行分析，利用机器学习解决问题，明确需要什么数据，这些数据应该以什么方式获取并标记。比如将一个 App 首页内容推荐规则转化为一个机器学习二分类问题，优化目标是提高点击率，用户看到 App 推荐的条目是曝光数据（也就是总样本），用户点击的条目是负样本。

再次，业务专家和数据科学家等角色需要考虑机器学习模型如何集成到现有的业务系统中。通常，模型预估结果并不能直接使用，需要一定的转换、加工变成业务系统可以理解并消费的形式。

最后，业务专家和数据科学家等角色评估最终模型效果是否达到预期，分析业务稳定性。

2. 数据处理

对于一个机器学习项目，数据准备与处理是所有工作的开始。在这一环节中，AI 科学家通常需要不断迭代探索，从而获取真正有效的数据集。虽然这一过程并不是机器学习的核心环节，但它最耗时、耗力，并且直接影响接下来的模型开发和优化。如何加速数据处理，避免数据问题给下一阶段带来问题，是这一阶段要解决的痛点问题。在这一阶段，我们根据工作流程可以细分为以下几个环节。

（1）数据收集

在调研阶段，AI 科学家通常可以获得一些便利，不需要直接从线上业务系统收集数据，一般从现有的大数据系统获取历史数据。但是，他们仍有一些数据收集工作需要处理。比如，用来分析的数据可能是分布在不同的存储系统中以及数据格式不同，这样 AI 科学家就不得不对数据进行解析、转存。另外，对于一些数据积累不够的场景，AI 科学家还不得不通过一些手段生成数据，以满足样本数据需求。

（2）数据探索与验证

在该环节中，AI 科学家在不改动数据本身的前提下分析数据，并通过可视化的方式呈现数据中隐含的规律。这些规律对于后续特征工程等环节是很重要的。在该环节中，AI 科学家主要关注数据质量、数据特征。

- 数据质量：简单来说就是收集到的数据好不好，能不能满足后续使用需求，比如数据缺失值、重复值、异常值、歧义值、正负样本比例（样本不平衡）等都会直接影响模型的学习效果。如果数据质量不佳，我们往往还需要重新收集数据，再进行分析。
- 数据特征：内在的数据规律可以说是数据的元信息。在该环节中，AI 科学家会对单个变量特征进行统计分析，比如单个变量的均值、中位数、众数、分位数、方差等；也会对两个或多个变量特征进行统计分析，这里主要探索任意两个变量特征统计分布之间的关系，例如相关系数等；还会对某个字段或某些字段分布进行统计分析，如某数据是数值还是非数值，是连续的还是离散的，是否具备时序性，有无空间意义等。

为了进一步直观地呈现数据的内在规律，AI 科学家往往会通过一些图表将其可视化。常见图表有直方图、箱线图、柱形图、茎叶图、折线图、条形图等。

（3）数据清洗和转换

在这一环节，基于数据探索与验证得到的数据信息，以及满足模型训练和预估需求的样本要求，AI 科学家需要对数据进行清洗和转换处理，处理掉之前发现的可能存在质量问题的数据。另外，通常情况下，实际数据可能并没有标签这样的数据列，AI 科学家就需要结合业务标记数据，形成原始样本，供后续环节使用。

可以看出，数据处理需要在数据管理、数据版本化、大数据任务编排和管理方面有工具的支撑，而这就是 MLOps 擅长的。

3.特征工程

特征工程同样是围绕数据展开的，只不过特征工程是基于数据处理后的原始样本展开的，为建模服务。特征工程做得好不好对模型效果有很大的影响，甚至有这么一句话在业界广泛流传：数据和特征决定了机器学习的上限，而模型和算法只是逼近这个上限而已。

简而言之，特征工程就是一个把原始样本转变成特征的过程。这些特征可以很好地描述数据。从数学角度来看，特征工程就是人工地设计输入变量 X。

特征工程一般包含特征预处理、特征生成、特征选择等几个环节。

（1）特征预处理

通常，经过处理的数据并不都能直接作为特征，AI 科学家需要对数据进行加工，包括特征过滤（反常值平滑化）、特征无量纲化（标准化、归一化）、特征分箱、特征二值化、特征离散化、特征编码等操作。

（2）特征生成

在绝大多数场景下，简单依靠原始样本构成的特征来训练模型是不够的，AI 科学家往往会结合对业务及数据的理解生成一些衍生特征来提升模型效果。生成方式大概分为两类：单特征变换、多特征组合。单特征变换常见的手段包括对特征进行编码、数学转换等。多特征组合是通过组合的方式将多个特征合并为一个特征，如两个特征分别是经度、纬度，合并起来就是坐标，而坐标较原来独立的两个特征更有价值。另外，特征组合可以是多阶的，组合形式也可以有很多，如两值相加、相减等。

（3）特征选择

所谓特征选择，就是找出对当前学习任务有用的属性（即相关特征），过滤掉没什么用的属性（即无关特征）。特征并不是越多越好，特征太多不仅会降低可解释性，还可能导致模型泛化能力变差，产生过拟合现象。另外，在工程层面，考虑到训练时间和资源等诸多限制，我们往往需要对特征进行筛选。其中，通过特征重要性来筛选特征是一个很重要的手段。

4.模型开发与优化

一旦样本构造完成，接下来我们进入模型开发与优化阶段。这一阶段的主要工作是基于样本选择合适的训练算法，并结合验证评估结果，不断优化模型的超参数，选择出最佳策略。这一阶段包含模型试验、模型评估、模型方案固化几个环节。

（1）模型试验

在调研阶段，模型方案本身并不明确。AI科学家需要结合问题类型、数据特征情况，选择合适的算法来训练模型，并且基于验证结果进行模型调优，最终获得合适的模型方案。在此环节，AI科学家通常使用一些建模工具，比如编程式建模工具、低代码建模工具和无代码自动建模工具等辅助建模。它们各有特点，有不同的应用场景，有效地集成它们，形成一个简洁、高效的工作平台，将给机器学习项目建设带来便利。

（2）模型评估

模型试验后，我们通常可以获得若干候选模型。在模型评估环节，AI科学家需要对这些模型进行评估，比较哪一种模型更能达成业务目标和效果指标。AI科学家会利用预先拆分的测试集验证模型效果，并结合业务目标判断是否能够满足业务需求。这一过程通常会和模型试验迭代进行，通过不断测试反馈，调整和完善方案，最终获得符合生产需要的方案。

（3）模型方案固化

模型方案最终是要投产的。通常，AI科学家需要将自己最终选择的模型方案按照与AI工程师约定的形式提供出来。一般来说，产出物包含数据处理、特征工程脚本，模型训练方案或者模型本身及相关的说明文档等。AI工程师需要基于模型方案构造管道，配置和管理相关服务，以便在生产环境中与上下游业务系统对接，并保证最终效果。

可以想象的是，这一过程存在很强的偶然性，需要结合经验进行大量的探索、构造、调参，这也使得模型优化变成一个门槛很高又耗费时间和精力的工作。如何提升AI科学家的工作效率，提高方案调研效率，成为MLOps领域关注的重点之一。当前，比较热门的自动机器学习技术的研究重点便聚焦于此。

3.2.2　方案投产

进入这一阶段，AI 科学家已经确定了未来投产的模型方案，但一般来讲，这些方案并不能直接投产使用，因为一些重要的业务问题仍需要解决，比如：

- 如何正确、可靠地接入上游海量数据，并通过数据转换周期性地稳定训练并产出模型？
- 如何在保证性能和正确性的前提下将模型部署到生产环境，并稳定接入大规模流量？
- 如何及时观察模型的线上性能和效果表现，并及时收集反馈数据，形成数据闭环，不断迭代？

在方案投产阶段，以 AI 工程师为核心，AI 科学家、运维、业务专家一起协作，保证方案成功落地。这一阶段大致可以分为 3 个环节：模型训练、模型应用、监控与数据回流。

1. 模型训练

在模型训练环节，AI 工程师拿到的一般是 AI 科学家在调研阶段获取的特征和模型方案。但实际业务中，AI 工程师需要分析原始数据及目标数据的特点、原始数据到目标数据的处理逻辑并制订开发计划，还需要制订模型训练计划，确保稳定地产出模型。在技术层面，AI 工程师需要重点关注以下两方面。

（1）管道

由于模型训练整体涉及的链条很长，通常为了提高开发效率和灵活度，AI 工程师需要借助管道打通从数据接入、处理，到特征工程、模型训练，再到评估的全过程。如何更好地编排和管理底层的框架工具，为 AI 工程师提供友好的开发体验，是业界需要解决的关键问题。很多开源工具聚焦于改进开发体验。常见的开源工具有 Airflow、Azkaban 等。

（2）存储

选择合适的存储工具对于工程师来讲也很重要。由于机器学习项目涉及的数据类型很多，包含数据表、特征、样本、模型、脚本等，它们不仅容量大，通常还有版本区别，有很强的血缘关联性，怎样更好地管理这些元数据及业务数据至关重要。选择的存储不合理将带来不小的麻烦，甚至带来难以排查效果和性能问题的困难。MetaServer、FeatureDB 等产品可用来解决存储问题。

2. 模型应用

在模型应用环节，AI 工程师聚焦于如何将模型变成服务，并将服务与业务系统对接，然后逐步接入真实流量、稳定服务。为了达成这一目标，AI 工程师一般需要做以下工作。

（1）部署改造

在这一环节，AI 工程师需要从模型仓库中根据一定策略（比如效果最优，或是某种自定义的业务规则等）拉取模型，将其部署成模型服务。这里需要结合模型大小预估匹配流量，选择合适的部署模式和资源规模，通常会结合性能测试来判定服务是否满足需求。另外，由于模型服务需要对接真实上游业务，此环节存在类似数据流对接的问题。这里涉及两个层面的工作：在线特征工程、接口及规则逻辑定制。

对于在线特征工程来讲，考虑到模型训练中批量特征处理、在线请求处理特点和数据存储的差异，AI 工程师无法套用批量处理特征的脚本，需要结合特征离线处理逻辑改写能够实时构造特征的逻辑代码。通常，对于 AI 工程师来讲，这一环节准入门槛很高，一方面要理解 AI 科学家提取特征的思路和逻辑，另一方面要考虑性能等工程层面的要求，这也导致耗时很长，且常常因为编程不当而出现上线效果不如预期且难以排查原因的情况。业内将其称为"线上线下一致性"问题。

对于接口及规则逻辑定制来讲，它具有很强的业务性。对于一个模型服务，它的输入和输出都是固定的，但如何映射到业务概念上，比如二分类模型输出是一个得分，如何根据得分设置阈值，形成对应的具有业务判断意义的返回结果，这就需要 AI 工程师进行处理。另外，在实际业务中，模型和规则常常一起出现。数据经过模型后可能还需要若干规则流处理。如何灵活地处理业务逻辑，也是这个环节需要考虑的问题，比如在线管道化就是一个很好的思路。

另外，考虑到部署环境要求以及持续交付要求，AI 工程师需要将模型服务容器化，从而使得生产环境获得敏捷弹性部署和运维能力。

（2）切流发布

所谓切流，就是将线上流量切换到模型服务。这一过程发生在最初投产阶段，也可以发生在新老模型切换阶段。对于一个生产服务来讲，切流是一件很重要的事情，需要有相关的运维部署策略保障（常见的部署策略有蓝绿发布、金丝雀发布等），以保证流量能够安全进入，不至于因为流量或者版本问题而使发布失败，继而引发生产故障。对于机器学习项目，效果问题尤为突出。虽然新的模型能够正常对外提供服务，但是如果效果很差，发布也是失败的。为了避免这一问题发生，在服务发布时通常还引入 A/B 测试。在 A/B 测试中，业务专家、AI 科学家等角色先引入一部分流量，对比新老模型的实际生产表现，继而选择全量发布还是下线继续改进。近年来，A/B 测试不仅是在新功能发布时使用,还逐渐被引入日常运营工作。通过实验的方法快速寻找最佳运营策略,成了数字化运营强有力的武器。

3. 监控与数据回流

在模型顺利部署并且投产后,工作并没有结束,还需要日常运维、监控服务的稳定性和性能。对于机器学习项目来讲,AI 工程师需要密切关注业务状况及模型效果。这是因为机器学习的效果与数据高度相关,随着时间的流逝,数据的变化、业务的变化等会导致模型效果衰退。为了应对这种衰退,AI 工程师就需要定期更新模型方案。为了实现不断迭代的闭环,数据回流是关键一步。AI 工程师负责收集实际的反馈数据,比如在推荐领域,收集用户基于推荐列表是否发生点击的数据,通过新数据的不断上传,迭代生成新的模型,这样就能保证模型的敏感度。这里需要补充说明的是,当业务和数据发生巨大变化时,通过原有方案训练的模型不一定能够真的起作用,AI 工程师需要重新进行方案调研,产出新的模型方案。

从完整过程可以看出,方案调研和方案投产在一定程度上还是比较割裂的。如何让系统自动根据实际情况产出或调整模型方案呢?一些机器学习研究者正在研究将方案调研、投产全过程融合成一个完整的机器学习闭环,这就是自动机器学习平台的研究重点。

3.3 本章小结

通常,机器学习项目被大众理解为 AI 科学家的事情。通过对机器学习项目全生命周期的了解,我们发现机器学习项目有着多角色、高门槛、工具和流程繁杂等特点。

然而,AI 科学家对机器学习模型以外的领域并不擅长和关注,如何让他们更快地将研究成果投入到生产环境,就是 MLOps 需要解决的问题。它帮助 AI 科学家降低开发在生产环境中可用的机器学习系统的复杂度,降低发生错误的概率,提高开发效率。

随着机器学习场景的不断丰富,如何更有效、更快速地落地机器学习项目成了 AI 科学家和 AI 工程师关注的焦点。MLOps 也不再是"可有可无,有了更好"的选择,而变成机器学习项目必备的关键基础设施,这一点和 DevOps 之于普通 IT 项目的关系一样。

针对前面介绍的机器学习项目为什么难以落地以及机器学习项目生命周期中各个环节遇到的挑战,MLOps 需要提供哪些工具和最佳实践来改变这一局面呢?我们将在后续章节展开介绍。

第 4 章

MLOps 中的数据部分

人工智能系统的成功不仅需要优秀的模型（即以模型为中心），还需要优秀的数据工程（即以数据为中心）。那么，究竟什么是以数据为中心，以数据为中心的人工智能系统和与以模型为中心的人工智能系统有什么区别，在 MLOps 中数据的生命周期是什么，数据架构是如何演进的，MLOps 系统中主要的数据问题是什么以及如何解决，这些内容都在本章有详细讲解。

4.1 从以模型为中心到以数据为中心

机器学习的进步是模型带来的还是数据带来的，这可能是一个世纪辩题。著名的吴恩达博士对此的看法是：一个机器学习团队 80% 的工作应该放在数据操作上，确保数据高质量是最重要的工作，现在每个人都知道应该这样做，但之前没人在乎，如果更强调以数据为中心而不是以模型为中心，那么机器学习的发展会更快。本节将介绍这两种模式的区别，以及要以数据为中心的原因。

4.1.1 以模型为中心的时代

在以模型为中心的人工智能时代，全球所有人工智能研究实验室面临的挑战是，面对给定的基准数据集（例如 COCO 数据集），如何构建性能更好的模型。这被称为以模型为中心的方法，即保持数据固定并迭代模型及其参数以提高模型性能，如图 4-1 所示。

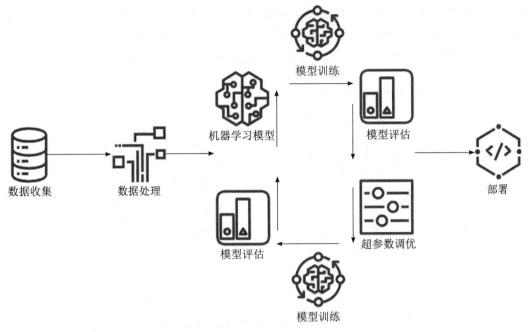

图 4-1　以模型为中心的方法

当然，对于算法工程师来说，他们能够在代码托管平台（如 GitHub）上轻松访问更新、更好、更强的模型并能够在此基础上创建项目、训练模型。对于很多机器学习算法工程师来说，他们感觉在努力学习机器学习理论之后，终于可以应用并尝试创建一些模型，真是太棒了。

以模型为中心的特殊性在于，数据收集是一次性任务，在项目开始时执行，目标是随着时间推移增加数据，但对数据质量没有要求。

模型的部署通常是小规模的：只有一台服务器或设备就可以处理所有负载，监控更不是一件值得关注的事情。但是，最大的障碍是一切都是手动完成的，包括数据清理、模型训练、模型验证、模型部署、特征存储、特征共享等。

很明显，这是一个需要解决的问题。然而当时，大型机器学习平台等解决方案要么不存在，要么过于复杂，无法适用于大多数组织。

4.1.2　以数据为中心的时代

时代变了，该领域的一些有影响力的人，比如吴恩达博士，开始提出一些新的范式来处理机器学习系统，那便是关注数据。当系统运行不正常时，许多团队会本能地尝试改进代码，但是对于许多实际应用而言，集中精力来提高数据质量会更有效。

许多人经常混淆以数据为中心的方法和数据驱动方法。数据驱动方法是从数据中收集、分析和提取见解。另外，以数据为中心的方法侧重于使用数据来定义应该首先创建的内容将数据视为组织、企业或项目核心的重要资产，并以此为基础进行决策、创新和优化。以数据为中心的方法和数据驱动方法的区别如图 4-2 所示。

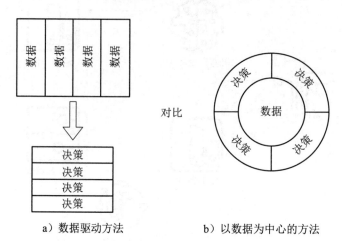

a）数据驱动方法　　　　　b）以数据为中心的方法

图 4-2　以数据为中心的方法和数据驱动方法的区别

- 以数据为中心的方法中数据是主要和永久资产，而程序会发生变化。
- 数据驱动是一种基于数据的方法，用于为企业或组织提供决策支持、业务洞察和持续改进。这意味着通过提取大量数据来创建技术、技能和环境，即通过利用大量数据及相应的技术、技能和环境来实现企业的数据驱动决策和创新。

以模型为中心的机器学习和以数据为中心的机器学习的区别如表 4-1 所示。

表4-1　以模型为中心的机器学习和以数据为中心的机器学习的区别

以模型为中心的机器学习	以数据为中心的机器学习
处理代码是中心目标	处理数据是中心目标
优化模型，使其能够处理数据中的噪声	不是收集更多数据，而是在数据质量上进行更多投资
不一致的数据标签	数据一致性是关键
标准预处理后数据固定	代码、算法是固定的
模型迭代改进	数据质量改进

以数据为中心的方法是系统地更改或增强数据集以提高模型性能。这意味着与以模型为中心的方法相反：模型是固定的，只需要改进数据。增强数据集可以有不同的含义，包括增强标签的一致性，关注时序数据的穿越问题，对训练数据进行精细采样，

以及明智地选择数据批次，并不总是扩充数据集。

以数据为中心的机器学习系统意味着自动化模型生命周期中的所有流程，模型评估贯穿模型生命周期中的所有流程，如图 4-3 所示。

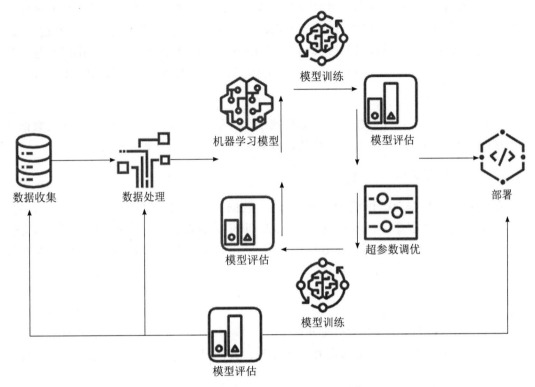

图 4-3　以数据为中心的机器学习系统

4.2　MLOps 中的数据生命周期管理

数据的生命周期由数据使用过程中的一系列阶段组成，每个阶段的操作都由一组策略控制，这些策略可以在每个阶段实现特征价值最大化。这种从数据输入到数据销毁的整个生命周期管理的方法被称为数据生命周期管理。高质量的数据生命周期管理流程可以为 MLOps 中的数据系统提供优秀的结构与组织，还可以实现流程中的关键目标，比如数据安全性与数据可用性。

MLOps 中的数据生命周期管理可分为如下几个阶段。

阶段一：数据收集

数据生命周期始于数据收集。在此阶段，数据来源非常丰富，包括 Web 与移动应用等。如何聚合多样数据源及数据形式就成为 MLOps 中针对数据系统必须要考虑的问题。收集所有可用数据并不是成功系统的必要条件。实际上，一个成功的系统应当始终依据数据质量及其与业务功能的关联程度来评估新数据的整合。

阶段二：数据存储

数据的组织方式多种多样，影响着 MLOps 系统的数据存储类型。结构化数据倾向存储于关系数据库，非结构化数据倾向存储于 NoSQL 或非关系数据库。在此过程中，我们需要应对复杂多变的数据处理流程及数据版本。对于数据安全性，我们可通过数据加密和数据转换等方式免受恶意行为者的侵害，确保敏感数据符合 GDPR 等政策对隐私数据的保护要求。

在数据存储阶段，我们还应关注数据冗余。存储数据副本可以在数据删除或数据损坏的情况下作为备份，防止恶意软件攻击或意外的数据修改带来的损失。

阶段三：数据共享与使用

在此阶段，数据会提供给 MLOps 系统。数据的接入与处理面临众多挑战。首先，数据来源、数据类型众多，若不能统一管理，我们将面临巨大的数据接入压力。其次，从原始数据到特征数据之间存在着巨大差异，往往需要经过清洗、加工、特征构造等多个处理流程，这增加了数据使用成本。

阶段四：数据归档

MLOps 系统对数据的时效性要求很高，一段时间后，不再使用的数据则需要归档保存，但维护归档数据仍然非常重要。必要时，我们可以将归档数据恢复到生产环境。

阶段五：数据销毁

这是数据生命周期的最后阶段——数据将从记录中被清除并安全销毁。

4.3　数据存储架构演进

1970 年，IBM 的 E. F. Codd 在论文" A Relational Model of Data for Large Shared Data Banks"中提出关系数据库的概念。计算机科学家称之为"革命性的想法"。随着关系模型的成功，一大批数据库产品纷纷涌现，如 Oracle、DB2 等。这些数据库产品很好地满足了数据存储、计算需要。如今，关系数据库的易用性和灵活性使它成为财务数据、物流数据、人员数据等记录的主要选择。

随着企业的发展，需要处理的数据越来越多，需要分析的维度也越来越多。1988年，IBM 公司的研究员提出了新的术语——数据仓库来描述该场景。1992 年，"数据仓库之父"Bill Inmon 出版图书 *Building the Data Warehouse*，这为数据仓库大规模推广打下了基础。他定义数据仓库是一个面向主题的、集成的、相对稳定的、反映历史变化的数据集合, 可用于支持决策制定。

Pentaho 的 CTO James Dixon 在 2011 年提出了数据湖概念。数据湖与数据仓库的最大区别在于: 数据仓库中的数据是事先归类的, 以便于未来分析, 这在 OLAP 时代很常见, 但是对于离线分析作用不大。如今, 存储的成本越来越低, 可以维持大量原始数据的存储是 "湖" 概念产生的基础。

大数据体系旨在处理对于传统数据库来说太大或过于复杂的数据的引入、处理和分析。数据可以批处理、流处理。大数据解决方案可处理大量非关系数据, 例如键值数据、JSON 文档数据、时序数据。通常, 传统关系数据库并不适合用于存储此类数据。NoSQL 数据库可用于存储非关系数据。

如今的机器学习系统依赖于以上提到的数据存储架构。

4.4　MLOps 中主要的数据问题及解决方案

在建设 MLOps 中的数据系统时, 我们有多个层面的问题需要解决: 从业务层面来讲, 各个环节的数据需要梳理、分析, 从而形成完整的数据体系; 从技术层面来讲, 面对数据的复杂性, 建立统一的大数据系统来聚合数据, 而不同的业务场景往往需要构建不同的技术架构。具体来说, 需要重点考虑的问题如下。

- 常见的数据质量问题。
- 时序数据穿越问题。
- 离线和实时数据一致性问题。
- 数据安全问题。
- 数据共享与复用问题。

本节将围绕这些问题及解决方案对 MLOps 中的数据部分做详细阐述。

4.4.1　常见的数据质量问题及解决方案

数据质量是机器学习项目落地的关键。机器从历史数据中不断学习, 学习效果与训练数据的质量密切相关。因此, 高质量的数据是 MLOps 系统构建的基础。

让我们来分析一个业务场景: 假设初步的探索性数据分析已经完成, 并且可以看到模型的潜在性能, 但令人失望的是, 该模型的效果还不能被业务人员所接受。在这种情况下, 考虑到研发成本和时效, 我们下一步的操作可能是分析错误的预测并将其与输入数据相关联, 以调查可能的异常情况和先前被忽略的数据模式; 或者采用更加复杂的机器学习算法。

但是，如果模型的输入数据质量很差，那么采用更复杂的机器学习算法并不能带来更大的好处。

通常，机器学习算法需要单一视图（扁平化结构）的训练数据。但是现实中，企业维护的数据源复杂又多样，因此，组合多个数据源以便将所有的必要属性放在单个视图是一个耗时耗力的过程。

目前，大多数数据科学家有一个普遍共识：数据准备、清理和转换占据了模型构建的大部分时间。因此，在将数据输入模型之前要进行严格的数据质量检查。对于数据质量检查，每个人可能都会有非常主观的判断，但基本上要关注数据的一些关键要素，包括完整性、独特性、时效性、一致性、准确性，如图 4-4 所示。

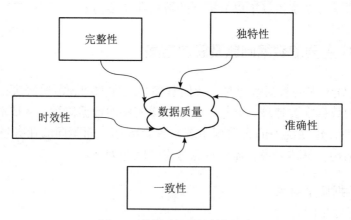

图 4-4　数据质量关键判断要素

接下来，我们分析几个数据质量问题并给出解决方案。

- 数据标注不同：不同的数据服务供应商用不同的方法来收集和标记数据，同时对数据的最终用途也有不同的理解。即使在同一个数据服务供应商中，主管得知需求并下达任务给不同的团队成员，也会出现多种标注形式的情况，因为所有的团队成员都是根据自己的理解进行标注的。

解决方案：在数据服务供应侧进行质量检查，在消费侧验证是否遵守达成共识的标注指南，以实现同等质量的数据标注，保证数据标注是按照相同的规则进行的。

- 数据操作不同：对模型的训练数据进行不同的聚类、转换等，例如计算滑动平均值、回填空值、缺失值估算等，会对效果产生影响。

解决方案：请领域专家参与数据处理和特征工程的过程，利用他们的专业知识对数据进行清洗、转换、补充与验证。此外，他们还可以为模型选择更有意义和相关性的特征。

- 数据缺失：数据缺失会导致结果有偏差，比如缺失值可能代表特定人群的某个属性。而且高缺失值会降低模型的预测能力。

解决方案：计算类似维度或级别数据的平均值。

- 缺少扁平化结构：大多数组织都缺少一个集中的数据仓库，且缺少结构化数据。

解决方案：建立统一的数据仓库，以及对元数据进行统一管理。

4.4.2　时序数据穿越问题及解决方案

1. 时序数据

时序数据是按时间顺序组织的一组数据。时序数据的关键特征是时态排序，即按照事件发生和到达处理的顺序进行记录。时序数据在写入、读取与存储时有一定的特点。

在写入时，时序数据通常按时间顺序到达进行写入，并添加到数据存储中，很少更新，因此它的写入比较平稳。这与应用数据不同。应用数据通常与应用的访问量成正比，生成存在波峰、波谷。时序数据通常是以固定的频率生成，不会受其他因素制约。其生成速度是相对比较平稳的。通常，时序数据由个体独立生成，当个体比较多时，写入并发和吞吐量都是比较高的。

在读取时，时序数据通常按时间范围进行读取，而不是时间点，且离当前时间越近的数据被读取的概率越高。同时，由于时序数据产自不同的个体，这些个体的特征可能是同一维度的，也可能是不同维度的，因此我们会对时序数据进行多维分析。

在存储时，时序数据量很大，且冷热分明，越是时间久远数据被查询与分析的可能性越低。

2. 时序数据穿越问题

MLOps 系统在利用时序数据解决实际问题时，有可能出现与过拟合相似的现象：离线训练时，模型效果非常好；在线推理时，模型效果很差。这有可能是时序数据穿越问题造成的。该问题是指在模型训练时，不小心将未来本应用于预测的数据引入训练集，比如，在金融信贷评估场景，训练集误引入建模时间点之后的数据，如还款表现等。

我们通过一个简单的二分类案例来介绍该问题。

表 4-2 为针对某用户的时序特征值。

表4-2   某用户的时序特征值

timestamp	user_id	feature_value
12:00	0001	5
13:00	0001	27
14:00	0001	12
15:00	0001	18

表 4-3 为针对该用户的二分类训练样本。

表4-3   针对该用户的二分类训练样本

timestamp	user_id	label
12:30	0001	0
13:00	0001	1
13:30	0001	1
14:30	0001	0

我们希望重现过去特定时间点的特征状态，也就是 Point-in-time Join。如此一来，便可以避免时序特征穿越的问题。最终正确的训练数据如表 4-4 所示。

表4-4   正确的训练数据

timestamp	user_id	feature_value	label
12:30	0001	5	0
13:00	0001	27	1
13:30	0001	27	1
14:30	0001	12	0

以 13:30 时刻为建模时间点举例，若使用 14:00 时刻的数据则会产生时序数据穿越问题。

3. 时序数据穿越问题解决方案

一般来说，解决时序数据穿越问题可以从以下几个方面入手。

（1）数据回填

数据回填指的是在数据管道中追溯处理历史数据。我们若保存了完整的事件日志，便能精确地构建特定时刻的特征，然后通过特征生成训练集。从构建特征角度看，数据回填目的在于从历史数据中提取特征，以便构建时间跨度更长的模型。

数据回填的工程实现如图 4-5 所示。

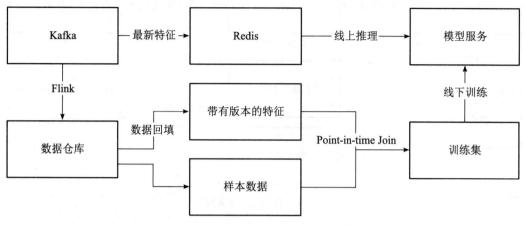

图 4-5　数据回填的工程实现

- Redis 中只保存最新版本的特征数据，提供给线上推理使用。
- Kafka 中的数据通过 Flink 写入数据仓库，作为原始数据层长期存储。
- 数据仓库中的数据通过 SQL 或 Spark 等作业进行数据回填，创建各个时刻的特征值。
- 通过 Point-in-time Join 关联样本与特征，生成训练集并训练模型。

该方法的优点如下。

- 数据存储量少，仅需保存原始日志。在构建训练集时按需构建，不需要维护特征版本。
- 方便之后从历史数据中提取特征。

该方法的缺点如下。

- 对于如今训练数据量越来越大，动辄百万级别的训练数据来讲，该方法的特征生成效率太低。
- 实现与维护复杂度高，通过不同数据管道得到的训练与推理数据容易产生不一致问题。

（2）快照

该方法是对用户多个时刻的特征进行快照保存，然后通过 Point-in-time Join 生成训练集。

快照的工程实现如图 4-6 所示。

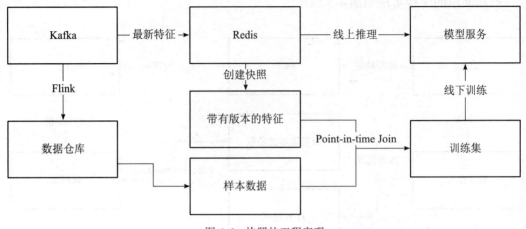

图 4-6　快照的工程实现

- Redis 中只保存最新版本的特征数据，提供给线上推理使用。
- Kafka 中的数据通过 Flink 写入数据仓库，作为原始数据层长期存储。
- Redis 中的特征通过定时任务或者事件驱动任务生成快照。
- 通过 Point-in-time Join 关联样本与特征，生成训练集并训练模型。

该方法的优点如下。

- 特征的构建不需要在线下进行，而是通过快照实现，这样计算量巨大的问题得到了解决。
- 实现相对简单，不需要数据回填，不需要维护不同的数据管道，只需要保证 Point-in-time Join 的正确性。

该方法的缺点如下。

- 快照的时效性不好保证，尽管解决了时序数据穿越问题，但是如果快照调用周期过长，则会丢失大量信息、时效性降低，导致特征分布与实际不一致。
- 若快照调度频繁，粒度过细，则存储压力变大。

（3）请求快照

在进行线上推理时，我们可以获取每次模型推理的时刻所用的特征值，将此时刻的特征值与该推理请求的相关信息一同保存，就得到了请求快照。该方法在生成训练集时并不需要 Point-in-time Join，因为训练集的样本是在线推理时实时记录下来的，所以可以有效避免时序数据穿越问题。

请求快照的工程实现如图 4-7 所示。

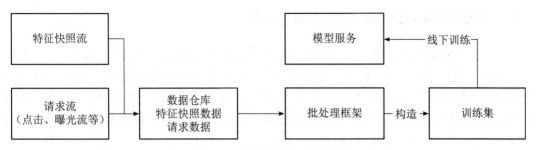

图 4-7　请求快照的工程实现

- 线上推理时产生的特征值与请求相关信息一同保存。
- 天级（按天分组）Join 操作生成训练集并训练模型。

该方法的优点如下。

- 特征的构建不需要在线下进行，而是通过快照实现，这样计算量巨大的问题得到了解决。
- 实现相对简单，不需要数据回填，不需要维护不同的数据管道，不需要保证 Point-in-time Join。
- 训练样本生成后不需要保存快照，存储成本低。

该方法的缺点如下。

- 样本数据不能立刻得到，需要经过一段时间进行特征、样本积累，才能进行模型训练。

解决时序数据穿越问题的方法对比如表 4-5 所示。

表4-5　解决时序数据穿越问题的方法对比

方法	计算量	存储压力	适用场景
数据回填	极大	小	作为请求快照的补充，线下试验新特征
快照	大	大	作为请求快照的补充，线下试验新特征
请求快照	小	小	训练数据量大，线上请求量大

时序数据穿越问题在很大程度上是由于线上推理与线下训练的数据处理管道不同引起的。将特征工程做到数据库中，利用数据库的内置函数、窗口函数等，并将实时流处理与数据库集成，做到较高的实时性，而且统一了线上推理与线下训练的数据处理

管道，这样也可以解决此类问题。后面章节会有相应介绍。

4.4.3 离线和实时数据一致性问题及解决方案

在 MLOps 系统中，机器学习模型出现的问题很大程度上可以定义为广义的线上线下一致性问题。其中，离线与实时数据一致是模型稳定性的基础保障。通常，不一致的数据会导致模型稳定性指标抖动，预估效果不符合预期等问题的出现。因此，在模型全链路测试过程中，一致性测试非常重要。但是，通常的一致性测试方案难以做到全局，更多是做效果与效率测试。

本节将介绍离线和实时数据一致性问题及解决方案。

1. 离线和实时数据一致性问题

以互联网中常见的有监督学习中的分类学习为例，分类学习的迭代过程如图 4-8 所示。每个方框中的内容表示一种数据形态，下标为数据的上游来源及版本。

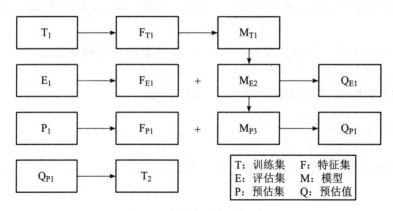

图 4-8　分类学习的迭代过程

- 训练阶段：训练集经过特征抽取和训练产出模型。
- 评估阶段：基于训练集产出的模型，输入未进入训练集的样本进行预估。当评估模型的效果符合预期时，该模型可以进入线上推理阶段。
- 线上推理阶段：使用经过评估符合预期的模型进行线上推理。线上推理的预估值会应用于具体的业务问题，并产生新的训练集，重新回到训练阶段。

机器学习模型训练、评估和线上推理过程中的数据一致性包括样本一致性与模型一致性。样本一致性指相同的输入数据集在经过训练、评估、线上推理阶段后的值应该是一致的。模型一致性指离线训练后产出的模型和线上推理使用的模型若有优化操作，效果损失应在预期范围内。实际上，离线训练后产出的模型在加载到线上时常常会经历剪枝、量化、压缩等优化操作。经过部分特征的过滤和参数精度的转换，任何模型的效果都会衰退。

处理逻辑不一致是影响数据一致性的关键因素之一。处理逻辑一致包括特征抽取逻辑一致（即相同的输入数据经过特征抽取操作后，产出的特征签名应保持一致）产出的模型在评估和线上推理阶段的使用逻辑一致。

若处理逻辑一致性不能保证，数据一致性则难以保证。任何一个阶段的处理逻辑都会影响下一阶段的输入数据。因此，保证数据一致性的同时也应保证处理逻辑一致性，从而保证 MLOps 系统中机器学习模型的健康迭代。

综上所述，围绕数据一致性评估的关键指标如下。

- 当前模型的迭代是否健康，有没有发生数据一致性问题。
- 能否定位数据不一致问题产生的原因。
- 数据不一致对 MLOps 系统产生的影响，解决数据不一致问题投入的成本与带来的收益。

2. 离线和实时数据一致性问题解决方案

传统的解决方案是添加校验流，对上述 3 个关键指标进行一一验证。如图 4-9 所示，在线上推理阶段产生新的训练集 T_2 之后，可以将 E_1 替换为 T_2，将其作为附加的校验流。

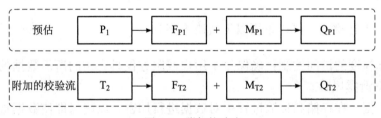

图 4-9　附加校验流

此时，线上推理阶段的输入与校验的输入实现了统一，具体校验如下。

- 离线样本 T_2 与在线样本 P_1 的内容是否一致（T_2 应为 P_1 的子集）。
- 离线特征抽取结果 F_{T2} 与在线特征抽取结果 F_{P1} 是否一致。
- 离线模型 M_{T2} 与在线模型 M_{P1} 是否一致。
- 离线预估值 Q_{T2} 与在线预估值 Q_{P1} 是否一致。

通常，MLOps 系统的线上推理全链路十分复杂，这就需要针对整个过程进行校验流覆盖，对比是否有不一致问题以及寻找不一致问题出现的位置与原因。若数据量巨大，对比将十分困难。

在接下来的章节中，将介绍一个开源机器学习数据库 OpenMLDB，该数据库提供了线上线下一致的特征计算平台。

4.4.4　数据安全问题及解决方案

从出现大数据概念之后，大数据的安全问题就一直被人们所关注。未经授权的用户可能会非法访问和窃取企业的数据，对外进行出售，使企业不论在业务还是在声誉等方面，都受到惨重损失。

对于 MLOps 系统来说，数据安全问题主要有以下几点。

- NoSQL 数据库与非结构化数据的大量应用导致早前的常见安全策略与流程很难保证这些新的技术栈的安全。
- 一些成熟的安全工具可以有效保护数据安全，但在庞大且复杂的系统链路中，可能会对不同位置与环节的数据输出产生不同的影响。
- 庞大的数据量可能无法支持日常安全审计，而分布式集群架构会扩大安全漏洞的影响范围。

在 MLOps 系统中，数据是不可或缺的。只有利用大数据技术充分挖掘数据价值，才能成就强有力的 MLOps 系统。但是，这也意味着数据计算环境比以往更复杂，通常跨越公共云、企业私有云、数据中心等多个环境。这种复杂性使得攻击面扩大，数据安全更具挑战性。

为了应对上述挑战，可以采用以下解决方案。

- 采用细粒度的访问控制：确保每个用户或服务仅具有访问所需数据的权限，最小化潜在的数据泄露风险。
- 加密数据：在存储和传输过程中对数据进行加密，以确保即使数据被窃取，攻击者也无法轻易访问明文信息。
- 定期安全审计：通过定期进行安全审计，监控系统的安全状况，及时发现和修复潜在的安全漏洞。
- 采用数据脱敏技术：对敏感数据进行脱敏处理，降低数据泄露风险。
- 实施安全培训和意识教育：定期为员工提供安全培训和意识教育，帮助他们了解网络安全风险和预防措施，减少人为错误导致的数据泄露。
- 引入安全监控和告警机制：部署实时安全监控和告警系统，以检测异常行为、入侵尝试和潜在威胁，及时发现并阻止攻击。
- 强化网络防护：确保网络边界和内部网络的安全性，例如使用防火墙、入侵检测系统（IDS）和入侵防御系统（IPS）等技术手段进行保护。
- 制定严格的数据管理和保留政策：实施数据生命周期管理，确保数据在存储、使用和销毁过程中的安全性；限制长时间保留不必要的数据，降低潜在的安全风险。

通过采取这些措施，可以在很大程度上提高 MLOps 系统中大数据的安全性，保护企业的关键信息资产，同时确保数据的合规性。这将有助于降低企业面临的潜在风险，提高业务连续性和稳定性。

4.4.5　数据共享与复用问题及解决方案

在机器学习系统中，特征复用率低会导致很多问题出现，比如算法迭代效率低，特征处理流程变复杂以及存储资源被浪费等。企业机器学习系统应用中经常会出现这些情况：同一个特征被不同的业务部门使用，数据源来自同一份日志文件，数据抽取逻辑类似，但因为是在不同的部门或不同的场景中使用而不能复用，相当于同一个抽取逻辑被执行了多次。而且，日志文件是海量的，这对存储资源和计算资源都是巨大的浪费。

为了解决这些痛点，MLOps 系统中特有的平台——特征平台出现了。

特征平台是构建、管理、共享机器学习所需要的特征的中间仓库，自 2017 年被 Uber 首次提出后，已经有多个相关创业公司获得投资。2020 年至今，国内已经有多个互联网大厂发布了相应的商业产品和开源项目。

作为 MLOps 系统中特有的平台，它除了解决了数据共享与复用问题之外，还具有以下特性。

* 同时满足线下训练以及线上推理需求。特征平台在不同的场景能满足不同的应用需求。在模型训练时，它能满足扩展性好、存储空间大的应用需求；在线上推理时，它能满足高性能、低延时的应用需求。
* 解决了特征处理在训练阶段和预估阶段不一致的问题。在模型训练时，AI 科学家一般会使用 Python 脚本，然后用 Spark 或者 SparkSQL 来完成特征处理。这种训练对延时不敏感，对效率要求较低，因此 AI 工程师会在预测阶段使用性能较高的语言把特征处理过程翻译一下。但翻译过程异常烦琐，AI 工程师要反复和 AI 科学家校对算法逻辑是否符合预期，只要稍微不符合预期，就会带来线上和线下不一致问题。特征平台提供统一的特征定义、管理的 SDK 和 API，保证存储一致性，这样可以解决特征处理在训练阶段和预测阶段不一致的问题，从而提高模型的准确性和业务部署效率。

4.5　本章小结

"Garbage in，Garbage out"（即垃圾进，垃圾出）是计算机科学领域的一句俗语，说明如果将无意义、错误的数据输入计算机系统，那么计算机也一定会输出无意义、错误的结果。在 MLOps 系统中，这句俗语得到更充分的验证。在 MLOps 系统中采用以数据为中心的方法时，我们需要记住：

- 确保在整个 MLOps 中数据的高质量；
- 避免时序数据穿越问题出现；
- 保证离线与实时数据一致性；
- 确保数据安全；
- 避免数据的共享与复用问题出现。

第 5 章

流水线工具

在 3.1.5 节中，我们介绍了机器学习难以落地的原因，其中工程层面存在工具繁杂、流程复杂且难定制化的问题。针对这个痛点，MLOps 领域出现了较多开源的通用流水线（Pipeline）编排工具，以帮助提升 MLOps 流程的串联效率。

在日常 DevOps 开发和测试工作中，我们最常接触到的流水线工具可能是 Jenkins。Jenkins 主要用于代码工程的 CI 和 CD。

MLOps 借鉴了 DevOps 的理念，除了实现了 DevOps 所具有的 CI、CD，还实现了 CT 和 CM，不仅实现了代码层面的 CI、CD，还实现了模型层面的 CI、CD。

目前，一些开源的流水线编排工具是实现 MLOps 流程中 CI、CD、CT、CM 的得力工具，其中有的工具侧重任务编排，有的工具侧重支持不同策略调度，有的工具侧重模型从训练到上线全流程的跟踪与监控等。本章将结合这些侧重点介绍两个典型的流水线工具。

5.1 Airflow

Apache Airflow 是由 Airbnb 孵化并捐赠给 Apache 开源软件基金会孵化毕业的项目，是一款用于调度、监控流水线的开源工具。

5.1.1 Airflow 的功能和应用场景

Airflow 主要具有以下功能。

- 提供定义各个节点执行的工作、节点间的关系、执行计划、失败策略等标准的

Python SDK。

- 可视化的 Web UI。

图 5-1 展示了 Airflow 的交互界面。在交互界面，用户可以创建任务，对具体的任务执行代码层面的编辑等操作。

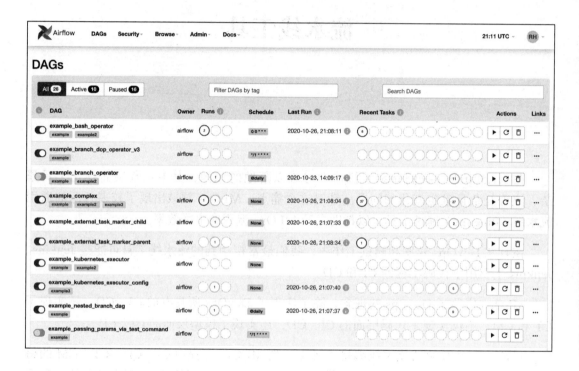

图 5-1　Airflow 交互界面

在 Airflow 出现之前，我们需要多个配置文件和文件系统树来创建 DAG 以管理 Hadoop 作业。但在 Airflow 中，创建 DAG 可能只需要一个 Python 文件。因为 Airflow 可以连接到各种数据源——API、数据库、数据仓库等，灵活性更高。

Airflow 适用于以下场景。

1）数据的批处理，即第 1 章中提出的 DataOps 操作，具体可以是以下细分场景。

- 当必须自动组织、执行和监控数据流时。

- 当数据管道变化缓慢（几天或几周，而不是几小时或几分钟）且需要按照特定时间间隔对数据进行相关处理时。
- 从多个来源提取批处理数据，或者对数据进行 ETL 作业时。
- 自动生成一些报告（如 BI 报告）时。

2）定时训练机器学习模型（如触发亚马逊的 SageMaker 作业）。

3）备份和其他 DevOps 任务（如提交 Spark 作业并将结果数据存储在 HDFS 集群中）。

与大多数应用程序一样，Airflow 不是"灵丹妙药"，并不适合所有场景，具体而言不适合的场景如下。

1）Airflow 不适用于流数据的调度。

2）Airflow 不管理基于事件的作业。Airflow 在定义好的批处理的上下文中运行，有明确定义的开始和结束任务，以特定时间间隔运行或由触发器触发运行，并且任务数量是有限的。但是，流式工作在一些情况下是无止境的。当创建完流式任务管道后，它们会不断运行，读取从源发出的事件。但是，无限期地以设定的时间间隔启动 Airflow 管道是不切实际的。另外，管道版本控制也是一个问题。存储有关工作流的元数据更改有助于分析。但是，Airflow 不为管道提供版本控制，这使得跟踪工作流的版本历史、诊断由于更改而出现的问题具有挑战性。

相比 Jenkins，Airflow 有以下不同。

1）使用场景。Airflow 主要用于创建和维护数据管道，并调度数据管道的工作流实现自动化，以便维护、测试等。Jenkins 主要用于软件部署、测试、构建中的持续集成和持续交付。Airflow 需要编写代码来实现功能，而 Jenkins 拥有丰富的插件，只需要用户进行一些配置，即可完成常见的软件部署、测试、构建工作。

2）支持的功能。Airflow 支持如回填等功能，这有助于运行用户特定框架下指定时间的任何任务。用户通过自由回填方式，可以在添加新功能后重新处理历史数据以应对数据丢失。Airflow 还支持并发管理任务。而 Jenkins 仅在检查作业配置时执行并发任务，其余情况下为并行执行。它还支持在多台机器上分配工作，以便轻松驱动测试、构建和部署任务，提供了如 GitHub、Java、PHP 等多种接入形式。

如果你的主要工作是处理代码工程的自动化测试、集成及上线，那么推荐使用 Jenkins 来管理任务，因为 Jenkins 简单，可以快速掌握。虽然 Airflow 有一定的学习成本，但是经验丰富的开发人员会发现 Airflow 更方便。该软件对外暴露的能力将使他们轻松完成任务。

下面将对 Airflow 核心概念和使用方法进行详细阐述。

5.1.2　Airflow 的核心概念

在 Airflow 中，流水线以 DAG 形式展现，每个 DAG 由多个独立的任务组成，这些任务的依赖关系和数据流转使用连线来表示。下面介绍 Airflow 的一些核心概念。

（1）DAG

DAG 是 Airflow 的核心概念，基于依赖关系和数据流将任务组织起来。例如一个 DAG 定义了 4 个任务：A、B、C 、D，并规定了它们运行的顺序，以及任务依赖关系。除了定义任务的串联，DAG 还对整体的触发策略等进行了说明，如 DAG 运行频率可以是从明天开始每 5 分钟运行一次，或自从某年某月某日开始的每天运行一次，具体对 DAG 的定义示例可以参考 5.1.3 节构建流水线部分。

（2）任务

任务是 Airflow 中的基本执行单元，是 DAG 的运行态。DAG 会在任务之间设置上游和下游依赖项，以表示任务运行顺序。

（3）算子

每个算子可以看作是 DAG 的一个环节，多个算子通过串联组成一个 DAG，算子也是任务的静态描述。

Airflow 具有以下特性。

1）高伸缩性：Airflow 使用模块化架构，利用消息队列来编排任意数量的任务，可以支持海量任务。

2）动态调用：Airflow 流水线使用 Python 定义，允许通过 Python 脚本动态生成流水线。

3）高可扩展：Airflow 允许用户自定义算子，以帮助用户适配环境。

5.1.3　Airflow 的使用方法

1. 安装 Airflow

本文在 GitHub 的 mlops-book-demo repo 中集成好 Airflow 镜像定制、服务启动的脚本，通过 Docker 安装 Airflow。用户在 Linux、Mac、基于 WSL 的 Windows 下的 Ubuntu 系统上执行以下脚本，即可实现 Airflow 服务启动。

```
# git clone  git@github.com:StarTogether/mlops-book-demo.git
# cd mlops-book-demo/chapter-5/airflow
# sh start.sh
```

其中, start.sh 包含两部分: 一部分是对官方的 Apache Airflow 镜像做定制化, 另一部分是使用 docker-compose 启动 Airflow 服务。如果你想将本文的安装方法使用到自己的业务上, 可以对这两部分进行改造。

(1)镜像定制化

本书在 Airflow 官方镜像的基础上, 增加了 Python 的 scikit-learn 库的安装, 方便后面进行机器学习的训练和推理。用户也可以根据自己需求修改本 Repo 中的 chapter-5/airflow.requirements.txt 文件, 增加自己所需的 Python 库, 也可以修改 Dockerfile, 安装自己所需的软件。

(2)服务启动

本书使用官方的 docker-compose.yaml 文件, 仅将其中 Airflow 服务使用的镜像变为进一步定制化的镜像。如果你对 Airflow 服务有定制化需求, 也可以修改该文件。

当执行完该脚本后, 在浏览器中输入地址 http://{ 脚本执行机器 ip}:8080(用户名密码均为 airflow), 即可看到图 5-1 所示的 Airflow 的界面。

2. 构建流水线

在日常生活中, 我们经常会被垃圾邮件、垃圾短信以及各种垃圾消息困扰。如何通过机器学习将这些垃圾信息进行自动分类并过滤, 减少生活、工作中不必要的烦扰, 这成为一个较好的研究课题。同时考虑模型定时更新, 以便随着时间的推移, 模型效果没有太大的下降。

本节以训练一个垃圾信息分类器为例, 利用 Airflow 构建一个定时下载训练数据、模型训练、下载推理数据、模型推理的流水线。该流水线具有一定的可迁移性。如果你的业务数据变更快且需要定期更新模型或者需要定时执行离线批量预测任务, 你可以基于本节的流水线进行改造。代码的 GitHub 仓库地址为: https://github.com/ StarTogether/mlops-book-demo/tree/main/chapter-5/mlflow。下面是流水线构建的详细步骤。

(1)定义 DAG

该垃圾信息分类器的 DAG 结构如图 5-2 所示。其按照一定的时间间隔触发任务, 任务包含下载训练数据、模型训练、下载推理数据、模型推理 4 个部分。

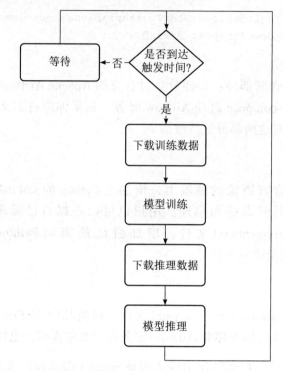

图 5-2   DAG 结构

　　基于该 DAG 结构，使用 Airflow 在 dag 目录下新建 ml_pipeline.py 文件。该文件用于描述流水线的基本属性，包括 DAG 的算子、DAG 触发策略、DAG 执行顺序等。文件内容如下：

```python
from datetime import timedelta
from airflow import DAG
from airflow.operators.bash_operator import BashOperator
from airflow.utils.dates import days_ago

# DAG 属性定义
default_args = {
    'owner': 'mlops',
    'depends_on_past': False,
    'start_date': days_ago(31),
    # 填入邮箱，方便任务失败、重试时发送邮件
    'email': ['your_email@your_email_address'],
    # 任务失败时发邮件告警
    'email_on_failure': True,
    'email_on_retry': False,
    # 重试次数
    'retries': 1,
```

```
    'retry_delay': timedelta(minutes=2),
    'trigger_rule': 'all_success'
}

# 定义 DAG
dag = DAG(
    'ml_pipeline',
    default_args=default_args,
    description='A simple Machine Learning pipeline for spam message
classification',
    schedule_interval=timedelta(days=1),
)

# 下载训练数据环节，即下载标记好的垃圾短信、邮件数据，每天都有增量数据加入
download_train_data = BashOperator(
    task_id='download_train_data',
    bash_command='python3 /opt/airflow/dags/download.py --mode train',
    dag=dag,
)

# 训练环节，基于新的数据进行训练，得到更具鲁棒性的模型
train = BashOperator(
    task_id='train',
    depends_on_past=False,
    bash_command='python3 /opt/airflow/dags/train.py',
    retries=3,
    dag=dag,
)

# 下载推理数据环节，即拉取线上业务需要推理的数据
download_inference_data = BashOperator(
    task_id='download_inference_data',
    depends_on_past=False,
    bash_command='python3 /opt/airflow/dags/download.py --mode inference',
    retries=3,
    dag=dag,
)

# 推理环节，即对每天需要推理的业务数据进行推理
inference = BashOperator(
    task_id='inference',
    depends_on_past=False,
    bash_command='python3 /opt/airflow/dags/inference.py',
    retries=3,
    dag=dag,
```

```
)

# 定义 DAG 执行顺序
download_train_data >> train >> download_inference_data >> inference
```

（2）定义下载

在 dags 目录下创建 download.py 文件。该文件主要应用于下载数据环节，提供训练和推理数据的下载服务，并将下载的数据保存到本地，供训练和推理使用。文件内容如下：

```python
import os
import requests
import argparse

current_dir = os.path.dirname(os.path.abspath(__file__))
project_dir = os.path.dirname(current_dir)

parser = argparse.ArgumentParser()
parser.add_argument("--mode", type=str, required=False, default='train')


def main():
    args = parser.parse_args()
    data_dir = os.path.join(project_dir, "data")
    if not os.path.exists(data_dir):
        os.makedirs(data_dir)

    if args.mode == 'train':
        data_url = 'https://github.com/StarTogether/mlops-book-demo/raw/
master/chapter-5/data/sms_cls_train.csv'
        data_path = os.path.join(data_dir, "sms_cls_train.csv")
    else:
        data_url = 'https://github.com/StarTogether/mlops-book-demo/raw/
master/chapter-5/data/sms_cls_inference.csv'
        data_path = os.path.join(data_dir, "sms_cls_inference.csv")

    response = requests.get(data_url)
    with open(data_path, "wb") as f:
        f.write(response.content)

    print('finish download')
```

```
if __name__ == '__main__':
    main()
```

在真实场景中，线上业务数据时刻发生变化，因此在定时触发 DAG 时，用户可以自定义下载文件的请求地址，以请求最新的、标记好的训练数据和待处理的推理数据。

（3）定义训练

在 dags 目录下创建 train.py 文件。该文件主要用于训练垃圾消息分类模型，模型分为词向量化转换器和分类器两部分。其中，词向量化转换器实现使用 TF-IDF 算法，分类器实现使用基于概率统计的朴素贝叶斯算法。train.py 的文件内容如下：

```
import os.path

import pandas as pd
from sklearn.model_selection import train_test_split
from sklearn.feature_extraction.text import TfidfVectorizer
from sklearn.naive_bayes import MultinomialNB
from sklearn.metrics import accuracy_score
from sklearn.pipeline import Pipeline
import joblib

current_dir = os.path.dirname(os.path.abspath(__file__))
project_dir = os.path.dirname(current_dir)


def main():
    path = os.path.join(project_dir, 'data', 'sms_cls_train.csv')
    df = pd.read_csv(path, encoding='latin', sep='\t', header=None,
names=['label', 'text'])
    df['type'] = df['label'].map(lambda a: 1 if a == 'ham' else 0)

    # TF-IDF 用于评估一字词对于一个文件集或一个语料库中的其中一份文件的重要程度
    # 使用 TF-IDF 构建词向量，可以较好地提取文本内容中强相关词汇，把一些没有实际意义的
词语筛除掉
    tf_vect = TfidfVectorizer(binary=True)
    nb_model = MultinomialNB(alpha=1, fit_prior=True)

    # 创建流水线模型，如果模型不包含 vectorizer，会导致在推理计算时找不到相应的词向量
    pipe_model = Pipeline([("vectorizer", tf_vect), ("classifier", nb_
model)])

    # 切分训练集、测试集
    x_train, x_test, y_train, y_test = train_test_split(df.text, df.type,
```

```
test_size=0.20, random_state=100)
    print("train count: ", x_train.shape[0], "test count: ", x_test.
shape[0])

    # 训练模型
    pipe_model.fit(x_train, y_train)

    # 评估模型
    y_pred = pipe_model.predict(x_test)
    print("accuracy on test data: ", accuracy_score(y_test, y_pred))

    # 保存模型
    model_dir = os.path.join(project_dir, 'model')
    if not os.path.exists(model_dir):
        os.makedirs(model_dir)
    model_path = os.path.join(model_dir, 'naive_bayes.pkl')
    joblib.dump(pipe_model, model_path)

    print('finish train')


if __name__ == '__main__':
    main()
```

（4）定义推理

在 dags 目录下创建 inference.py 文件。该文件用于从本地加载训练好的模型，利用模型对下载的数据进行推理，并将推理结果进行保存。

```
import os
import pandas as pd
import joblib

current_dir = os.path.dirname(os.path.abspath(__file__))
project_dir = os.path.dirname(current_dir)


def main():
    model_path = os.path.join(project_dir, 'model', 'naive_bayes.pkl')
    data_path = os.path.join(project_dir, 'data', 'sms_cls_inference.csv')
    result_path = os.path.join(project_dir, 'data', 'sms_cls_inference_
result.csv')

    pipe_model = joblib.load(model_path)
```

```
df = pd.read_csv(data_path, encoding='latin', sep='\t', header=None,
names=['text', 'type', 'label'])

result = pipe_model.predict(df.text)
df['type'] = result
df['label'] = df['type'].map(lambda a: 'spam' if a == 1 else 'ham')

# 保存推理结果，可以上传到 Hive 等数据仓库
df.to_csv(result_path, columns=['label', 'text'], index=False)

print('finish inference')


if __name__ == '__main__':
    main()
```

本书中推理算子的输入、输出都是基于文件类型的数据。在真实业务中，用户的数据来自数据仓库、消息中间件等，结果也需要保存到数据仓库或消息中间件中。在这里，我们可以将读数据和写数据的方式变为调用相应的 API 或者 SDK，以实现业务迁移。

（5）运行

在上述步骤完成后，我们从 Web 浏览器进入 Airflow 的控制台，可以看到有一个名为 ml_pipeline 的 dag 目录，此时可以手动触发流水线。当观测到图 5-3 所示的流水线状态变为成功后，我们便可在 Airflow 的 data 目录下看到最新的推理结果数据的文件，即 sms_cls_inference_result.csv。该文件内容为对 sms_cls_inference.csv 的处理结果，具体如下：

```
spam Free entry in 2 a wkly comp to win FA Cup final tkts 21st May 2005.
Text FA to 87121 to receive entry question(std txt rate)T&C's apply
08452810075over18's
ham U dun say so early hor... U c already then say...
```

每一句的第一个单词代表分类结果，这里可分为 ham 和 spam，其中 ham 代表正常信息，spam 代表垃圾信息。ham 或 spam 后的内容为处理结果信息。如上述结果中，第一行明显是一个广告，引导消费者发短信，因此被判为垃圾信息。

至此，我们利用 Airflow 构建了一个定时下载数据、训练、推理的垃圾消息分类器。

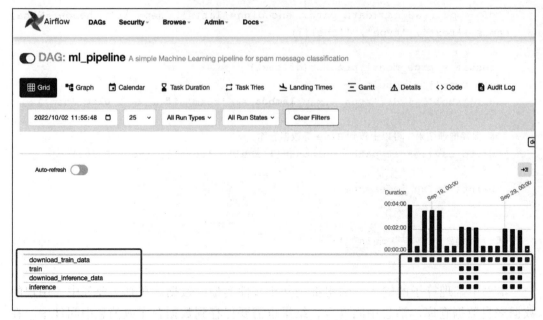

图 5-3　Airflow DAG 执行详情

Airflow 通过提供一种更简单的方式来定义、调度、可视化和监控运行大数据管道所需的基础作业，填补了大数据生态系统的空白。Airflow 是为批处理数据而构建的，适用于按照一定的时间间隔触发批处理任务。在使用 Airflow 过程中，我们需要具备一定的编码技能，并且需要投入一定的维护成本。

5.2　MLflow

MLflow 是由 Apache Spark 技术团队开源的一个机器学习平台。

5.2.1　MLflow 的功能和应用场景

MLflow 主要具有以下功能。

1）跟踪、记录实验过程，交叉比较实验参数和对应的结果。

2）把代码打包成可复用、可复现的格式，以用于成员分享。

3）管理、部署来自多个不同机器学习框架的模型到大部分模型部署和推理平台。

4）针对模型的全生命周期管理需求，提供集中式协同管理，包括模型版本管理、模型状态转换、数据标注等。

其中第 1、3、4 个功能点解决了 3.1.5 节的问题 3。MLflow 从开发者的角度出发为开发者提供代码、模型追踪功能，方便开发者对不同历史版本的代码和模型进行比较。基于上述功能，MLflow 给团队带来以下好处：

1）团队对机器学习代码、超参数、模型等进行版本管理，方便对历史版本进行追溯，减少机器学习模型重复训练、调优的工作量。

2）将数据清洗、数据处理、模型训练、上线等机器学习全生命周期流程统一到一个框架，方便团队协作开发。

下面将对 MLflow 核心概念和使用方法进行详细描述。

5.2.2 MLflow 的核心概念

在使用 MLflow 前，我们需要掌握 MLflow 的几个核心概念。

（1）跟踪

MLflow 跟踪模块提供了 API 和 UI 两种工具，以便在运行机器学习代码时记录参数、代码版本、结果指标，并且可以可视化。开发者可以在任何环境（如 Python 脚本或 Notebook 文件）中使用 MLflow 跟踪模块将结果记录到本地文件或服务器，然后比较多次运行结果。团队还可以使用该模块来比较不同开发者的代码运行结果。MLflow 跟踪模块是围绕实验代码运行概念组织的，每次运行都会记录以下信息。

- 代码版本：Git 的 commit 号会在 MLflow 项目的运行中记录。
- 运行起止时间：每个流水线的运行开始时间和结束时间。
- 源文件：MLflow 项目中具体运行的代码文件。
- 参数：运行文件的具体参数，以 Key-value 键值对形式出现。

（2）指标

指标用于记录一些关键数值型数据，如模型的准确率、精确率、召回率等。MLflow 以 UI 形式展现这些指标。

（3）文件神器

基于 MLflow 的 API 将任何格式的文件记录下来，方便跟踪对比。

（4）项目

MLflow 以可重用和可重现的方式打包代码。MLflow 组件包括运行项目的 API 和命令行工具，以便将项目链接到工作流中。从本质上讲，MLflow 项目是对机器学习代码运行的约定，方便开发者运行、追踪。每个项目只有一个文件目录或一个 Git 存储库。文件目录中包含三大部分：用于描述项目的 MLProject 文件、用于描述项目依赖的

conda.yaml 文件、代码文件。6.3.2 节会详细介绍如何编写一个项目。

（5）模型

MLflow 模型是一种用于打包机器学习模型的标准格式，可被各种下游工具使用，例如，通过 RESTful API 提供实时服务或在 Apache Spark 上进行批量推理。

（6）模型注册中心

MLflow 模型注册中心可以认为是一个存储所有模型的仓库。开发者可以以 API 和 UI 操作调用模型注册中心中的模型，对模型进行管理。

5.2.3　MLflow 的使用方法

1. 安装 MLflow

MLflow 的安装分为本地模式和服务器模式下的安装。本地模式是指将所有的跟踪数据、模型数据放在本地；服务器模式是指将跟踪数据、模型数据放在服务器。下面是两种模式下的具体介绍。

（1）本地模式下安装

本地模式下的 MLflow 安装命令如下：

```
# pip3 install mlflow
# mlflow ui
```

执行以上命令，即可完成 MLflow 安装，在浏览器中输入网址 http://127.0.0.1:5000 即可看到图 5-4 所示的 MLflow 主界面。

图 5-4　MLflow 主界面

基于作者的实践，此种做法缺少一些依赖，导致 MLflow 在模型查看功能上受限，因此推荐在服务器模式下安装。

（2）服务器模式下安装

由于服务器依赖数据库、对象存储组件等，安装部署过程较为复杂。本书基于
DevOps 理念，使用 Docker 在服务器的命令行工具中运行以下命令进行 MLflow 安装。

```
# git clone git@github.com:StarTogether/mlops-book-demo.git
# cd mlops-book-demo/chapter-5/mlflow/mlflow-docker-compose
# docker-compose up -d --build
# cd -
```

首先拉取 GitHub 中成熟的 MLflow 服务器构建运行仓库，然后基于运行仓库构建
MLflow 服务器镜像，并拉取 MLflow 的依赖组件：MySQL、MinIO 等，最终启动整个
服务。

2. 构建流水线

本节以 UCI 心脏病数据集为例，使用 MLflow 工具构建从数据下载、特征处理、
模型训练、模型上线的流水线。该流水线构建流程如图 5-5 所示。

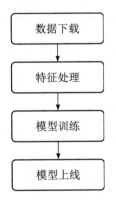

图 5-5　基于 MLflow 的机器学习案例流水线构建流程

UCI 心脏病数据集包含 76 个属性，但是所有已发布的实验都引用了其中 14 个属
性的子集。本书选取的数据集包含 16 个属性，如表 5-1 所示。

表5-1　UCI心脏病数据集中的16个属性介绍

列名	含义	类型	说明
id	唯一标识	Int	
age	年龄	Int	年龄

（续）

列名	含义	类型	说明
sex	性别	Str	取值范围：男、女
database	数据来源	Str	来源数据库的名称
cp	胸痛类型	Str	取值范围：typical anginal、atypicalanginal、non-anginal、asymptomatic
trestbps	血压	Int	
chol	胆固醇	Str	
fbs	血糖	Bool	是否大于 120mg/dl
restecg	心电图结果	Str	取值范围：normal、stt abnormality、lv hypertrophy
thalch	最大心率	Int	
exang	运动性心绞痛	Bool	
oldpeak	峰值运动 ST 段的斜率	Float	
slope		Str	取值范围：upsloping、flat、downsloping
ca	主要血管数量	Int	取值范围：0 ～ 3
thal		Str	取值范围：normal、fixed defect、reversible defect
num	类别	Int	取值范围：1、2、3、4

下面具体讲解流水线构建过程，首先创建 heart_disease_cls 文件，在该文件下执行以下具体操作。

（1）创建工程

在当前目录创建 MLProject 文件，文件内容如下：

```
name: heart_disease_cls

conda_env: conda.yaml

entry_points:
  download:
    command: "python download.py"

  feature:
    parameters:
      file_path: {type: str}
    command: "python feature.py --file_path {file_path}"

  train:
```

```
  parameters:
    data_path: {type: str}
  command: "python train.py  --data_path {data_path}"

 main:
   command: 'python main.py'
```

其中，name 为该 MLflow 项目工程的名字，conda_env 指向该工程的依赖文件 conda.yaml，entry_points 中罗列了工程中所涉及的程序入口、参数及启动命令。

（2）定义环境依赖

MLflow 会为每个工程初始化一个 Conda 的独立运行环境，因此在 conda.yaml 中约定环境的依赖包，本书中的约定如下：

```
name: heart_disease_cls
channels:
  - defaults
dependencies:
  - python=3.8
  - requests
  - pip:
      - mlflow>=1.0
      - scikit-learn
      - numpy
      - pandas
      - boto3
      - fsspec
      - s3fs
      - cloudpickle
```

该 conda.yaml 文件主要声明了项目依赖 mlflow、scikit-learn、numpy、pandas。其中，pandas、numpy 用于数据处理，scikit-learn 用于模型训练，mlflow 用于追踪记录实验数据和模型。

（3）流水线定义

1）数据下载。创建 download.py 文件，文件内容如下：

```
import mlflow
import click
import os
import requests

current_dir = os.path.dirname(__file__)
```

```python
@click.command(help="Run download")
def task():
    with mlflow.start_run() as mlrun:
        url = 'https://github.com/StarTogether/mlops-book-demo/raw/
master/chapter-5/data/heart_disease_uci.csv '
        file_dir = os.path.join(current_dir, "data")
        filepath = os.path.join(file_dir, "raw.csv")
        os.system(f"mkdir -p {file_dir}")

        response = requests.get(url)
        with open(filepath, "wb") as f:
            f.write(response.content)

        mlflow.log_artifacts("data", artifact_path="data")

if __name__ == '__main__':
    task()
```

该文件主要用于下载数据集，并将其记录下来，方便在溯源的时候查看。

2）特征处理。创建 feature.py 文件，文件内容如下：

```python
import mlflow
import click
import os
import pandas as pd
import numpy as np
from sklearn.preprocessing import OneHotEncoder

current_dir = os.path.dirname(__file__)

@click.command(help="Run feature")
@click.option("--file_path")
def task(file_path):
    with mlflow.start_run() as mlrun:
        heart_disease = pd.read_csv(file_path)
        # 数据清理
        heart_disease.drop(['id', 'dataset'], axis=1, inplace=True)

        # 缺失值处理
        heart_disease["trestbps"].fillna(heart_disease["trestbps"].
mean(), inplace=True)
        heart_disease["chol"].fillna(heart_disease["chol"].mean(),
inplace=True)
```

```
        heart_disease["fbs"].fillna(heart_disease["fbs"].mode()[0],
inplace=True)
        heart_disease["restecg"].fillna(heart_disease["restecg"].mode()
[0], inplace=True)
        heart_disease["thalch"].fillna(heart_disease["thalch"].mean(),
inplace=True)
        heart_disease["exang"].fillna(heart_disease["exang"].mode()[0],
inplace=True)
        heart_disease["oldpeak"].fillna(heart_disease["oldpeak"].mean(),
inplace=True)
        heart_disease["slope"].fillna(heart_disease["slope"].mode()[0],
inplace=True)
        heart_disease["ca"].fillna(heart_disease["ca"].mean(),
inplace=True)
        heart_disease["thal"].fillna(heart_disease["thal"].mode()[0],
inplace=True)

        # One Hot 编码
        cat_features = ["sex", "cp", "fbs", "restecg", "exang", "slope",
"thal"]
        enc = OneHotEncoder(handle_unknown='ignore')
        enc.fit(heart_disease[cat_features].values)

        matrix = enc.transform(heart_disease[cat_features].values).
toarray()
        feature_labels = np.array(enc.categories_).ravel()

        col_names = []
        for col in cat_features:
            for val in heart_disease[col].unique():
                col_names.append("{}_{}".format(col, val))

        # 拼接 One Hot 编码后的列和剩余列
        onehot_pdf = pd.DataFrame(data=matrix, columns=col_names,
dtype=int)
        remian_features = ['age', 'trestbps', 'chol', 'thalch',
'oldpeak', 'ca', 'num']
        remain_pdf = heart_disease[remian_features]
        final_pdf = pd.concat([onehot_pdf, remain_pdf], axis=1)

        # 将做完特征处理的数据写入 csv 文件，等待训练处理
        csv_file_path = os.path.join(current_dir, 'data/data.csv')
        final_pdf.to_csv(csv_file_path)

        mlflow.log_artifacts("data", artifact_path="data")
```

```
if __name__ == '__main__':
    task()
```

该环节包含对原始数据进行数据处理、提取特征，最终存储数据，并使用追踪手段将数据处理日志记录下来。

3）算法训练。创建 train.py 文件，文件内容如下：

```
import mlflow
import click

import pandas as pd

from sklearn.model_selection import train_test_split
from sklearn.ensemble import RandomForestClassifier
from sklearn.metrics import classification_report, accuracy_score,
recall_score, precision_score, f1_score

@click.command(help="Run train")
@click.option("--data_path")
def task(data_path):
    with mlflow.start_run() as mlrun:
        final_pdf = pd.read_csv(data_path)

        # 数据整理
        data = final_pdf.drop('num', axis=1)
        label = final_pdf['num']
        x = data.values
        y = label.values

        # 数据切分，分为训练集和测试集
        x_train, x_test, y_train, y_test = train_test_split(x, y, test_
size=0.2)

        # 选择分类算法，此处选择随机森林算法，你也可以切换算法做实验，MLflow 可以帮你
完成切换算法及生成模型的记录
        model = RandomForestClassifier()
        model.fit(x_train, y_train)

        # 记录模型，方便在 MLflow UI 中查看
        mlflow.sklearn.log_model(model, "model")

        # 数据预测
        y_pred = model.predict(x_test)
```

```
# 指标计算，并将所有指标记录下来
report = classification_report(y_test, y_pred, output_dict=True)
clsf_report = pd.DataFrame(report).transpose()
clsf_report.to_csv('classification_report.csv', index=True)
mlflow.log_artifact('classification_report.csv')
print(report)

accuracy = accuracy_score(y_test, y_pred)
recall = recall_score(y_test, y_pred, average='macro')
precision = precision_score(y_test, y_pred, average='macro')
f1 = f1_score(y_test, y_pred, average='macro')

# 记录模型指标，方便在今后换模型时进行对比
mlflow.log_metric('accuracy', accuracy)
mlflow.log_metric('recall', recall)
mlflow.log_metric('precision', precision)
mlflow.log_metric('f1', f1)

# 记录训练全过程
mlflow.log_artifact('train.py')


if __name__ == '__main__':
    task()
```

该环节采用了随机森林算法进行分类，通过训练，最终对模型进行存储，并连带训练文件、训练指标等一并进行存储，方便日后迭代、切换算法时进行不同算法的指标比较。至此，我们完成了流水线的定义，接下来完成流水线运行和模型上线。

（4）运行流水线

由于要记录模型、指标等，我们需要对 S3 对象存储进行远程操作，所以需要填写 S3 的一些鉴权信息。MLflow 默认读取～ /.aws/credentials 作为存储配置，在物理机上，运行以下脚本：

```
# export MLFLOW_TRACKING_URI=http://127.0.0.1:5000
# 这里 IP 为部署的 MLflow 跟踪服务器的 IP
# export MLFLOW_S3_ENDPOINT_URL=http://127.0.0.1:9000
# 这里 IP 为部署的 MLflow 跟踪服务器的 IP
# mkdir -p ～ /.aws
cat <<EOF > ～ /.aws/credentials
[default]
aws_access_key_id=minio
```

```
aws_secret_access_key=minio123
EOF


# mlflow run heart_disease_cls
```

上述脚本运行完成后，我们在浏览器中输入网址 http://127.0.0.1:5000，即可看到图 5-6 所示的流水线运行成功界面：

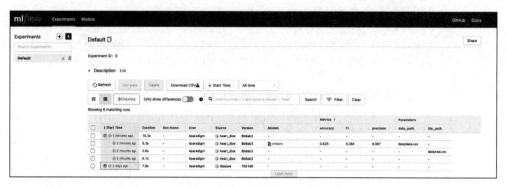

图 5-6　流水线运行成功界面

（5）模型上线

点击图 5-6 中列表栏下第一栏的第一个子栏（即 train.py 的执行步骤），之后进入图 5-7 所示训练步骤详情页。在该页面，我们可以看到模型的效果，训练时记录的指标、参数等信息。

图 5-7　训练步骤详情页

你还可以更改训练步骤中的算法，对比不同算法产生的模型效果，从中选出最优模型，然后进入训练步骤详情页，点击图 6-6 中右下角的 Register Model 按钮将模型发布到模型仓库，并在模型仓库将该模型的状态改为 Production（可产品化），接着使用以下命令对模型仓库的服务进行上线即可。

```
# mlflow models serve -m "models:/heart_disease_cls/Production"
```

至此，我们使用 MLflow 完成了利用 UCI 心脏病数据集完成心脏病分类这一 MLOps 流程。

MLflow 侧重机器学习流程中的跟踪。开发者可以通过 MLflow 提供的 SDK，对机器学习流程中的代码、参数、模型效果等进行追踪、分析和比较，以便后续不断迭代。

5.3 其他流水线工具

限于篇幅，本章只详细介绍了 Airflow 和 MLflow 两种流水线工具，其实业内还有如 TFX、Argo、Kubeflow 等热门流水线工具。下面对这些热门流水线工具进行简单介绍。

1. TFX

TFX 是 TensorFlow eXtended 的简称，它是由谷歌发起构建并开源的一个端到端平台，用于部署生产型机器学习流水线。该平台提供了一个配置框架和众多共享库，用来集成定义、启动和监控机器学习系统所需的常见组件。TFX 类似 TensorFlow，提供了数据分析、模型训练、模型服务的各种 API，方便用户基于 API 完成机器学习任务。TFX 提供了 Airflow 和 Kubeflow 两种托管运行方式。如果你的技术栈和 TensorFlow 框架绑定，且需要实现从数据处理到模型训练再到模型上线全流程，TFX 是一个不错的选择。

2. Argo

Argo 是一个由云原生计算基金会（CNCF）托管的开源项目。Argo 和 Airflow 都允许将任务定义为 DAG。但是在 Airflow 中，任务与 Python 强绑定，代码由 Python 进程运行。而 Argo 要使用 yaml 或者 API 进行任务提交，并且具体任务在 Kubernetes Pod 上执行，因此 Argo 有云原生特点。Argo 生态包含 Argo Workflows、Argo CD、Argo Rollouts、Argo Events 四个组件。其中，Argo Workflows 侧重 Kubernetes 任务的编排。Argo CD 是基于 Kubernetes 的声明式持续交付工具。我们利用 Argo CD 可以实现代码工程在 Kubernetes 上的持续集成、持续交付等工作。Argo Rollouts 是 Kubernetes 上的一个 Controller（调度器）和一系列 CRD（资源定义），为 Kubernetes 提供如蓝绿发布、金丝雀发布、实验和渐进式交付等高级部署功能。Argo Events 是一个基于事件的 Kubernetes 依赖管理器，可以帮助用户定义各种事件源（如 Webhook、S3 等）的多个依赖关系，并在成功解析事件依赖关系后触发 Kubernetes 上的任务。如果你对流水线的需求是在 Kubernetes 上运行，Argo 凭借云原生优势，是一个不错的选择。

3. Kubeflow

Kubeflow 是一个基于 Kubernetes 的机器学习工具集，提供了丰富的机器学习组件。其中，Metadata 组件用于跟踪各数据集、作业与模型；Pipeline 组件允许指定 DAG，但与常规任务相比，提供机器学习流程的创建、编排、调度和管理，还提供了 Web 界面。Notebooks 组件提供了交互式 IDE 编码环境；Katib 组件是超参数服务器；Fairing 组件提供将代码打包构建为镜像的能力；Multi-Tenancy 组件为 Kubeflow 提供多租户应用能力。除了上述核心组件，Kubeflow 还集成了用于服务监控的 Prometheus 组件，用于模型服务的 TFServing、KFServing、Seldon 组件，用于服务网格的 Istio 组件等。

Kubeflow 天然支持 TensorFlow、PyTorch、MXNet、MPI、Chainer 等机器学习任务的提交和运行。Kubeflow 的某些组件（如 Pipeline 组件）建立在 Argo 之上，因为 Argo 可以编排任何任务，这样 Kubeflow 可专注于与机器学习相关的任务，例如实验跟踪、超参数调整和模型部署。

表 5-2 展示了 Airflow、MLflow、TFX、Argo、Kubeflow 的优缺点以及适用场景。

表5-2   各种Pipeline的对比

流水线工具	优点	缺点	适用场景
Airflow	平台较为成熟，Python 技术栈，对 DAG 支持较好	需要相关人员具有一定的 Python 开发能力	适用于按照某种定时策略执行一些如数据 ETL、模型重复训练等批量任务的场景
MLflow	代码、模型追踪功能较强	对流水线的 DAG 的工具、组件等支持较差	适用于对模型持续开发迭代过程中有记录和追溯需求的场景
TFX	与 TensorFlow 等谷歌已有机器学习框架结合较好	代码态，缺少图形化界面	适用于对 TensorFlow API 较为熟悉并有一定实践，并想基于此做端到端、工程化的产品的场景
Argo	依托 Kubernetes（云原生），较为轻量	需要相关人员有 Kubernetes 实践经验，有一定的学习成本	适用于已有产品或项目与 Kubernetes 生态结合较好，并且希望将所有任务以 Kubernetes Job 形式运行的场景
Kubeflow	生态强大，有各种机器学习周边工具	学习成本较 Argo 高	适用于对 Kubeflow 生态组件功能有一些强需求的场景

5.4　本章小结

通过上文对 Airflow 和 MLflow 两种流水线工具的介绍和实战，我们不难发现：Airflow 更适合对任务按照不同的触发规则进行调度；MLflow 更适用于不断实验，并对实验过程进行记录、对比分析的场景。如果你有较为成熟的业务系统，需要按照不同的触发规则、不同的任务串联方式进行业务处理，建议选用 Airflow。如果你目前在 MLOps 效果探索阶段，建议选用 MLflow。

第 **6** 章

特征平台

本章主要介绍 MLOps 所特有的特征平台。人工智能系统中的数据绝大部分是特征。但特征处理极为麻烦和低效，基本上人工智能研发和运维团队 80% 以上的工作集中在特征处理上。为了提高特征处理效率，业内出现了很多创新技术方案，其中特征平台是近几年兴起并迅速流行的技术方案。有专家认为特征平台是 MLOps 实现最重要的基石之一。MLOps 的实践操作大部分是围绕特征平台展开的。

本章将介绍特征平台的概念、起源、特性、现状，并分析了当前主流的特征平台及未来发展趋势，希望让读者对特征平台有一个全面的了解。

6.1 特征平台的概念和起源

首先，特征平台是什么？特征平台是一个让多个团队共享、发现和使用经过高度定制的特征的平台，用来解决团队的机器学习问题。

特征平台第一次被提到是国外著名出行公司 Uber 于 2017 年 9 月在官网发表的一篇技术博客文章中。在这篇标题为 "Meet Michelangelo: Uber's Machine Learning Platform" 的博客文章中，Uber 内部机器学习平台的工程师对外介绍了他们所研发和运维的机器学习平台——Michelangelo。该平台以著名雕塑家米开朗基罗的名字来命名，是机器学习发展史上非常有名的一个平台，之后在业内被广泛提及、参考。这篇博客文章也被认为是 MLOps 史上最重要的文章之一。

Uber 从 2015 年开始开发米开朗基罗平台，2016 年正式上线运营该平台。它的设计目标是：给公司内多个业务线的 AI 工程师和 AI 科学家团队提供一个统一的平台，让他们可以很轻松地训练和部署具备可扩展性的机器学习解决方案。

该平台的关键特性如下。

- 提供端到端的解决方案。它覆盖机器学习工程的全生命周期，包括管理数据、训练模型、评估模型、部署模型、提供预测服务、监控模型等任务。
- 标准化。之前 Uber 内部各个人工智能研发和运维团队使用各自熟悉的编程语言开发工具、训练和预测框架，差异非常大；现在通过统一的平台，实现所有的研发和运维工作标准化，所有的 AI 工程师和 AI 科学家使用同样的编程语言和运维工具，降低了开发和维护成本。
- 可扩展性。因为采用共享和标准化的方式，特征平台很容易通过扩充计算机和 GPU 等方式支持更多的团队，执行更多的模型训练和更多的线上预测等任务。

米开朗基罗平台内部有多个功能模块，这里不一一赘述。本节重点介绍其中一个关键模块——Palette，它也是与业内其他机器学习一站式平台的最大区别。它是一个集中式特征平台，支持不同的团队按需使用特征。之所以构建该平台，是因为 Uber 发现，米开朗基罗平台最具挑战的部分就是数据管理。例如平台上的重点业务 Uber Eats（Uber 外卖）所需要的订单配送时间预估功能需要非常多的特征支持，包括订单指定的餐馆有多忙碌、该餐馆此时备餐时间有多长、该餐馆到最终用户的送餐路线交通拥堵程度等。

管理这些特征的挑战在于：

- 如何找到有效的特征和标签；
- 如何保证这些特征在生产环境中的可靠性、可扩展性、低延时；
- 如何避免线上线下不一致导致的各种问题；
- 很多特征是需要实时更新的，例如配送路线上的交通拥堵情况、外卖餐馆的实时忙碌情况等，而传统工具对实时特征的支持并不好。

在解决了上述这些工程上的挑战之后，Uber 又发现对于不同业务的多个不同机器学习场景，所需要的特征往往会出现重复情况，即对于某些特征，业务部门 A 的场景 1 需要某特征，业务部门 B 的场景 2 也需要该特征。例如一个典型特征如乘客此时的位置信息，是从原始文件日志或者消息系统中经过多次抽取、传输和转化之后计算得到的，多个团队的多个机器学习场景（例如路径规划、外卖配送、出租车调度等）都需要它。

如果按照传统的竖井研发模式，即为每个场景单独准备一套彼此隔离的特征库，而特征库中特征的生成和更新是需要很多存储和计算资源的；如果不能复用，我们会浪费大量存储和计算资源。同时，因为计算往往耗时比较长，如果不能直接获得而需要通过计算获得，会大大降低模型研发和部署速度。所以，Uber 精心设计和研发 Palette 特征平台，让特征很容易被定义，也很容易被检索，从而很容易被全公司的多个业务线所复用。除此之外，Uber 还提供了很多周边工具，以解决特征处理常见问题，包括数据偏移检测、数据质量控制等。

为了同时满足线上模型预测的高吞吐、低延时需求和线下模型训练的海量、批量读取需求，Palette 平台内部包含两个存储系统：一个 Hive 系统（用来支持离线特征的存取）、一个 Cassandra 系统（用来支持在线特征的存取）；同时包含两个计算系统：Spark 系统（用于特征的批式计算）和 Flink 系统（用于特征的流式计算）。

2017 年，Uber 机器学习平台的产品和研发工程师在参加一个知名技术大会上对外分享了米开朗基罗平台。至此，特征平台的概念逐渐被业内知晓，然后迅速流传开来，被业内从事者研究和部署。

6.2 特征平台的特性

按照对业务价值的大小和业务优先级分析，特征平台具有如下 3 个特性。

• 特性 1: 同时满足模型训练和模型预测对特征的读取要求，即用一套统一的接口同时满足模型线下训练时的大批量读取需求和模型线上预测时的高吞吐、低延时读取需求。
• 特性 2: 解决在模型训练、预测阶段特征不一致的问题。保证数据线上和线下一致性，即保证模型线下训练和线上预测时都采用同样的特征数据和同样的特征处理逻辑，避免出现效果不一致的情况（即线下模型训练效果很好，线上模型预测效果比较差）。
• 特性 3: 解决特征复用的问题，高效共享同样的特征，避免浪费宝贵的存储和计算资源。

除了这些特性外，特征平台还有很多其他特性，包括特征血缘、特征质量监控等。

图 6-1 是一个经典的特征平台架构。

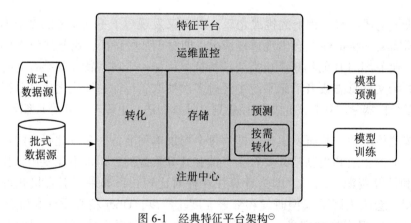

图 6-1   经典特征平台架构⊖

⊖   图片来自 https://www.tecton.ai/blog/what-is-a-feature-store/。

从图 6-1 中可以看出，特征平台统一存放特征。数据来源包括批式数据源和流式数据源。数据经特征平台处理后分别提供给模型进行训练和预测。

特征平台内部包含注册中心（用来注册各种特征）、转化（用来进行特征转化）、存储（用来存储特征）、预测（提供特征读取服务）等功能，以及运维相关的监控功能。其中，预测服务还支持按需转化，即按照需求进行特征转化，一般用在实时预测场景下用来对某些特征进行实时计算。

图 6-1 所示架构虽然简单，但是显式地表明了经典的特征平台相关的功能和模块。各企业内特征平台的具体实现大同小异，但基本都有这些模块，比较大的区别是存储是如何实现的，即在线预测时采用什么存储系统，离线训练时采用什么存储系统；特征计算部分基本支持 Spark 和 Flink 系统的批 / 流处理，区别在于计算是采用什么方式实现的，是通过实时计算实现的，还是通过预计算实现的。

6.3　特征平台的现状

在 2017 年 Uber 对外介绍特征平台之前，包括谷歌、百度等在内的企业在内部多个业务线例如广告系统和网页排序系统都搭建了特征平台，但是它们是作为业务线机器学习平台的一个或多个模块存在的，基本上没有特征共享的能力，根本没有如特征注册、特征发现等功能。

在 2017 年 Uber 对外介绍特征平台之后，特征平台得到广泛认可，具体体现为：人工智能大厂内部的机器学习平台出现了单独的特征平台；之前散落的功能被聚合在一起，形成一个单独的技术平台；增加了特征注册、特征搜索等功能，提供特征复用能力。

同时，业内纷纷研发各种各样的特征平台来对外提供服务，其中有知名技术公司的商业产品，也有一些人工智能创业公司的商业产品，还有一些开源软件项目（用来构建特征平台）。我们按时间线进行梳理。

- 2017 年，Uber 首先提出特征平台概念，并给出第一个实现案例。
- 2018 年 12 月，瑞典 Logical Clock 公司开源 Hopsworks 项目，这是业内第一个开源的特征平台项目。
- 2019 年 1 月，新加坡 Go-Jek 公司联合 Google Cloud 开源 Feast 项目，这是目前比较流行的开源特征平台项目。
- 2020 年 4 月，特征平台明星创业公司 Tecton 获得 3500 万美元投资。
- 2020 年 11 月，特征平台创业公司 Abacus 获得 2200 万美元投资。
- 2020 年 12 月，AWS 发布 SageMaker。
- 2021 年 1 月，创业公司 Molecula 获得 1760 万美元投资。

- 2021 年 5 月，Databricks 发布 Databricks，它是作为 Databricks 的机器学习 SaaS 产品的一个模块。
- 2021 年 5 月，Google Cloud 发布 Vertex，它是类似 SageMaker 的一个产品。
- 2021 年 6 月，第四范式公司开源 OpenMLDB 项目，将其作为特征平台的一个实现。
- 2022 年 4 月，LinkedIn 公司开源 Feathr 项目，它是一个类似 Feast 的又一个开源项目，由 LinkedIn 和 Microsfot Azure 共同维护和推广。
- 2022 年 7 月，Tecton 获得 1 亿美元投资，继续受到资本的看好和热捧。

业内各种技术媒体也纷纷举办特征平台相关的运营和推广活动。例如由 Hopsworks 公司支持的研究机构 featurestore.org 在 2021 年首次举办业内第一届 Feature Store Summit 活动，邀请了国际上 30 多家特征平台相关的大厂、创业公司、研究机构等分享它们的产品、案例和研究结果。

国内专注于 MLOps 技术领域的开源社区——星策社区，也定期举办 Feature Store Meetup 活动来宣传和推广特征平台的概念和产品，至今已经举办了 4 届。

- 2021 年 12 月 11 日，第一次 Feature Store Meetup 活动在北京线下举办，有小米、美团、伴鱼、第四范式的工程师来分享各自的特征平台案例和项目结果。
- 2022 年 4 月 10 日，第二次 Feature Store Meetup 活动在线上举行，有工商银行、AWS、网易云音乐、第四范式的工程师来分享各自的特征平台案例。
- 2022 年 6 月 12 日，第三次 Feature Store Meetup 活动在线上举行，有华为、众安保险、第四范式的工程师来分享各自的特征平台案例。
- 2022 年 9 月 4 日，第四次 Feature Store Meetup 活动在线上举行，有腾讯、微软、第四范式的工程师来分享各自的特征平台案例。

2022 年至今，国内多个技术大会上也有特征平台相关的演讲和分享，包括 Apache 开源软件基金会组织的 ApacheConAsia、LF AI & Data 基金会组织的 AICON、51CTO 组织的 AISummit、上海人工智能协会组织的 WAIC、InfoQ 组织的 ArchSummit、开放原子开源基金会组织的开放原子开发者大会等。越来越多的架构师在分享特征平台的实践。同时，我们在传统 IT 媒体如知乎、开源中国、CSDN、思否、InfoQ 上也经常能看到各种特征平台相关的文章。

6.4　主流的特征平台

笔者对商业或开源的特征平台做了分类，大致可分为以下 4 类。

- 创业公司的商业特征平台：Tecton 的特征平台、Hopsworks 的特征平台等。

• 包含在云厂商的端到端一站式机器学习平台之内的特征平台：AWS 的 SageMaker 特征平台、Microsoft 的 Azure 特征平台、Google Cloud 的 Vertex 特征平台等。

• 包含在机器学习软件厂商 SaaS 服务内的特征平台：Databricks 的特征平台等。

• 特征平台中的开源项目：Feast、OpenMLDB、Feathr 等。

6.4.1 Tecton 的特征平台

Tecton.ai 简称为 Tecton，官网地址是 https://tecton.ai，是特征平台领域内的一家明星创业公司，联合创始人和现任 CEO 是 Mike Del Balso，他之前是 Uber 米开朗基罗平台的产品经理，以及 Google 的产品经理。Tecton 的创业班底基本来自 Uber 米开朗基罗平台的研发工程团队，包括联合创始人和 CTO Kevin Stumpf。2019 年创立至今，Tecton 融资超过 1.5 亿美元。2020 年，Tecton 发布第一代产品，目前主力产品的定位是 "Feature Platform for Real-Time Machine learning"（机器学习的实时特征平台），可运行在各个主流云平台（Amazon AWS、Google GCP、Microsoft Azure）上，商业模式是提供全托管的 SaaS 服务，按照服务的用量收费。

作为一个商业化公司，它提供功能全面的特征平台，架构如图 6-2 所示。

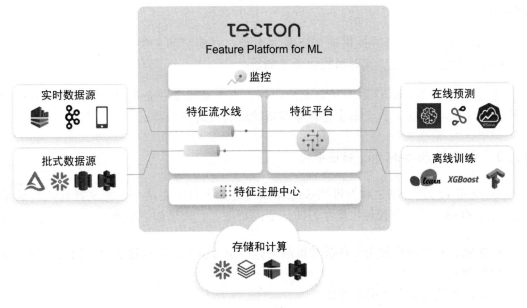

图 6-2　Tecton 产品架构

从图 6-2 中的产品架构来看，它支持各种主流的数据源，包括实时数据源和批式数据源；对外支持主流的机器学习框架来完成训练和预测服务；内部的主要功能模块包括特征注册中心（用来定义和管理各种特征）、特征流水线（用来定义和管理特征生成的流水线）、特征平台（用来存储和读取各种特征）、监控（用来监控系统的性能和效果等）。

其中，特征流水线是一个比较独特的功能。一个能对模型起作用的特征往往需要完成一系列工作才能获得，包括从底层的大数据平台（例如各种数据湖平台）获取原始数据，然后进行各种计算（包括数据抽取、数据转换等），这些计算任务通常是通过 Spark、Flink 等平台完成，而且批处理和流式作业还需要一个任务编排和调度系统进行管理。Tecton 提供的 Feature Pipeline As Code 功能是通过在 Python 程序中定义特征，同时定义该特征被生成所需的任务流水线的各个步骤。而这些定义（包括特征的定义、特征流水线的任务定义）都是通过 Python 代码进行显式申明，并可以存储在 Git 代码管理系统，和传统的 CI、CD 工具相配合。

特征流水线所定义的各种操作是通过底层的资源编排系统来完成。任务调度和编排是通过 Tecton 平台自动完成，编排和调度细节并不需要特征工程师关心。Feature Pipeline As Code 功能使用了现代计算系统中比较流行的声明式 API 设计方式，降低了开发者的学习成本，方便开发者理解和使用。

目前，它的产品形态为全托管的云服务，是 Tecton 产品架构的一部分，在 AWS、GCP、Azure 上都有部署。用户可以在这三个云上购买它的 SaaS 服务，按照实际产生的用量付费。

从 Tecton 官方网站所提供的客户案例来看，目前它的主要客户集中在金融行业，主要关注实时推荐业务、实时风控业务等场景。

当然，除了 Tecton 这家明星创业企业外，不少新锐创业企业也在纷纷推出它们的特征平台产品和服务。这个赛道是风险投资比较看重的热门赛道。

6.4.2　AWS 的 SageMaker 特征平台

2020 年 12 月，AWS 对外推出 SageMaker 特征平台。它是一个完全托管式特征平台，用于存储、共享和管理机器学习所需要的特征。它提供如下功能。

- 存储、共享和管理用于训练和推理的机器学习特征，以促进多个不同机器学习应用的特征复用。
- 可以从任意数据源提取特征。
- 支持构建特征流水线。

该特征平台的架构如图 6-3 所示。

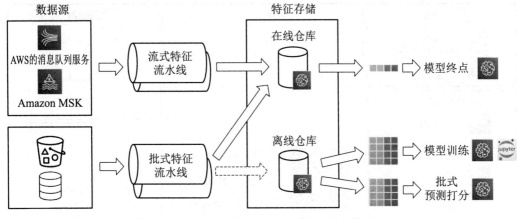

图 6-3 AWS 的 SageMaker 特征平台架构

如图 6-3 所示，SageMaker 特征平台内部包含在线仓库和离线仓库。其中，离线仓库存储离线训练时的特征。批式特征流水线从各种离线大数据存储中读取特征并经过转化后写入到离线仓库。该流水线同时把特征也写入在线仓库。

离线仓库把特征供给于模型训练和批式预测打分。在线仓库除了从批式特征流水线获得数据外，还通过流式特征流水线从 AWS 的消息队列服务中获得实时数据，对外输出模型预测服务。同时，在线仓库把特征数据同步到离线仓库，这样可以让离线仓库中也有来自线上消息队列的实时数据。

除了特征平台基本的特征复用功能、支持流批数据读取、支持模型训练和模型预测服务这些基本的功能外，SageMaker 特征平台还提供了一些增强特性，具体如下。

• 特征和模型的血缘分析，即哪些特征被哪些模型所使用，各自对应的版本信息是什么，这些血缘信息可以方便 AI 科学家和 AI 工程师进行数据和模型问题的定位和追溯。

• 避免时序数据的时间穿越问题，AI 科学家可能需要使用过去特定时间的精确特征集来训练模型，还要避免引入超过该时间点的数据。SageMaker 特征平台支持时间点查询，这样可以精确返回每个特征在指定时间前的特征状态，从而避免时间穿越问题。

• 数据安全问题主要通过控制各种敏感数据的用户访问权限等来解决。

SageMaker 特征平台的优势和 AWS 的大数据和云计算生态紧密结合，可以很方便地使用 AWS 的各种大数据存储和计算系统，例如 Amazone S3、Amazon Redshift 等，也可以使用 AWS 所拥有的各种工具，例如 AWS Glue、AWS Athena 等。

SageMaker 特征平台和 AWS 的大数据和云计算生态关系如图 6-4 所示。

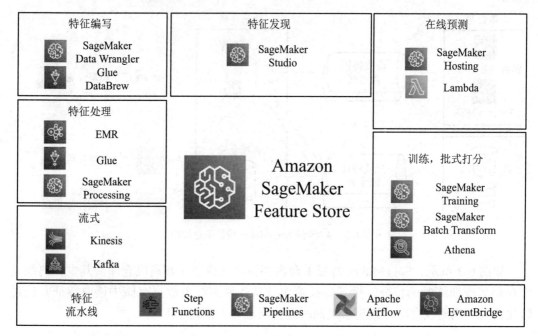

图 6-4　SageMaker 特征平台和 AWS 的大数据和云计算生态关系

资料来源：亚马逊。

如图 6-4 所示，SageMaker 平台可以利用 AWS 的各个工具模块来完成机器学习的各种任务，例如可以使用 AWS 的 EMR 和 Glue 来完成特征处理，利用 Lambda 服务来实现线上模型预测等。

Google Cloud 的 Vertex 特征平台和微软的 Azure 特征平台也提供类似功能，同样和各自的大数据和云计算生态紧密结合，可以提供各种所需要的特征存储，这里就不一一赘述了。

6.4.3　Databricks 的特征平台

Databricks 公司是大数据领域最著名的企业之一。它是著名开源大数据批式计算引擎 Spark 背后的商业支持公司，同时在人工智能领域相当知名。它有很好的机器学习平台产品，例如 Databricks Platform for Machine Learning。2021 年 5 月，Databricks 在该平台上增加了特征存储功能。

Databricks 对特征平台的定义是：特征平台是一个集中的存储库，它使 AI 科学家能够查找和共享特征，并确保模型训练和推理时使用同一份计算特征的代码。因为 Databricks 的主推产品是数据湖产品，所以他们的特征平台的宣传口号是 "A feature store built on top of the data lakehouse"（架构在数据湖之上的特征平台）。

Databricks 的特征平台产品架构如图 6-5 所示。

图 6-5　Databricks 的特征平台架构

资料来源：Databricks.

该产品形态同样为全托管的云服务，是 Databricks Platform 的一部分，在 AWS、Google Cloud、Microsoft Azure 上都有部署。用户可以在这三个云上购买 Databricks 的特征平台的 SaaS 服务，按照使用量付费。

Databricks 的特征平台产品除了同时提供离线仓库（用于模型的离线训练）和在线仓库（用于模型的在线预测）之外，还有其他特点。

• 采用大数据开发者比较熟悉的 DataFrame 进行特征的读取：只需要定义一些特征表和关联条件，就可以像使用 Spark 的 DataFrame 一样使用特征数据（SDK 将实现的细节进行隐藏，从而让开发者只关心特征表）。
• 采用 as-of join（截止聚合）功能，可以使用每个特征表中的时间点来连接多个特征表，从而避免时序数据时间穿越问题。
• 采用按需计算的方式来支持特征的实时计算，降低存储成本。

更多内容请参考 Databricks 发布的特征平台相关文档，这里不再详述。

下面介绍几个开源的特征平台项目。

6.4.4　Feast 项目

2019 年由新加坡出行公司 Go-Jek 公司联合 Google Cloud 开发，之后项目创始人和主力工程师 Willem Pienaar 加入 Tecton，成为 Tecton 的全职雇员，之后 Tecton 宣布支持 Feast 项目的后续开发和维护。目前，该项目贡献量排名前五的工程师中的四位都来自 Tecton。

该项目在 GitHub 上的地址为 https://github.com/feast-dev/feast，采用 Apache 2.0 的开源许可证，是目前在 GitHub 中特征平台分类下活跃度最高的项目。

Feast 项目面向的是一个可定制的数据操作平台，复用现有的基础数据平台来管理和服务在线模型的机器学习。具体来说，Feast 项目面向的不是 ETL 系统，即对数据进行各种转换和操作的系统；也不是数据操作的编排系统；更不是数据仓库或者数据库，它依赖于现有基础设施，包括各种数据仓库和数据库。

Feast 项目的架构如图 6-6 所示。

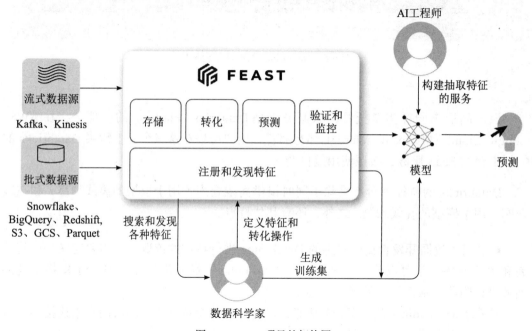

图 6-6　Feast 项目的架构图

如图 6-6 所示，首先 AI 科学家在特征平台上搜索和发现各种特征，并定义特征和特征转化操作，之后生成训练集。AI 工程师依据模型和特征平台来构建抽取特征的服务。

Feast 项目架构的一些功能模块如下。

（1）数据源

数据源包括流式数据源和批式数据源，含有 Snowflake、Redshift、BigQuery、Parquet、Azure Synapse、Azure SQL、Hive、Postgres、Spark、Kafka、Kinesis 等。

（2）在线仓库（用来支持特征离线读取）

在线仓库包括 Snowflake、Redshift、BigQuery、Azure Synapse、Azure SQL、Hive、Postgres、Trino、Spark、In-memory、Pandas 等。

（3）离线仓库（用来支持特征在线读取）

离线仓库包括 Snowflake、DynamoDB、Redis、Datastore、SQLite、Azure Cache、Postgres、Cassandra 等。

目前，Feast 项目还处于快速迭代中，很多功能模块在快速开发中。

下面介绍一个国内开源项目 OpenMLDB。

6.4.5　OpenMLDB 项目

OpenMLDB 是第四范式公司 2021 年 6 月对外公开的项目。该项目面向的是一个开源机器学习数据库，为企业提供全栈的 FeatureOps 解决方案。其实，FeatureOps 是 MLOps 的一部分，它专注于特征相关的操作，包括特征抽取、特征变换、特征存储和特征计算等。

第四范式公司定义的 MLOps 生命周期包含离线部分的 DataOps（任务主要是数据采集、数据存储）、FeatureOps（离线特征计算、存储和共享）、ModelOps（模型的训练和调优）；还包含在线部分的 DataOps（实时数据流的接入和实时请求响应）、FeatureOps（实时特征计算、特征服务）、ModelOps（在线推理、结果数据回流等）。

FeatureOps（即特征操作）的一个相当大的挑战是如何保证线下线上一致性。我们来看一下 AI 科学家和 AI 工程师传统的工作流程。离线情况下，AI 科学家从离线仓库中拿到特征的原始数据，然后经过数据抽取、特征变换之后得到所需要的特征，接着将特征提供给模型进行训练。如果对模型效果不满意，AI 科学家可能会增加新的数据作为特征，也可能把现有的特征进行更多的转化等，然后调整模型网络结构和超参数并进行训练，直到获得较好效果的模型。

在该过程中，AI 科学家往往使用 Python 在 Notebook 中训练模型，之后把模型部署到线上。这时，AI 工程师需要部署模型并开发预测服务，从数据仓库中拿到模型所需要的原始数据，再把 AI 科学家训练时对特征进行的 ETL 逻辑转换为线上预测服务相关的逻辑，并用 C++ 或 Java 改写其中的逻辑。因为 AI 科学家进行模型训练时不太考虑线上服务的性能要求（比如高并发、低延时等），而这些是 AI 工程师必须要考虑的，所以这个转化过程是非常耗时的，需要 AI 工程师和 AI 科学家进行反复沟通和调试。

OpenMLDB 采用一种创新性方法，让 AI 科学家和 AI 工程师采用同一种非常普遍的语言执行各自的工作。这样，AI 科学家用一套脚本构建训练所需要的特征数据并完成训练，同样这套脚本可以被 AI 工程师原封不动地部署到线上，以提供预估服务。同一套脚本被两类角色在训练和预测时使用，创新性地解决了 FeatureOps 中最大的问题，即模型训练和模型预测特征处理逻辑不一致问题。

当然，OpenMLDB 还有其他的一些非常好的特性，例如内置一个高性能、低延时并对时序特征的窗口操作做特定优化的在线特征存储系统等。

OpenMLDB 于 2021 年 6 月在 GitHub 上开源（https://github.com/4paradigm/openmldb），采用的许可证是商业友好的 Apache V2，它已经在第四范式众多商业客户的线上环境运行，性能得到广泛验证。

6.5　特征平台的发展趋势

特征平台一定会朝着让多个团队更加高效访问和复用特征的道路继续迭代，那么特征平台下一步乃至未来更长的迭代方向是什么？笔者预测的特征平台发展趋势如下。

- 特征自动选择：当一个特征平台有很多特征可以被发现和使用时，如何高效选择对业务有较高价值的特征就成为一个大问题。未来的特征平台将对特征选择任务自动化，即帮助开发者根据开发需求自动选择平台上已有的、比较适合的特征，还可以进一步和 AutoML 技术结合起来，即把特征选择和各种特征的 ETL 操作都交给特征平台来自动完成，进一步提高研发效率。
- 特征重复识别：当特征平台中有大量类似的特征时，特征平台需要自动识别哪些特征是重复的，以便采取必要的措施加强特征复用，减少资源的浪费并加速特征计算。
- 高效、低成本地进行实时特征计算：特征计算实时返回有多种实现方式，且对存储和计算能力的要求各异。特征平台需要根据各类业务场景的不同特点和资源的约束条件，灵活选择 ROI 高的实时计算方案。
- 接入数据合规管理、数据血缘管理功能：数据合规管理是人工智能数据管理的核心部分，很多业务需要准确描述数据的处理全过程，以达到数据合规要求。数据血缘描述数据版本以及模型版本对应关系，被广泛用于研发和运维，尤其是问题定位场景。特征平台因为产品定位和特点，特别适合承载数据合规管理和数据血缘管理功能。

笔者认为：特征平台作为 MLOps 的核心组件，将会成为企业内部机器学习系统中必不可少的部分。对于产品形态，不管是作为独立的特征平台产品，还是作为端到端的机器学习平台中的一部分，特征平台都会有广大的市场空间。

6.6　本章小结

俗话说"工欲善其事，必先利其器"，本章详细介绍了 MLOps 中特有的平台工具——特征平台的概念、起源、现状、主流产品及发展趋势等。当前每一个已经或者准备大规模部署机器学习系统的企业都在或深或浅地建设特征平台，但是具体如何规划、如何研发和运维、如何进一步迭代特征平台还是非常考验架构师水平的。希望本章内容能给他们一些参考，也为挑选特征平台提供一些参考。

第 **7** 章

实时特征平台 OpenMLDB

在人工智能工程化落地过程中,一个应用的完整生命周期需要经历从离线训练到线上预测过程。在此过程中,保证低成本、规模化的应用落地是企业推进数字化转型的关键。本章将聚焦于实时决策类的机器学习应用,针对特征工程环节,深入探讨在实际工程落地中所面临的挑战和解决方案。

本章从构建企业级实时特征平台的方法论出发,论述线上线下一致性的重要性,以及所带来的工程化挑战,然后基于开源的机器学习数据库 OpenMLDB,深入介绍如何践行线上线下一致性的设计方法论(包括架构和核心优化技术),并且提供毫秒级实时特征计算服务,最后通过使用流程和案例演示带领大家掌握 OpenMLDB 的基本使用方法。

7.1 实时特征平台构建方法论

本节从理论出发,阐述构建实时特征平台所面临的挑战和方法论,然后简单介绍 OpenMLDB 架构。

7.1.1 机器学习闭环

如今,我们已经在各行各业积累了大量机器学习应用落地案例。归纳来说,机器学习从开发到上线的全生命周期闭环如图 7-1 所示。

从图 7-1 可以看出,横向维度上,机器学习全流程可以划分成离线开发和线上服务两个相辅相成的流程;纵向维度上,信息价值会经历从数据、特征到模型的转换过程。

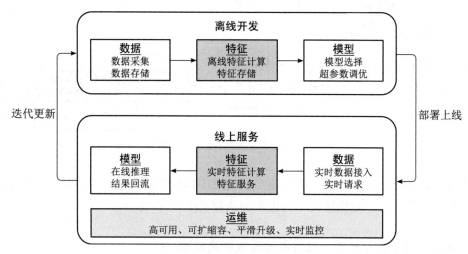

图 7-1　机器学习闭环

- 数据：原始的信息，比如交易的流水信息，包含金额、时间、商户名称等。
- 特征：基于原始数据计算得到的表达能力更为丰富的信息，有利于生成质量更高的模型，比如某客户在过去 3 个月内的消费平均金额等特征。
- 模型：通过隐含的上万甚至上亿条基于特征生成的数据规则，从超高维度来描述数据隐含的规律。

目前，工业界对数据和模型已经有了充分的讨论和确定的标准处理方式，但是对于特征，还并没有统一的处理方法论和工具，主要是因为在人工智能应用落地初期，大量关注在基于深度学习的感知类应用上，此类应用的特征工程处理流程相对标准。如今，决策类场景（如风控、个性化推荐等）在大量企业中出现。对于决策类场景，特征工程的处理逻辑相对灵活、复杂，目前业内尚未形成标准的方法论和工具。这也正是 OpenMLDB 所聚焦的点。

7.1.2　实时特征计算

本节主要关注具有强时效性的实时特征计算，其查询计算的端到端延时一般设定在几十毫秒量级。常见的实时特征计算模式是当事件发生时，从当前时间点往前推移一个时间点，形成一个时间窗口，进行窗口内的相关聚合计算。图 7-2 展示了一个典型的风控业务中的实时特征计算场景，具体为设定了 10 天、1 小时、5 分钟 3 个时间窗口，基于窗口进行不同的聚合计算。

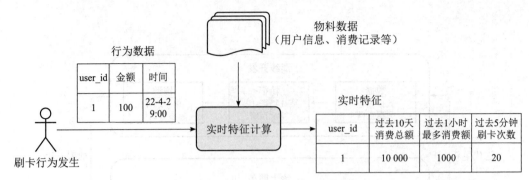

图 7-2　风控业务中实时特征计算场景

目前，实时特征计算已经在越来越多的场景中体现出重要性。其本质在于抓住最近时间段内的数据特征，为快速决策提供有力支撑。

7.1.3　痛点：线上线下计算一致性校验带来的高成本

目前，在缺少合适的方法论和工具的情况下，如果开发、上线实时特征计算模型，需要 3 个步骤，即离线特征计算脚本开发、在线特征计算代码重构、线上线下计算一致性校验，如图 7-3 所示。

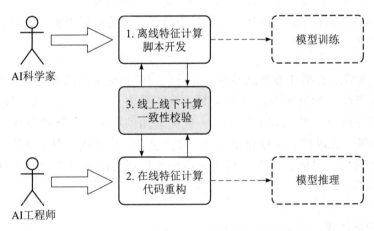

图 7-3　在缺少合适的方法论和工具的情况下的实时特征计算全流程

这三个步骤主要完成的任务以及参与者见表 7-1。

• 由于 AI 科学家习惯使用 Python 等数据分析工具进行特征脚本开发，其开发的模型一般无法符合实时特征计算的线上需求，如低延时、高吞吐、高可用等。

• 由于 AI 科学家和 AI 工程师使用两条工具链、两套系统开发，因此两套系统之间的特征计算一致性校验就变得必不可少且非常重要。

• 根据大量工程落地案例，特征计算一致性校验由于牵涉到团队沟通、需求对齐、反复测试确认等，耗费的人力成本往往是 3 个步骤中最高的。

表7-1　在缺少合适的方法论和工具的情况下的实时特征计算主要步骤

流程	参与者	工具	主要任务	目标	人力成本
离线特征计算脚本开发	AI 科学家	Python、SparkSQL 等数据处理工具	AI 科学家基于针对场景的建模知识，利用离线数据，开发可以产出高质量模型的特征计算脚本	模型精度符合业务需求	1 人月
在线特征计算代码重构	AI 工程师	高性能数据库、C++ 等	AI 工程师将 AI 科学家的脚本进行重构，保障线上服务满足业务性能要求和高可用等运维需求	满足业务性能指标，如低延时、高吞吐等；满足企业运维指标，如高可用、灾备等	2 人月
线上线下计算一致性校验	AI 科学家、AI 工程师	—	AI 工程师和 AI 科学家进行线上线下计算一致性校验，保证双方在数据定义、计算逻辑、流程规范等方面保持一致	保证 AI 工程师重构的特征计算脚本在逻辑上和 AI 科学家开发的脚本完全一致，不会造成线上模型效果衰退	5 人月

造成线上线下计算不一致的原因如下。

（1）工具能力不对等

目前，Python 是大部分 AI 科学家的首选工具；相反，AI 工程师一般会首先尝试使用一些高性能数据库去翻译 Python 脚本。而两个工具在表达能力上并不对等。

（2）认知差

AI 科学家以及 AI 工程师对于数据的定义和处理方式会不一致。美国的一家线上银行 Varo Bank 描述了一个他们在没有合适工具情况下，实时特征计算模型上线时碰到的计算不一致场景（具体可以参照其 AI 工程师的博客 Feature Store: Challenges and Considerations，地址 https://medium.com/engineering-varo/feature-store-challenges-and-considerations-d1d59c070634）。在线上环境，AI 工程师很自然地认为账户余额的定义应该是实时的账户中的余额；但是对于 AI 科学家来说，通过离线数据去模拟构建随着时间线变化的实时账户余额其实是一件相当复杂的事情，因此 AI 科学家使用了一个更加简单的定义，即昨天结束时账户的余额。很明显，两者对于账户余额的认知差直接造成线上线下计算不一致。

线上线下计算一致性校验的必要性，以及所需要花费的巨大人力成本，让我们重新审视特征计算全流程，构建一套更为合理的实时特征计算方法论以及相应的架构，以高效支撑今天数量和规模急速增长的机器学习落地场景。

7.1.4 目标：开发即上线

我们已经发现，线上线下计算一致性问题是整个人工智能系统落地的瓶颈。我们期望有一套开发即上线的高效流程，如图 7-4 所示。在此套流程中，AI 科学家的开发脚本可以即刻部署上线，不需要再经过二次代码重构，也不需要额外的线上线下计算一致性校验。基于此流程，实时特征计算模型从开发到上线效率会提高，人力成本也会降低。

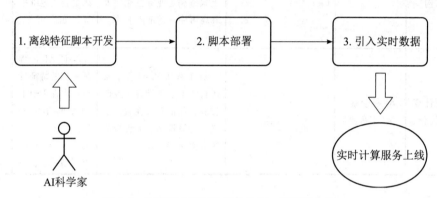

图 7-4　实时特征计算的优化目标：开发即上线

7.1.5 技术需求

为了达到开发即上线的优化目标，同时保证实时计算的高性能，我们总结出整套架构需要满足如下技术需求。

1）需求一：在线实时特征计算低延时、高并发。

如果期望在优化后的流程中，AI 科学家的开发脚本可以直接上线，我们必须要非常小心地处理好在线计算的一系列工程化问题，最主要是满足低延时、高并发的实时计算需求。此外，可靠性、可扩展性、灾备等也是在生产环境中实际落地系统需要特别关注的问题。

2）需求二：线上线下统一的编程接口。

为了降低从开发到上线的成本，整个系统需要有一个统一的对外编程接口，而不是如表 7-1 所示，对外暴露两套不同的编程接口。因为基于统一的编程接口，我们不再需要通过代码重构进行脚本上线。

3）需求三：线上线下计算一致性。

我们的优化目标是不再需要额外的、高成本的线上线下一致性校验。那么，在系统内部保证线上线下计算一致性是必须要解决的问题。

7.1.6 抽象架构

为了满足在 7.1.5 节提到的 3 个技术需求，我们构建了实时特征计算平台的抽象架构。如图 7-5 所示，该抽象架构里有三大模块：批处理 SQL 引擎、一致性执行计划生成器、实时 SQL 引擎，分别对应解决前文所介绍的技术需求问题。

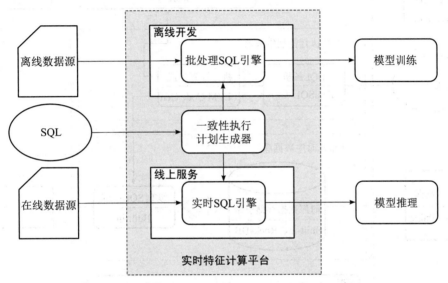

图 7-5 开发即上线的实时特征计算平台的抽象架构

表 7-2 列出了实时特征计算平台中的核心模块功能及所解决的技术需求问题。

表7-2 实时特征计算平台中的核心模块功能及所解决的技术需求问题

模块	功能	所解决的技术需求问题
批处理 SQL 引擎	面向批处理特征计算进行优化，可以处理大规模数据，并且具有良好的可扩展性；同时基于批处理引擎开发的 SQL 可以直接被部署到实时计算 SQL 引擎，且保证线上线下计算一致性	需求三：线上线下计算一致性
一致性执行计划生成器	保证线上线下计算一致性的核心模块，同时用于解析 SQL 语句。该模块对整个系统对外暴露的编程接口进行了统一，可分别生成线上和线下计算一致的执行计划，闭环保障线上线下计算一致性，无须额外的一致性校验工作	需求二：线上线下统一的编程接口 需求三：线上线下计算一致性
实时 SQL 引擎	面向实时特征计算优化，强调对于低延时、高吞吐的优化，同时满足线上服务稳定性和运维要求	需求一：在线实时特征计算低延时、高并发

7.1.7 OpenMLDB 架构设计实践

OpenMLDB（GitHub: https://github.com/4paradigm/OpenMLDB）是一款开源机器学习数据库，主要面向特征计算平台的构建。OpenMLDB 架构设计秉承了图 7-5 所示的抽象架构，基于现有开源软件进行优化或者自研来实现具体的功能。OpenMLDB 具象化后的整体架构如图 7-6 所示。

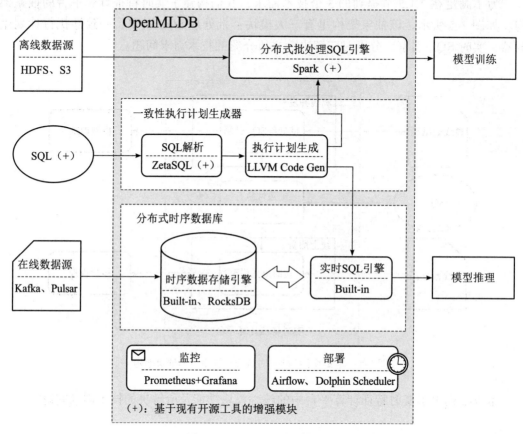

图 7-6　OpenMLDB 整体架构

从图 7-6 可以看到，OpenMLDB 有几个关键模块，说明如下。

1）SQL（+）：OpenMLDB 对外暴露 SQL 作为统一的使用接口。由于标准 SQL 并没有对特征计算相关的操作做优化（如时序窗口相关操作），因此其在标准 SQL 的基础上做了功能扩展，支持了更多对于特征计算友好的语法功能。

2）一致性执行计划生成器：这是保障线上线下计算逻辑一致性的核心模块，主要包含 SQL 语法树解析以及基于 LLVM 的执行计划生成模块。其中，在统一的执行计划生成模块下，给定的 SQL 可以翻译成分别针对线上和线下的执行计划，但是同时保证两者的计算一致性。

3）分布式批处理 SQL 引擎 Spark（+）：对于面向离线开发的批处理 SQL 引擎，OpenMLDB 基于 Spark 进行源码级的二次优化开发，高效支持 SQL 中对于特征计算的扩展语法。注意，由于批处理引擎实质上并没有任何数据的存储需求，所以这里在逻辑上并不包含专用的存储引擎，只需从离线数据源上读取数据进行计算即可。

4）分布式时序数据库：核心的实时计算功能主要由实时 SQL 引擎和数据存储引擎这两个核心模块承载，它们共同组成一个分布式高性能时序数据库。其中，实时 SQL 引擎为开发团队自研的基于 C++ 编写的高性能内核；数据存储引擎主要为了存储特征计算所需要的最新的窗口数据。注意，此处的时序数据库会有一个数据生存周期概念（Time To Live，TTL）。假设特征计算只需要最近 3 个月的数据，超过 3 个月的旧数据会自动被清除。对于数据存储引擎，我们有两种选择。

• 开发团队自研的内存存储引擎：为了优化在线处理的延时和吞吐，OpenMLDB 默认采用基于内存的存储方案，构建双层跳表的索引结构。此种索引结构特别适合需要快速找到某个 Key 下的一个按照时间戳排序的数据的场景，在时序数据查找延时上可以达到毫秒级，并且性能远好于商业版的内存数据库。

• 基于 RocksDB 的外存存储引擎：如果用户对性能不太敏感，但是希望降低内存使用成本，用户也可以选择基于 RocksDB 的外存存储引擎。

通过以上核心组件的串联，OpenMLDB 可以实现开发即上线的最终优化目标。图 7-7 总结了 OpenMLDB 从离线开发到上线部署的整体使用流程。对照所对应的优化流程目标可以发现，OpenMLDB 很好地践行了开发即上线的核心思想。后续章节将详细对 OpenMLDB 实现进行介绍。

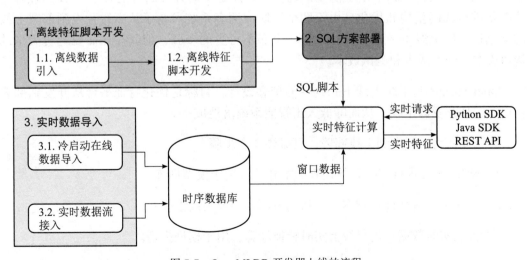

图 7-7　OpenMLDB 开发即上线的流程

7.2　OpenMLDB 项目介绍

7.1 节初步介绍了 OpenMLDB 的设计方法论和架构实践，本节将对 OpenMLDB 的定位和特性做一个整体介绍。

7.2.1　设计理念

根据 Gartner 研究 "How to Operationalize Machine Learning and Data Science Projects"，在人工智能工程化落地过程中，企业的数据和工程团队 40% ～ 95% 的时间和精力会耗费在数据处理、数据校验等相关工作上。

为了解决该痛点，头部企业花费上千小时自研数据与特征平台，来解决诸如线上线下一致性、数据穿越、特征回填、高并发、低延时等工程问题；其他中小企业则购买价格昂贵的 SaaS 服务。

OpenMLDB 致力于解决人工智能系统落地的数据治理难题，并且已经在上百个企业级人工智能场景落地。OpenMLDB 优先开源了特征数据治理能力、依托 SQL 的开发能力等，为企业级机器学习应用提供线上线下计算一致，高性能、低门槛的生产级机器学习特征平台。

7.2.2　生产级机器学习特征平台

机器学习的多数应用场景，如实时的个性化推荐、风控、反欺诈等场景，对实时特征计算有较高的要求。但是，AI 科学家所构建的特征计算脚本（一般基于 Python 开发），并不能满足低延时、高吞吐、高可用等生产级要求，因而无法直接上线。为了在生产环境中上线特征脚本用于模型推理，并且满足实时计算的性能要求，AI 工程师往往需要进行代码重构和优化。由于两个团队、两套系统参与了从离线开发到部署上线的全流程，线上线下一致性校验成为一个必不可少的步骤，但其往往需要耗费大量的沟通成本、开发成本和测试成本。

OpenMLDB 基于线上线下一致性的理念设计，目标是优化特征平台从开发到部署流程，实现开发即上线，从而降低人工智能系统落地成本。

其完成从离线开发到上线部署，只需要 3 个步骤。

1）使用 SQL 进行离线特征计算脚本开发，用于模型训练。

2）一键部署特征计算脚本，并从线下模式切换为线上模式。

3）接入实时数据，进行线上实时特征计算，用于模型推理。

图 7-8 展示了 OpenMLDB 的抽象架构，包含 4 个重要的组件。

- 统一的 SQL 编程语言。
- 具备毫秒级延时的高性能实时 SQL 引擎。
- 基于 OpenMLDB Spark 发行版的批处理 SQL 引擎。
- 串联实时和批处理 SQL 引擎，保证线上线下一致性的一致性执行计划生成器。

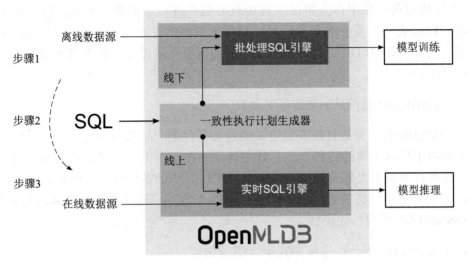

图 7-8　OpenMLDB 的抽象架构

7.2.3　核心特性

- 线上线下计算一致性。离线和实时特征计算引擎使用统一的执行计划生成器，线上线下计算一致性得到了保证。
- 毫秒级低延时的实时 SQL 引擎。线上实时 SQL 引擎基于完全自研的高性能时序数据库，对于实时特征计算可以达到毫秒级延时，性能超过流行商业版内存数据库，充分满足高并发、低延时的实时计算性能需求。
- 基于 SQL 定义特征。基于 SQL 进行特征定义和管理，并且针对实时特征计算需求做了优化，对标准 SQL 语法进行扩展，引入诸如 LAST JOIN 和 WINDOW UNION 等定制化语法。
- 生产级特性。为大规模企业应用而设计，整合诸多生产级特性，包括分布式存储和计算、灾备恢复、高可用、无缝扩缩容、平滑升级、可监控、异构内存架构支持等。

7.2.4　常见问题

1）OpenMLDB 主要应用场景是什么？

目前，OpenMLDB 主要面向人工智能应用，提供高效的、线上线下一致性的特征平台,特别针对实时特征计算达到毫秒级延时。此外,OpenMLDB 本身也包含一个高效且功能完备的时序数据库,可应用于金融、IoT、数据标注等领域。

2)OpenMLDB 是如何发展起来的?

OpenMLDB 起源于领先的人工智能平台提供商第四范式的商业软件。其研发团队在 2021 年将商业产品中作为特征工程的核心组件进行了抽象、增强、以及社区友好化,将它们形成一个系统的开源产品,以帮助更多的企业低成本实现人工智能转型。在开源之前,OpenMLDB 已经作为第四范式的商业化组件之一在上百个场景中得到了部署和上线。

3)OpenMLDB 是否是一个特征平台?

OpenMLDB 被认为是目前普遍定义的特征平台类产品的一个超集。除了可以同时在线下和线上供给正确的特征以外,其主要优势在于提供毫秒级实时特征计算。我们看到,今天在市场上大部分的特征平台是将离线异步计算好的特征同步到线上,但是并不具备毫秒级实时特征计算能力。而保证线上线下一致性的高性能实时特征计算,正是 OpenMLDB 所擅长的场景。

4)OpenMLDB 为什么选择 SQL 作为开发语言?

SQL 具有表达语法简洁且功能强大的特点。选用 SQL 和数据库开发一方面可降低开发门槛,另一方面更易于跨部门协作和共享。此外,基于 OpenMLDB 的实践经验,经过优化的 SQL 在特征计算方面功能完备,已经经受住长时间的实践考验。

7.3 核心模块——在线引擎

本节将介绍 OpenMLDB 内部的核心模块——在线引擎,深入分析其优化技术,进一步揭示 OpenMLDB 是如何实现线上线下一致性,提供低延时、高吞吐、高可用的线上服务的。本节将聚焦于 OpenMLDB 的在线架构,介绍内部关键组件如何实现线上分布式、高可用、可扩展等特性。

7.3.1 概览

OpenMLDB 的在线架构主要包括 Apache ZooKeeper、Nameserver 和 Tablet 组件。图 7-9 展示了这些组件之间的相互关系。其中,Tablet 是整个 OpenMLDB 存储和计算的核心组件,也是消耗资源做多的组件;Apache ZooKeeper 和 Nameserver 主要用于辅助功能实现,如元数据管理和高可用特性等的实现。接下来,我们将详细介绍各个组件的作用。

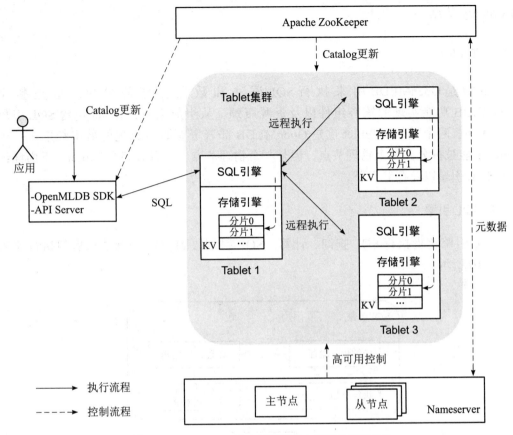

图 7-9 OpenMLDB 的在线架构的主要模块及其关系

7.3.2 Apache ZooKeeper

OpenMLDB 依赖 Apache ZooKeeper 实现服务故障发现、元数据存储和管理功能。Apache ZooKeeper 保证了 OpenMLDB 本身的状态完整性和高可用性。Apache ZooKeeper 和 OpenMLDB SDK、Tablet、Namesever 之间都会存在交互，实现分发和更新元数据。

7.3.3 Nameserver

Nameserver 主要用于实现 Tablet 管理以及故障转移。当一个 Tablet 节点宕机时，Nameserver 就会触发一系列任务来执行故障转移，当节点恢复正常后会重新把数据加载到该节点。同时，为了保证 Nameserver 本身的高可用，Nameserver 会部署多个实例，采用 Primary-Secondary 节点的部署模式，同一时刻只会有一个 Primary 节点。多个 Nameserver 通过 Apache ZooKeeper 实现 Primary 节点的抢占。因此，如果当前的 Primary 节点意外离线，Secondary 节点会借助 Apache ZooKeeper 选出一个节点重新作为 Primary 节点。

7.3.4　Tablet

Tablet 是 OpenMLDB 用来执行 SQL 语法和数据存储的模块，也是整个 OpenMLDB 功能实现的核心组件以及资源瓶颈。从组成来看，Tablet 包含 SQL 引擎和存储引擎两个模块。Tablet 也是 OpenMLDB 部署资源时可调配的最小粒度。一个 Tablet 不能被拆分到多个物理节点，但是一个物理节点中可以有多个 Tablet。下面详细介绍 SQL 引擎以及存储引擎。

1. SQL 引擎

SQL 引擎负责执行 SQL 查询、计算。SQL 引擎收到 SQL 查询请求后的执行流程如图 7-10 所示。

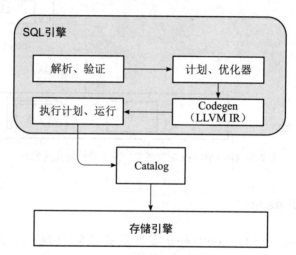

图 7-10　SQL 引擎收到 SQL 查询请求后的执行流程

SQL 引擎通过 ZetaSQL 把 SQL 解析成 AST 语法树。因为我们加入了 LAST JOIN、WINDOW UNION 等针对特征工程扩展的特殊 SQL 语法，所以对开源的 ZetaSQL 做了优化，经过如图 7-10 所示的一系列编译转化、优化，以及基于 LLVM 的 Codegen 之后，最终生成执行计划。SQL 引擎基于执行计划，通过 Catalog 获取存储层数据并做最终的 SQL 执行运算。在分布式版本中，SQL 引擎会生成分布式执行计划，把执行任务发到其他 Tablet 节点。目前，OpenMLDB 的 SQL 引擎采用 Push 模式，将任务分发到数据所在的节点执行，而不是将数据拉回来。这样做的好处是可以减少数据传输。

2. 存储引擎

OpenMLDB 是一个分布式数据库，会对一张表中的数据进行分片，并且建立多个副本，最终将数据分布在不同的节点中。这里展开解释两个重要的概念：副本和分片。

- 副本：为了保证高可用性以及提升分布式查询效率，数据表会拷贝多份，这些拷贝就叫作副本。
- 分片：一张表（或者一个副本）在存储时会被切割为多个分片用于分布式计算。分片数量可以在创建表时指定，但是一旦创建好，分片数就不能动态修改了。分片是存储引擎主从同步以及扩缩容的最小单位。一个分片可以灵活地在不同的 Tablet 之间迁移。同时，一个表的不同分片可以并行计算，以提升分布式计算性能。OpenMLDB 会自动使得每一个 Tablet 上的分片数目尽量平衡，以提升系统的整体性能。一张表的多个分片可能会分布在不同 Tablet 上，分片的角色分为主分片（Leader）和从分片（Follower）。当获得计算请求时，请求将会被发送到数据所在的主分片上进行计算；而从分片用于保证高可用性。

图 7-11 展示了一个数据表，在两副本情况下基于 4 个分片，在 3 个 Tablet 上进行存储布局。在实际使用中，如果某一个或者几个 Tablet 的负载过高，我们可以基于分片进行数据迁移，以改善系统的负载平衡和整体的吞吐。

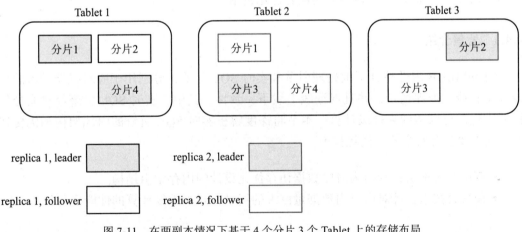

图 7-11　在两副本情况下基于 4 个分片 3 个 Tablet 上的存储布局

OpenMLDB 的默认存储引擎把在线数据全部保存在内存中，为了实现高可用性会把数据通过 Binlog 以及 Snapshot 持久化存储到硬盘中。

如图 7-12 所示，服务端收到 SDK 的写请求后会同时写入内存和 Binlog。Binlog 用来做主从同步的，数据写入 Binlog 后会有一个后台线程异步地把数据从 Binlog 中读出来然后同步到从节点中。从节点收到同步请求后同样是写入内存和 Binlog。Snapshot

可以看作内存数据的一个镜像。不过出于性能考虑，Snapshot 并不是从内存直接导出数据，而是由 Binlog 和上一个 Snapshot 合并生成数据。在合并的过程中，过期的数据会被删除。OpenMLDB 会记录主从同步和合并到 Snapshot 中的 Offset。如果一个 Binlog 文件中的数据全部被同步到从节点并且也合并到了 Snapshot，该 Binlog 文件会被后台线程删除。

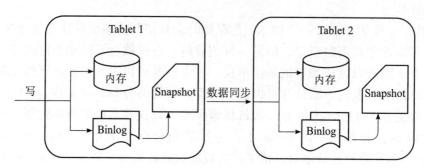

图 7-12　服务端收到 SDK 的写请求过程

7.4　核心数据结构

本节将聚焦于 OpenMLDB 的内存索引结构以及预聚合技术。它们是保证 OpenMLDB 线上低延时、高并发的核心优化技术。

7.4.1　背景介绍

OpenMLDB 内部整合了批处理引擎和实时 SQL 引擎，分别用于应对机器学习的离线开发和线上推理场景，并且保证线上线下一致性。其中，实时 SQL 引擎经过充分的性能优化，可以达到毫秒级计算。本节将深度解析实时 SQL 引擎的内部架构和优化技术。其主要包含两个核心优化技术。

- 双层跳表索引：专门为时序数据访问优化设计的内存索引结构。
- 预聚合技术：针对窗口内数据量巨大的场景，减少重复计算的性能优化技术。

7.4.2　双层跳表索引

1. 跳表

跳表由 William Pugh 在 1990 年论文"Skip Lists: A Probabilistic Alternative to Balanced Trees"中提出。跳表采用的是概率均衡策略而非严格均衡策略，相对于平衡树，大大简化和加速了元素的插入和删除。跳表可以看作在链表基础数据结构上进行了扩展,通过添加多级索引,达到快速定位、查找的目的。其既有链表的灵活数据管理优势,又有对数据查找和插入的时间复杂度均为 O(log$n$)的特点。

图 7-13 展示了一个具有 4 级索引的跳表结构。可以看出,在底层已排序数据中,每个值都有一个对应的指针数组。在查找某个具体值时,搜索会从顶层最稀疏的索引开始,通过索引中向右的指针以及向下的指针数组,逐级查找,直到查找到所需要的值。关于跳表实现的详细解读,读者可以访问 https://en.wikipedia.org/wiki/Skip_list。

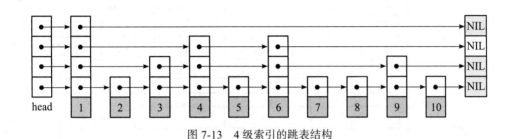

图 7-13　4 级索引的跳表结构

目前,许多开源产品采用跳表作为核心数据结构,实现快速查找和插入数据。

2. 双层跳表

在开发机器学习应用过程中,很多特征计算和时序窗口相关,如反欺诈场景中需要统计一个特定卡号最近一段时间(比如三天)内的交易总次数、平均交易金额等。很多实时场景(比如风控、反欺诈、实时推荐等)对延时会有非常高的要求,一般对于特征计算的延时要求会小于 20ms。如何以毫秒级延时访问特定维度下一段时间内的历史数据,是我们所面临的技术挑战。

为了达到高效访问时序数据的目的,OpenMLDB 引入分布式内存存储引擎,采用了双层跳表,如图 7-14 所示。

可以看出,该索引结构针对每一个被索引列维护了两层跳表。

- 第一层跳表中的 Key 对应索引列的具体值,Value 是一个指针指向二级跳表下已经被聚合在一起的所有对应于 Key 值的行的集合。这一级跳表需要优化的是类似数据库中的分组操作,对应于特征工程,即快速找到数据表中某一特定键值(比如某个用户)的所有相关记录的操作。
- 第二层跳表的 Key 一般是时间戳,Value 是对应的这一行数据。数据行按照时间戳从大到小的时间降序排列。这一级跳表优化的是基于特定时间窗口的聚合计算,需要高效找到窗口内的所有数据。

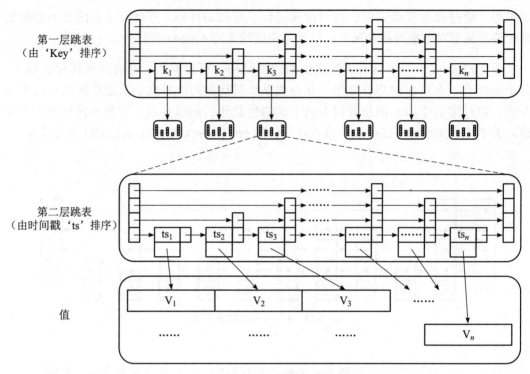

图 7-14　OpenMLDB 采用双层跳表的结构

按照如上跳表结构，对于时间窗口的聚合计算，首先从第一层跳表定位到对应的 Key，时间复杂度为 O（log$n$）。一般情况下，计算特征的时间窗口是从当前时间开始回溯，由于第二层跳表中数据行本身就是按照时间戳降序排列的，则从第一个节点开始遍历指定范围的窗口数据即可。如果不是从当前时间开始回溯时间窗口，通过 O（log$n$）的时间复杂度进行查找。由此可见，这种双层跳表的索引结构非常适合在特征工程中基于时间窗口的聚合操作，时间复杂度近似为 O（log$n$）。

7.4.3　预聚合技术

在一些典型场景（比如画像系统）中，窗口内时序特征数据量可能很大，比如窗口的时间跨度为 3 年，我们把这种时序特征称为长窗口特征。对于长窗口内的时序特征，传统的实时计算模式需要遍历所有的窗口数据，并对所有数据进行聚合计算，随着数据量增大，计算时间线性增加，很难满足在线性能要求。另外，多次相邻特征计算很大概率会包含重复计算（即窗口重叠），这浪费了计算资源。

为了改善长窗口的性能，我们引入了预聚合技术。通过预聚合，聚合特征的部分结果会在数据插入时提前计算好，在线上场景中，只需要把计算好的预聚合结果进行规约，就可以快速得到最终的聚合特征结果。预聚合数据相比原始数据，极大地降低了数据量，可以达到毫秒级计算。

不同粒度的预聚合逻辑示意图如图 7-15 所示。

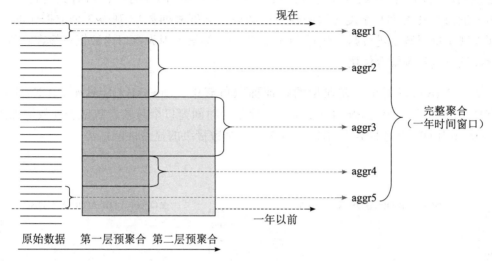

图 7-15 不同粒度的预聚合逻辑示意图

基于原始数据，我们会构造多层预聚合，实现基于上一层的预聚合特征结果进行再次预聚合。例如第一层预聚合可以为小时级别的预聚合，第二层可以为基于第一层预聚合结果的天级别的预聚合。当我们需要计算长窗口特征时，如图 7-15 所示，计算最近一年的数据的聚合特征，我们可以利用已经聚合好的特征结果，再加上部分需根据原始数据进行实时计算的结果，得到最终的聚合结果。其具体的参与到计算过程中的各部分组成如下。

- 第二层预聚合特征结果 aggr3。
- 第一层预聚合特征结果 aggr2 以及 aggr4。
- 根据原始数据进行实时计算得到的特征结果 aggr1 以及 aggr5（此部分没有对应的预聚合结果可用）。

可以看出，通过这种方式，线上实时特征计算不再需要通过聚合所有数据来得到最终结果，只需要将预聚合的特征结果和最新的实时特征结果进行聚合，大大减少了线上实时计算。

7.4.4 性能表现

关于 OpenMLDB 的具体性能表现测试，读者可以参考相关引用报告。下面选取主要的几个性能测试场景进行阐述。

1. 性能比较

由于 OpenMLDB 是一个基于内存索引结构的时序数据库，因此我们首先选取两个广泛使用的商用级内存数据库进行比较。我们选取典型的和时序窗口有关的特征计算脚本，通过变化查询复杂度（时间窗口个数以及数据表列数），观察 3 个数据库的不同性能表现（这里数字进行归一化）。注意，该测试场景下因为窗口内数据量级在百级别，因此并没有进行预聚合优化。

从图 7-16 可以看出，在典型的特征抽取负载中，OpenMLDB 对比 DB-X、DB-Y都有显著的性能优势。当查询更复杂时，比如当时间窗口个数或者数据表列数增加到 8时，OpenMLDB 相比 DB-X、DB-Y 有 1 ～ 2 个数量级的显著性能优势。

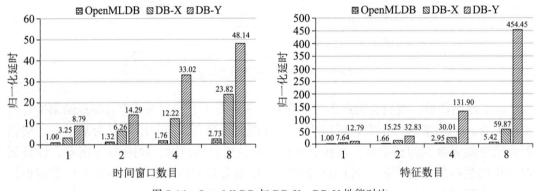

图 7-16   OpenMLDB 与 DB-X、DB-Y 性能对比

关于本实验的具体配置、数据集以及性能对比等详细信息，读者可以参照的学术论文 "Optimizing in-memory database engine for AI-powered on-line decision augmentation using persistent memory"。

2. 引入预聚合技术的性能提升

对于窗口内数据特别多的情况，我们对比引入预聚合技术的性能。我们同样设计了一个典型的基于时序窗口的特征计算场景，通过变化窗口内的数据列数，观察引入预聚合前后的性能。

图 7-17 展示了当窗口内数据量达到百万级别的情况下，引入预聚合技术后延时和吞吐的改进。可以看出，如果没有预聚合技术，延时可能会达到秒级，引入预聚合技术以后，延时可以降到 10ms 以下。对于吞吐也类似，引入预聚合技术吞吐性能达到两个数量级以上。

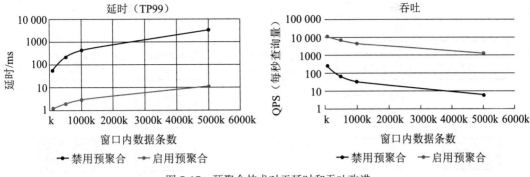

图 7-17　预聚合技术对于延时和吞吐改进

7.5　高级特性——主从集群部署

在单机房多节点部署环境下，OpenMLDB 可作为节点级别高可用方案。但是当出现某些不可抗拒因素时，比如机房断电或者自然灾害，机房或者节点无法正常运转，就会中断在线服务。OpenMLDB 提供了一个主从集群方案，在单集群高可用的基础上使用多集群部署，进一步提高整体服务的高可用性。

7.5.1　定义和目标

下面介绍本节用到的名词定义。

• 主集群：能支持读写的集群，并且可以给从集群同步数据。一个主集群可以有多个从集群。

• 从集群：只提供读请求的集群，数据和主集群保持一致；可以在需要时候切换为主机群。

• 分片 Leader：主分片，接收读写数据。

• 分片 Follower：从分片，只接受分片 Leader 同步过来的数据，目前不接收客户端的直接写请求。

• Offset：本书中的 Offset 特指 OpenMLDB 中 Binlog 所保存的数据偏移量，该值越大，说明保存的新鲜数据越多。

关于名词的详细解释，读者可以查看 OpenMLDB 的在线模块架构文档。（地址：https://openmldb.ai/docs/zh/main/reference/arch/online_arch.html）。

7.5.2　技术方案

主从集群架构如图 7-18 所示。主从集群之间同步信息主要包含元信息同步和数据同步两部分。

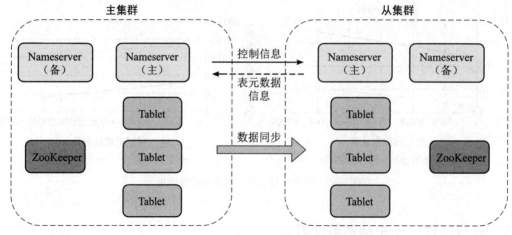

图 7-18　主从集群架构

1. 元信息同步

元信息同步发生在主从集群的 Nameserver 之间，具体过程如下。

- 建立好主从关系之后，主集群的 Nameserver 会向从集群同步主集群的表信息，从集群创建相应的表。注意，主从集群节点数不需要一致，但是每张表的分片数需要保持一致。
- 主集群的 Nameserver 每隔一段时间获取从集群的表拓扑信息。

2. 数据同步

主从集群之间的数据同步主要通过 Binlog 完成，总体的同步逻辑如下。

- 单集群内部：该集群内的 Leader 向该集群内的 Follower 同步数据。
- 主从集群之间：主集群 Leader 向从集群 Leader 同步数据。

主从集群的初始状态可以为以下状态之一。

- 主集群和从集群中的数据均为空。
- 集群不为空，主从集群的表名以及 Schema 一致，并且主集群的 Offset 大于等于从集群的 Offset，否则会报错。

图 7-19 可视化地展示了上述数据同步逻辑和数据流方向。假设有一个从集群，表保存为三副本，具体数据同步过程为：主集群中分片 Leader 创建两个 Replicator 线程来负责集群内部数据同步，创建以及一个 Replicator 线程来负责同步数据到从集群 Leader；从集群中的分片 Leader 创建两个 Replicator 线程分别给从集群内部的 Follower

同步数据。Replicator 线程的具体同步逻辑如下。

- 读取 Binlog 并把数据传给 Follower。
- Follower 收到数据，并将数据添加到本地 Binlog 中，同时写入本地分片表。

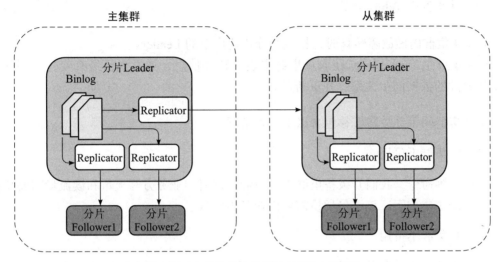

图 7-19　主从集群的数据同步逻辑和数据流

默认情况下，Replicator 线程会不断读取最新的 Binlog 中的数据，如果没有最新数据写入就会等待一会（默认为 100ms）。在对时效性要求比较高的场景，我们可以配置一个较小的时间值，以减少 Replicator 线程每次读取数据的间隔时间。

集群内故障转移包含以下几种情况。

（1）主集群中主 Nameserver 离线

- 主集群中主 Namserver 离线之后，主集群中备 Nameserver 就会升级为主 Nameserver，更新备集群中表的拓扑信息到新的主 Nameserver。
- 主集群中备 Nameserver 离线之后不做任何操作。

（2）从集群中主 Nameserver 离线

- 从集群中主 Nameserver 离线之后，从集群中备 Nameserver 就会升级为主 Nameserver。主集群向从集群获取表拓扑信息时，返回错误，读取从集群中的 ZooKeeper 信息，以获取最新的主 Nameserver，然后更新表拓扑信息。
- 从集群中备 Nameserver 离线之后不做任何操作。

（3）主集群中 Tablet 离线

- 在主集群内做故障转移时，相应的分片选出新的 Leader。
- 新的 Leader 重新和从集群中分片所在的 Tablet 建立数据同步关系。

（4）从集群中 Tablet 离线

- 在从集群内做故障转移时，相应的分片选出新的 Leader。
- 主集群中 Nameserver 获取从集群中表的拓扑信息，如发现已经有变化，删除对应变化分片的数据同步关系，并重新建立。

主从集群间手动故障转移包含以下几种情况。

（1）主集群不可用

通过运维命令，我们升级备集群为主集群。同时，业务方写流量和读流量需要切换到当前新的主集群下。该流量切换需要由业务方完成。

（2）从集群不可用

业务方原来在从集群读流量（如果有），需要全部切换到主集群下。该流量切换由业务方完成。

7.5.3　主从集群搭建实践

通过运维命令，我们可以将一个集群添加为另一个集群的从集群，或者进行切换、移除操作。

（1）启动 NSClient

主从集群的管理在 NSClient 下时，我们可以使用如下命令启动 NSClient。

```
$ ./bin/openmldb --zk_cluster=172.27.2.52:12200 --zk_root_path=/onebox
--role=ns_client
```

其中，zk_cluster 是 ZooKeeper 的地址，zk_root_path 是集群在 ZooKeeper 中的根路径，role 是启动的角色（需指定为 ns_client）。关于 NSClient 的更多信息，读者可以访问 https://openmldb.ai/docs/zh/main/maintain/cli.html。

（2）添加从集群

我们可以使用命令 addrepcluster 来添加从集群，使用方法为：

```
addrepcluster zk_cluster_follower zk_root_path_follower cluster_alias
```

比如需要添加的从集群所在的 ZooKeeper 地址为 10.1.1.1:2181，该从集群在 ZooKeeper 上的根路径为 10.1.1.2:2181 /openmldb_cluster，添加以后的从集群别名为 prod_dc01，我们可以在主机群的 NSClient 上执行如下命令进行从集群的添加：

```
addrepcluster 10.1.1.1:2181,10.1.1.2:2181 /openmldb_cluster  prod_dc01
```

（3）移除从集群

我们可以执行命令 removerepcluster 来删除从集群，比如删除上面添加的从集群 prod_dc01：

```
removerepcluster prod_dc01
```

（4）切换集群角色

switchmode 命令可以用来修改集群的角色，参数可以为 leader 或者 normal。如果要把从集群升级成主集群，参数可设置为 leader；如果要把集群修改为普通集群，参数可设置为 normal。

```
switchmode leader
```

（5）查看从集群

showrepcluster 命令可以用来查询所有从集群。

7.5.4　主从集群部署常见问题

1）如何解决分布式系统"脑裂"问题？

在分布式环境中，我们经常会遇到"脑裂"问题。所谓"脑裂"，简单来说就是在某些非正常状态下（比如网络阻塞），两个集群选举出不同的 Leader。Raft 之类的一致性协议能很好地解决类似问题，如要求集群 Leader 必须获取半数以上的投票。而 OpenMLDB 的选主和这类协议不太一样，OpenMLDB 是由 ZooKeeper 和 Nameserver 来选主的。Nameserver 选主的时候从该集群的所有 Follower 中选择 Offset 最大的一个作为新的 Leader，所以本质上来说 OpenMLDB 的主从集群部署方案不会出现"脑裂"问题。

2）如何判断主集群不可用，需要进行主从切换？

目前，OpenMLDB 在集群整体不可用的状态下并不会进行自动判断和自动切换，部署主从集群方案主要是为了应对出现如机房断电等重大事故的情况。因此，在判断主集群是否处于不可用状态，需要启动切换时，需要人工介入。常见的需要进行主从切换的场景包括整个集群的服务器因不可抗拒力无法访问、ZooKeeper 无法恢复、部分 Tablet 下线导致集群状态无法恢复正常或者恢复时间过长等。

3）是否会在某些情况下丢失数据？

虽然主从集群方案增加了高可用机制，但是也不能保证数据完全不丢失。以下情况依然会出现数据丢失情况，相关问题会在 OpenMLDB 后续版本进行解决。

- 主集群内部 Tablet 故障转移后，新选出来的 Leader 的 Offset 比从集群中 Leader 的 Offset 小，会造成两者 Offset 差值之间的这部分数据丢失。
- 主从集群切换过程中，如果有写流量，并且该流量在原有的主集群中未来得及同步到从集群，会造成该部分数据丢失。
- 从集群中表的拓扑信息发生变化，并且主集群尚未捕获到该变化，此时如果执行主从集群切换，会造成在拓扑结构发生变化到主从集群切换成功这段时间内新数据丢失。

4）是否可以支持多个从集群？

一个主集群可以支持多个从集群，只要在主集群中执行添加从集群命令 addrepcluster 进行添加即可。

5）和业界其他主从集群复制方案有什么相同点？

图 7-20 列举了两个业界常用数据库 TiDB 和 MySQL 的主从集群复制方案作为比较，TiDB 将数据从 TiKV 传到 TiFlash 也是通过和 OpenMLDB 类似的方式完成的，即 TiFlash 中的 Learner 类似于 OpenMLDB 中从集群的 Leader。TiKV 会把数据同步到 Learner 中，然后由 Learner 做集群内的数据同步。MySQL 的主从集群复制，复制方案和 OpenMLDB 也类似，即它也是通过 Binlog 将数据定期同步到从集群中，从集群再进行集群内 Binlog 的读取和同步。

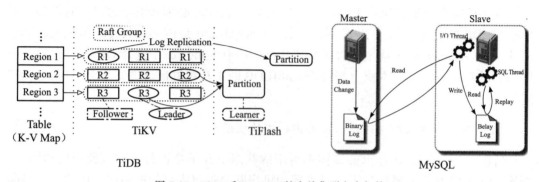

图 7-20　TiDB 和 MySQL 的主从集群方案架构

7.6 高级特性——双存储引擎

本节将介绍 OpenMLDB 双存储引擎架构和功能对比，并通过测试不同可用内存容量下，磁盘引擎的访问延时和数据量大小的关系，系统地考察磁盘引擎的性能表现。

在实际使用中，开发者可以根据实际应用场景及需求进行选择。比如某风控场景要求 10ms 左右的超低延时，建议优先选择内存存储引擎；对于对内存成本敏感，同时可以接受 20 ～ 30ms 的延时，建议优先选择磁盘引擎。

7.6.1 内存和磁盘双存储引擎架构

OpenMLDB 的线上服务为满足开发者不同性能和成本需求，提供了基于内存和磁盘的两种存储引擎，具体介绍详见表 7-3。

表7-3 内存和磁盘存储引擎比较

	内存存储引擎	磁盘存储引擎
性能	低延时（毫秒级）、高并发	预计磁盘存储引擎整体性能为内存存储引擎的 15% ～ 38%，且和场景有较大关系
成本	数据和索引存储于内存，成本较高	数据和索引存储于磁盘，成本较低
功能支持	详见下文"双存储引擎功能支持对比"	

1. 内存存储引擎架构

内存存储引擎的详细架构详见 7.3 节。

2. 磁盘存储引擎架构

OpenMLDB 磁盘存储引擎底层基于 RocksDB 实现。RocksDB 本质上是一个基于磁盘的 KV 数据库。其实现的基本逻辑为将创建表时的索引所对应的 Key 和 TS（OpenMLDB 列索引）组合起来，成为 RocksDB 的 Key，并且映射到相应的列族（Column Family）。RocksDB 内的值为当前索引键对应的 OpenMLDB 内的一行数据。图 7-21 反映了磁盘存储引擎基于 RocksDB 的存储映射。

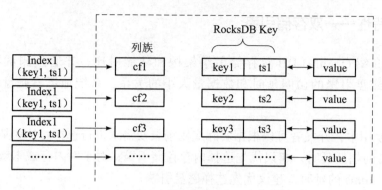

图 7-21   磁盘存储引擎基于 RocksDB 的存储映射

3. 使用说明

内存存储引擎为 OpenMLDB 的默认存储引擎。两种存储引擎的使用说明如下。

• 两种存储引擎指定为表级别，即在同一个数据库内，不同表可以使用不同的存储引擎。但是，一张表只能对应一种存储引擎。

• 存储引擎通过建表时的参数 storage_mode 进行指定，可选值为 Memory（内存存储）、HDD、SSD。磁盘存储引擎根据具体介质细分为 HDD、SSD，内置了特殊的参数优化。例如，建表时指定存储引擎为 HDD 的语句如下：

```
CREATE TABLE t1 (col0 STRING, col1 int, std_time TIMESTAMP,
INDEX(Key=col1, TS=std_time)) OPTIONS(partitionnum=8, replicanum=3,
storage_mode='HDD');
```

如不指定存储模式，默认使用内存存储引擎。表创建以后，无法再修改存储模式。

7.6.2   功能支持对比

双存储引擎在大部分场景中的功能支持是一致的，但在某些场景中有所差异。表 7-4 列出了差异性的功能支持。我们在做存储模式切换之前需要考虑对业务是否会产生影响。

表7-4   内存和磁盘存储引擎的功能支持差异

	内存存储引擎	磁盘存储引擎
动态增加、删除索引	√	×
创建 absandlat 和 absorlat 索引	√	×
允许同一个 Key 下的数据有相同的时间戳	√	×
精确条数指标统计	√	×
BulkLoad	√	×

7.6.3　性能对比

1. 硬件配置

- CPU：2x Intel（R）Xeon（R）Gold 6230 CPU @ 2.10GHz。
- SSD：磁盘存储引擎选用 SSD（Intel DC P4600 Series 2TB）作为存储介质。
- DRAM：物理内存 512 GB。为了方便实验，本测试采用工具 ChaosBlade 进行模拟内存占用。最终模拟测试可用内存为 8GB、16GB、32GB。

2. 部署和负载

OpenMLDB 使用集群模式部署，采用了两个 Tablet，没有开启预聚合技术优化，采用内置的测试脚本的默认参数（访问地址：https://github.com/4paradigm/OpenMLDB/tree/main/benchmark）。

对于实时请求，OpenMLDB 使用基于全量数据的随机查询，以免系统缓存所带来的影响。

对于某组特定的可用内存参数，我们可以通过不断增大数据量，来查看系统性能和数据量的关系。由于系统缓存的存在，预期当数据量容量小于内存时，缓存可以很好地避免磁盘 I/O 造成的性能衰退。但是随着数据量的增加，性能将呈现持续下降趋势，直到达到某一个平衡点为止。该实验展示了不同数据量下的 OpenMLDB 性能表现。

3. 测试结果

访问延时的实验结果如图 7-22 所示。

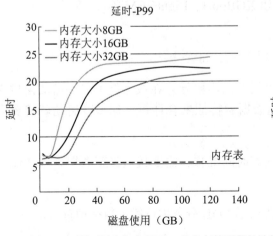
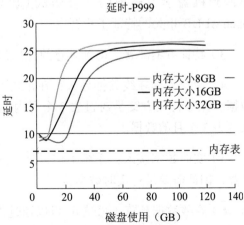

图 7-22　同可用内存容量下，磁盘存储引擎的访问延时（纵轴）和数据量大小（横轴）的关系

我们可以得出以下结论：

- 当数据量容量小于可用内存时，OpenMLDB 系统由于缓存的存在，依然可以保持较高的性能表现（毫秒级延时）。
- 当数据量变大时，OpenMLDB 性能将会持续下降，直到出现一个相对平衡的状态为止。拐点基本是当数据量容量为内存的 2 ～ 3 倍时。进入平衡状态主要是因为数据量较大，缓存基本失效，磁盘访问带来的性能衰退占据主导。
- 在进入平衡状态以后，性能约衰退到最优情况下（数据量较小时）的 20% ～ 50%。
- 如果数据量容量小于可用内存，测试基于 64GB 物理内存下 16GB 数据量的内存存储引擎的性能。可以看到，内存存储引擎相比于磁盘存储引擎的最好性能，可以实现访问延时大约 25% 的改进。该改进主要来自内存存储引擎的双层跳表的索引结构。

综上实验结论可知，磁盘存储引擎整体性能约为内存存储引擎的 15% ～ 38%。

7.7　执行流程介绍

本节详细介绍为了达成线上线下一致性，OpenMLDB 的执行流程和执行模式。

7.7.1　执行流程概览

以下为使用 OpenMLDB 进行特征工程的开发和上线的典型流程。

1）离线数据导入：导入离线数据，以便特征工程离线开发和调试。

2）离线开发：开发特征工程脚本，调试到效果满意为止。注意，这个步骤会牵涉到机器学习模型的联合调试（比如 XGBoost、LightGBM 等），本节集中于与 OpenMLDB 相关的特征工程开发。

3）特征方案部署：得到满意的特征脚本以后，部署上线。

4）冷启动的在线数据导入：在正式上线之前需要导入在线存储引擎必需的窗口内数据。比如特征方案是对过去 3 个月内的数据做特征聚合计算，那么冷启动就需要导入过去 3 个月的数据。

5）实时数据接入：系统上线以后，随着时间推移，需要接入最新数据来维持窗口计算，因此需要进行实时数据接入。

6）在线数据预览（可选）：可以通过支持的 SQL 命令进行线上数据预览。

7）实时特征计算：方案部署且数据正确接入后，得到一个可以响应在线请求的实时特征计算服务。

7.7.2　执行模式概览

由于离线和线上场景的操作数据对象不同，底层的存储和计算节点也不同，因此 OpenMLDB 设置了几种不同的执行模式来支持完成以上步骤。表 7-5 总结了各个步骤所使用的执行模式，稍后将详细介绍执行模式。

表7-5　OpenMLDB执行模式

步骤	执行模式	开发工具	说明
1）离线数据导入	离线模式	CLI	利用 LOAD DATA 命令实现
2）离线特征开发	离线模式	CLI	支持 OpenMLDB 所有的 SQL 语法实现，部分 SQL（如 SELECT）支持非阻塞式异步运行
3）特征方案部署	离线模式	CLI	利用 DEPLOY 命令实现
4）冷启动的在线数据导入	在线模式	CLI	利用 LOAD DATA 命令实现，也可使用独立导入工具 openmldb-import
5）实时数据接入	在线模式	connector、REST API、Java 和 Python SDK	通过 OpenMLDB 和第三方数据源的连接，可以快捷地从其他数据源导入 OpenMLDB；或使用 Jave、Python SDK 对数据库执行写入操作
6）在线数据预览（可选）	在线模式	CLI、Java 和 Python SDK	目前仅支持对列进行简单的 SELECT 操作不支持 LAST JOIN、GROUP BY、HAVING、WINDOW 等复杂子句
7）实时特征计算	请求模式	REST API、Java 和 Python SDK	SQL 需符合上线规范，REST API 以及 Java SDK 支持单行或者批请求，Python SDK 仅支持单行请求

7.7.3　离线模式

如前文所述，离线数据导入、离线特征开发、特征方案部署均在离线模式下执行。离线模式下，我们可对离线数据进行管理和计算，涉及的计算节点由针对特征工程优化的 OpenMLDB Spark 发行版支持，涉及的存储节点使用 HDFS 等常见存储系统。

离线模式主要有以下几个特点。

- 离线模式支持所有 OpenMLDB 提供的 SQL 语法，包括扩展优化的 LAST JOIN、

WINDOW UNION 等复杂 SQL 语法。

• 在离线模式中，部分 SQL 命令比如 LOAD DATA、SELECT、SELECT INTO 命令，基于非阻塞的异步方式执行。

• 非阻塞执行的 SQL 命令由 TaskManager 进行管理。我们可以通过 SHOW JOBS、SHOW JOB、STOP JOB 命令查看和管理执行情况。

注意，与很多关系数据库不同，SELECT 命令在 OpenMLDB 离线模式下为异步执行。因此在离线特征开发阶段，强烈建议使用 SELECT INTO 语句进行开发和调试，可以将结果导出到文件，方便查看。

离线模式可以通过以下命令进行设置：

```
SET @@execute_mode='offline'
```

7.7.4 在线模式

在线模式下，我们可针对线上数据进行管理和预览。线上数据存储和计算由 Tablet 支持。

在线模式主要有以下几个特点。

• 在线模式下冷启动的在线数据导入和离线模式下的执行一样，属于非阻塞的异步执行 SQL 语法，其余均为同步执行。

• 目前，在线模式仅支持简单的 SELECT 语句来查看预览数据，并不支持复杂的 SQL 查询。因此，在线模式并不支持 SQL 特征的开发、调试，相关开发、调试工作应该在离线模式或者单机版进行。

在线模式可以通过以下命令进行设置：

```
SET @@execute_mode='online'
```

7.7.5 请求模式

在特征脚本被部署以及接入线上数据以后，实时特征计算服务就已经准备就绪。我们可以通过请求模式进行实时特征抽取。请求模式被 REST API 以及 SDK 支持。请求模式是 OpenMLDB 特有的支撑线上实时计算的模式。

请求模式需要 3 个输入。

• SQL 特征脚本，即特征部署上线过程中所使用的 SQL 脚本，它规定了特征抽取的计算逻辑。

● 在线数据，即冷启动导入或者实时接入的数据，一般为配合窗口计算的最新数据。比如 SQL 脚本的聚合函数会定义一个最近 3 个月的时间窗口，那么在线存储引擎就需要保留最近 3 个月的数据。

● 实时请求行，包含当前正在发生的实时行为，比如反欺诈场景下的刷卡信息，或者推荐场景下的搜索关键字等，以用于实时特征抽取。

基于上述输入，对于每一个实时请求行，在请求模式下系统都会返回一条特征抽取结果。其计算逻辑为：请求行会依据 SQL 脚本的逻辑（如 PARTITION BY、ORDER BY 等）虚拟地插入在线数据表的正确位置，然后只针对该行进行特征聚合计算，返回唯一对应的特征抽取结果。图 7-23 直观地解释了请求模式下的特征计算过程。

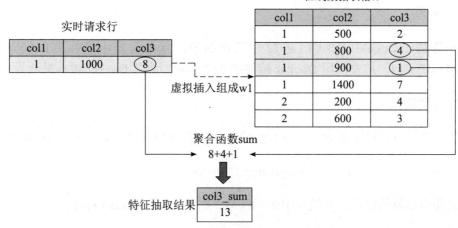

图 7-23　OpenMLDB 请求模式下的特征计算过程

7.8　实践

本节通过一个简单例子，演示实际使用 OpenMLDB 的基本流程。

OpenMLDB 可作为机器学习的实时特征计算平台。其基本使用流程如图 7-24 所示。

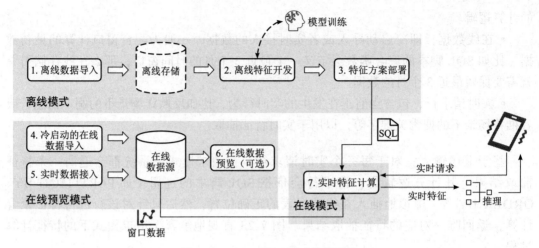

图 7-24　OpenMLDB 基本使用流程

可以看到，OpenMLDB 会覆盖机器学习的特征计算环节——从离线开发到线上实时请求服务的完整流程。

7.8.1　准备

本节基于 OpenMLDB CLI 进行开发和部署，首先需要下载样例数据并且启动 OpenMLDB CLI。推荐使用 Docker 镜像来快速体验。要求 Docker 版本最低为 18.03。

1. 拉取镜像

在命令行执行以下命令以拉取 OpenMLDB 的 Docker 镜像，并启动 Docker：

```
docker run -it 4pdosc/openmldb:0.7.0 bash
```

成功启动容器以后，本教程中的后续命令默认均在 Docker 内执行。

2. 下载样例数据

在 Docker 中执行以下命令，下载后续流程使用的样例数据（OpenMLDB 0.7.0 及之后的版本可跳过此步，数据已经存放在 Docker 镜像内）：

```
curl https://openmldb.ai/demo/data.parquet --output /work/taxi-trip/data/
data.parquet
```

3. 启动服务端和客户端

启动 OpenMLDB 服务端：

```
/work/init.sh
```

启动 OpenMLDB CLI 客户端：

```
/work/openmldb/bin/openmldb --zk_cluster=127.0.0.1:2181 --zk_root_path=/
openmldb --role=sql_client
```

7.8.2 使用流程

OpenMLDB 使用流程一般包含创建数据库和表、导入离线数据、离线特征计算、SQL 方案上线、导入在线数据、实时特征计算。以下演示的命令如无特别说明，默认均在 OpenMLDB CLI 下执行。

1）步骤 1：创建数据库和表。

创建数据库 demo_db 和表 demo_table1：

```
-- OpenMLDB CLI
CREATE DATABASE demo_db;
USE demo_db;
CREATE TABLE demo_table1(c1 string, c2 int, c3 bigint, c4 float, c5
double, c6 timestamp, c7 date);
```

2）步骤 2：导入离线数据。

切换到离线模式，导入样例数据作为离线数据，用于离线特征计算：

```
-- OpenMLDB CLI
USE demo_db;
SET @@execute_mode='offline';
LOAD DATA INFILE 'file:///work/taxi-trip/data/data.parquet' INTO TABLE
demo_table1 options(format='parquet', mode='append');
```

注意，LOAD DATA 命令默认异步执行。我们可以通过以下命令查看任务运行状态和详细日志。

- 查看已提交的任务列表用 SHOW JOBS 命令。
- 查看任务的详细信息用 SHOW JOB job_id 命令。
- 查看任务运行日志用 SHOW JOBLOG job_id 命令。

任务执行完以后，如果想预览数据，我们可以使用 SELECT * FROM demo_table1 命令，推荐先将 OpenMLDB CLI 设置为同步模式（SET @@sync_job=true），否则该命令会提交一个异步任务，结果会保存在 Spark 的日志文件中，不方便查看。

OpenMLDB 支持以链接形式的软拷贝导入离线数据，无须数据硬拷贝。我们可以参考 LOAD DATA INFILE 文档（访问地址 https://openmldb.ai/docs/zh/main/openmldb_sql/dml/LOAD_DATA_STATEMENT.html）中参数 `deep_copy` 的说明进一步了解。

3）步骤 3：离线特征计算。

假设我们已经确定好用于特征计算的 SQL 脚本，使用以下命令进行离线特征计算：

```
-- OpenMLDB CLI
USE demo_db;
SET @@execute_mode='offline';
SET @@sync_job=false;
SELECT c1, c2, sum(c3) OVER w1 AS w1_c3_sum FROM demo_table1 WINDOW
w1 AS (PARTITION BY demo_table1.c1 ORDER BY demo_table1.c6 ROWS
BETWEEN 2 PRECEDING AND CURRENT ROW) INTO OUTFILE '/tmp/feature_data'
OPTIONS(mode='overwrite');
```

注意：

• 和导入数据命令（LOAD DATA）类似，SELECT 命令在离线模式下默认也是异步执行。如果同步执行，注意设置超时时间，如 SET @@job_timeout=600000。
• SELECT 语句用于进行特征抽取，并且将生成的特征存储在 OUTFILE 参数指定的目录 feature_data 中，供后续机器学习模型训练使用。

4）步骤 4：SQL 方案上线。

切换到在线模式，将探索好的 SQL 方案部署到线上，这里的 SQL 方案命名为 demo_data_service。用于特征抽取的在线 SQL 语句需要与对应的离线特征计算的 SQL 语句保持一致。

```
-- OpenMLDB CLI
SET @@execute_mode='online';
USE demo_db;
DEPLOY demo_data_service SELECT c1, c2, sum(c3) OVER w1 AS w1_c3_sum FROM
demo_table1 WINDOW w1 AS (PARTITION BY demo_table1.c1 ORDER BY demo_
table1.c6 ROWS BETWEEN 2 PRECEDING AND CURRENT ROW);
```

SQL 方案上线后，我们可以通过命令 SHOW DEPLOYMENTS 查看。

5）步骤 5：导入在线数据。

在线模式下，导入之前下载的样例数据作为在线数据，以用于实时特征计算。

```
-- OpenMLDB CLI
```

```
USE demo_db;
SET @@execute_mode='online';
LOAD DATA INFILE 'file:///work/taxi-trip/data/data.parquet' INTO TABLE
demo_table1 options(format='parquet', header=true, mode='append');
```

LOAD DATA 命令默认异步执行。我们可以通过 SHOW JOBS 等离线任务管理命令来查看运行进度。

等待任务完成以后，我们可以预览导入的在线数据：

```
-- OpenMLDB CLI
USE demo_db;
SET @@execute_mode='online';
SELECT * FROM demo_table1 LIMIT 10;
```

注意：目前要求成功完成 SQL 方案部署后，才能导入在线数据；如果先导入在线数据，会导致方案部署出错。

注意：本教程在冷启动的在线数据导入以后，略过了实时数据接入的步骤。在实际场景中，由于时间的推移，我们需要将最新的实时数据更新到在线数据库，具体可以通过 OpenMLDB SDK 或者在线数据源 Connector 实现（如 Kafka、Pulsar 等）。

6）步骤 6：实时特征计算。

至此，基于 OpenMLDB CLI 的开发部署工作已经全部完成，接下来可以在请求模式下进行实时特征计算。首先退出 OpenMLDB CLI，回到操作系统的命令行：

```
-- OpenMLDB CLI
quit;
```

默认配置下，APIServer 配置的 http 端口为 9080。实时线上服务可以通过如下 Web API 提供：

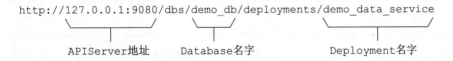

实时请求服务接收 JSON 格式的输入数据。以下将给出两个例子将一行数据放到请求的 input 域。

示例 1：通过 Curl 工具发送实时请求：

```
curl http://127.0.0.1:9080/dbs/demo_db/deployments/demo_data_service
```

```
-X POST -d'{"input": [["aaa", 11, 22, 1.2, 1.3, 1635247427000, "2021-
05-20"]]}'
```

查询返回结果（计算得到的特征存放在 data 域）：

```
{"code":0,"msg":"ok","data":{"data":[["aaa",11,22]]}}
```

示例 2：通过 Curl 工具发送实时请求：

```
curl http://127.0.0.1:9080/dbs/demo_db/deployments/demo_data_service
-X POST -d'{"input": [["aaa", 11, 22, 1.2, 1.3, 1637000000000, "2021-
11-16"]]}'
```

查询返回结果：

```
{"code":0,"msg":"ok","data":{"data":[["aaa",11,66]]}}
```

7.8.3　实时特征计算的结果说明

在线实时请求的 SQL 执行与批处理模式不同。请求模式下只会对请求行中的数据进行特征计算。前面的示例中，POST 的 input 域所带的信息为请求行。具体过程为，该请求行数据会被虚拟地插入表 demo_table1，并对它执行如下的特征计算：

```
SELECT c1, c2, sum(c3) OVER w1 AS w1_c3_sum FROM demo_table1 WINDOW w1
AS (PARTITION BY demo_table1.c1 ORDER BY demo_table1.c6 ROWS BETWEEN 2
PRECEDING AND CURRENT ROW);
```

1. 示例 1 的计算逻辑

根据请求行与窗口的分区，筛选出 c1 列为"aaa"的行，并对 c6 列的值从小到大排序。理论上，分区排序后的结果如下所示。其中，请求行是排序后的第一行。

```
----- ---- ---- ---------- ----------         ------------- ------------
 c1   c2   c3    c4          c5                     c6          c7
----- ---- ---- ---------- ----------         ------------- ------------
 aaa   11   22  1.2        1.3                1635247427000  2021-05-20
 aaa   11   22  1.200000   11.300000          1636097290000  1970-01-01
 aaa   12   22  2.200000   12.300000          1636097890000  1970-01-01
----- ---- ---- ---------- ----------         ------------- ------------
```

窗口范围是 2 PRECEDING AND CURRENT ROW，所以在表中截取出真正的窗口，请求行时间戳最小，是表格中的第一行，所以往前 2 行都不存在，但窗口计算包含当前行，因此，窗口只有请求行这一行。

窗口聚合是对窗口内的数据（仅一行）进行 c3 列求和，得到 22。输出结果为：

```
----- ---- -----------
 c1    c2   w1_c3_sum
----- ---- -----------
 aaa   11       22
----- ---- -----------
```

2. 示例 2 的计算逻辑

根据请求行与窗口分区，筛选出 c1 列为 "aaa" 的行，并对 c6 列的值从小到大排序。理论上，分区排序后的结果如下所示。其中，请求行是排序后的最后一行。

```
----- ---- ---- ----------- ----------- --------------- -----------
 c1    c2   c3      c4          c5             c6            c7
----- ---- ---- ----------- ----------- --------------- -----------
 aaa   11   22   1.200000    11.300000   1636097290000   1970-01-01
 aaa   12   22   2.200000    12.300000   1636097890000   1970-01-01
 aaa   11   22   1.2         1.3         1637000000000   2021-11-16
----- ---- ---- ----------- ----------- --------------- -----------
```

窗口范围是 2 PRECEDING AND CURRENT ROW，所以在表中截取出真正的窗口，请求行往前 2 行都存在，同时也包含当前行，因此，窗口内有 3 行数据。

窗口聚合是对窗口内的数据（3 行）进行 c3 列求和，得到 66。输出结果为：

```
----- ---- -----------
 c1    c2   w1_c3_sum
----- ---- -----------
 aaa   11       66
----- ---- -----------
```

7.9　生态整合——在线数据源 Kafka

OpenMLDB 作为特征计算平台，可以很好地和上游数据生态（包括在线以及离线数据源）进行整合，以便应用开发。本节将介绍和典型的在线数据源 Kafka 进行整合的实例。除了 Kafka，我们也可以对其他在线数据源，如 Pulsar、RocketMQ 等进行整合，详情参看 https://openmldb.ai/docs/zh/main/integration/online_datasources/index.html。

7.9.1　简介

Kafka 是一个事件流平台，可以作为 OpenMLDB 的在线数据源，将实时的数据流导入 OpenMLDB。要想了解更多 Kafka，请参考官网 https://kafka.apache.org/。我们开发了连接 OpenMLDB 的 Kafka Connector，支持无障碍地将 Kafka 和 OpenMLDB 连接起来。

注意，为了使演示更简单，本节将基于 Kafka Connector Standalone 模式来启动 Connector。该 Connector 完全可以基于 Distributed 模式来启动。

7.9.2　准备工作

下载如下文件：

- 下载 Kafka（地址：kafka_2.13-3.1.0.tgz）。
- 下载 Connector 包以及依赖（地址：https://github.com/4paradigm/OpenMLDB/releases/download/v0.5.0/kafka-connect-jdbc.tgz）。
- 下载本节所需要的配置、脚本等文件（地址：http://openmldb.ai/download/kafka-connector/kafka_demo_files.tgz）。

本节将使用已经打包好的 OpenMLDB 镜像进行演示，无须单独下载 OpenMLDB。并且，Kafka 与 Connector 的启动都可以在同一个 Docker 中进行。推荐将下载的 3 个文件包都绑定到文件目录 kafka 中。当然，你也可以在启动 Docker 后，再进行文件包的下载（我们假设文件包都在 /work/kafka 目录中），然后执行如下命令运行打包了 OpenMLDB 的 Docker：

```
docker run -it -v `pwd`:/work/kafka --name openmldb 4pdosc/openmldb:0.7.1
bash
```

7.9.3　步骤 1：启动 OpenMLDB 并创建数据库

1. 启动集群

在打包了 OpenMLDB 的 Docker 中，执行如下命令启动集群：

```
/work/init.sh
```

2. 创建数据库

通过 pipe 命令快速创建数据库，而不用登录客户端 CLI：

```
echo "create database kafka_test;" | /work/openmldb/bin/openmldb --zk_
cluster=127.0.0.1:2181 --zk_root_path=/openmldb --role=sql_client
```

7.9.4　步骤 2：启动 Kafka 并创建 Topic

1. 启动 Kafka

解压 Kafka，然后使用 start 命令启动 Kafka。

```
cd kafkatar -xzf kafka_2.13-3.1.0.tgzcd kafka_2.13-3.1.0./bin/kafka-
server-start.sh -daemon config/server.properties
```

注意：OpenMLDB 已经使用端口 2181 启动 Zookeeper，Kafka 不用再次启动 Zookeeper。此处只需要启动 Server。

2. 创建 Topic

创建一个名为 topic1 的 Topic：

```
./bin/kafka-topics.sh --create --topic topic1 --bootstrap-server
localhost:9092
```

注意：Topic 名字中尽量不要出现特殊字符。

7.9.5　步骤 3：启动 Connector

首先，解压 /work/kafka 目录下的 Connector 和 kafka_demo_files 包。

```
cd /work/kafkatar zxf kafka-connect-jdbc.tgztar zxf kafka_demo_files.tgz
```

启动 Connector 时，我们需要 kafka_demo_files 中的两个配置文件，并将 Connector 插件放入正确位置。第一个是 Connector 自身的配置文件 connect-standalone. properties，重点配置插件目录，如：plugin.path=/usr/local/share/java。

Connector 以及运行它所需要的所有依赖包都需要放入插件目录，命令如下：

```
mkdir -p /usr/local/share/javacp -r /work/kafka/kafka-connect-jdbc /usr/
local/share/java/
```

第二个是连接 OpenMLDB 的配置文件 openmldb-sink.properties，如下所示：

```
name=test-sink
connector.class=io.confluent.connect.jdbc.JdbcSinkConnector
tasks.max=1
topics=topic1
connection.url=jdbc:openmldb:///kafka_test?zk=127.0.0.1:2181&zkPath=/
openmldb
```

```
auto.create=true
```

连接配置中，需要填写正确的 OpenMLDB URL 地址。该 Connector 接收 topic1 的消息，并且会自动创建表。注意：配置项详情见 Kafka 文档。其中，connection.url 需要配置正确的 OpenMLDB 集群地址与 database 名，要求 database 必须存在。

然后使用 Kafka Connector Standalone 模式启动 Connector：

```
cd /work/kafka/kafka_2.13-3.1.0
./bin/connect-standalone.sh -daemon ../kafka_demo_files/connect-
standalone.properties ../kafka_demo_files/openmldb-sink.properties
```

确认 Connector 是否启动以及是否正确连接到 OpenMLDB 集群，可以查看 logs/connect.log，正常情况下日志应有 Executing sink task 显示。

7.9.6 步骤 4：测试

我们使用 Kafka 提供的 Kafka Console Producer 作为测试用的消息发送工具。由于还没有创建表，消息中应该带有 schema，这样才能帮助 Kafka 对消息进行解析并写入 OpenMLDB。样例消息格式如下：

```
{"schema":{"type":"struct","fields":[{"type":"int16","optional":true,
"field":"c1_int16"},{"type":"int32","optional":true,"field":"c2_int32"
},{"type":"int64","optional":true,"field":"c3_int64"},{"type":"float","
optional":true,"field":"c4_float"},{"type":"double","optional":true,"f-
ield":"c5_double"},{"type":"boolean","optional":true,"field":"c6_boole-
an"},{"type":"string","optional":true,"field":"c7_string"},{"type":"in-
t64","name":"org.apache.kafka.connect.data.Date","optional":true,"fiel-
d":"c8_date"},{"type":"int64","name":"org.apache.kafka.connect.data.Ti-
mestamp","optional":true,"field":"c9_timestamp"}],"optional":false,"n-
ame":"foobar"},"payload":{"c1_int16":1,"c2_int32":2,"c3_int64":3,"c4_
float":4.4,"c5_double":5.555,"c6_boolean":true,"c7_string":"c77777","c8_
date":19109,"c9_timestamp":1651051906000}}
```

我们可以在 OpenMLDB 中查询该数据是否插入成功。查询脚本 kafka_demo_files/select.sql，内容如下：

```
set @@execute_mode='online';use kafka_test;select * from topic1;
```

直接运行查询脚本进行查询，如果可以看到相关输出数据，证明 Kafka Connector 已经成功作为在线数据源和 OpenMLDB 进行了整合。

```
/work/openmldb/bin/openmldb --zk_cluster=127.0.0.1:2181 --zk_root_path=/
openmldb --role=sql_client < ../kafka_demo_files/select.sql
```

7.10　生态整合——离线数据源 Hive

OpenMLDB 离线数据源除了支持从 HDFS 中读取文件以外，还支持和离线数仓直接建立连接，读取数仓内的数据。本节介绍和 Hive 进行整合，便捷读取离线数仓中的数据。

7.10.1　配置

OpenMLDB Spark 发行版 v0.6.7 及 以 上 版 本 均 已 经 包 含 Hive 依 赖。目 前，OpenMLDB 只支持使用 Metastore 服务来连接 Hive。你需要执行以下相关配置，以正确访问 Hive 数据源。

1）spark.conf 配置：在 SparkConf 中配置 spark.hadoop.hive.metastore.uris，有两种方式：

• 在 配 置 项 spark.default.conf 中 加 入 spark.hadoop.hive.metastore.uris=thrift://...，随后重启任务管理器。

• CLI 配置在配置文件中加入此配置项，并使用 --spark_conf 启动 CLI，参考客户端 Spark 配置文件。

2）hive-site.xml 配置：配置 hive-site.xml 中的 hive.metastore.uris，并将配置文件放入 Spark 目录 conf/。hive-site.xml 配置样例：

```
<configuration>
    <property>
        <name>hive.metastore.uris</name>
    <value>thrift://localhost:9083</value>
    <description>URI for client to contact metastore server</description>
    </property>
</configuration>
```

7.10.2　数据类型

表 7-6 展示了目前所支持的 Hive 数据类型，以及对应的 OpenMLDB 数据类型。

表7-6　目前支持的Hive数据类型

Hive 数据类型	对应的 OpenMLDB 数据类型
BOOL	BOOLEAN
SMALLINT	SMALLINT
INT	INT
BIGINT	BIGINT
FLOAT	FLOAT
DOUBLE	DOUBLE
DATE	DATE
TIMESTAMP	TIMESTAMP

7.10.3　通过 LIKE 语法快速建表

OpenMLDB 支持使用 LIKE 语法，基于 Hive 中已存在的表，便捷地建立相同 Schema 的表，示例如下：

```
CREATE TABLE db1.t1 LIKE HIVE 'hive://hive_db.t1';-- SUCCEED
```

使用 LIKE 语法基于 Hive 快捷建表有如下限制。

- 如果创建表失败仍然返回 SUCCEED，且无法在命令行看到错误日志，需要在任务管理器的日志目录中查看。
- 创建的表名必须包含数据库名，如上例的 db1.t1（db1 不能被忽略）。
- 使用命令行默认超时配置，创建表可能会显示超时但是执行成功，可通过 SHOW TABLES 查看最终结果，也可以通过命令 SET @@job_timeout ="xxx" 来设置超时。
- Hive 中的表如果包含列约束（如 NOT NULL），在创建的新表中不会包含这些列约束。

7.10.4　将 Hive 数据导入 OpenMLDB

Hive 数据导入是通过命令 LOAD DATA INFILE 实现的，通过使用特定的 URI 接口格式（hive://[db].table）导入 Hive 数据。

注意：

- 离线和在线引擎均可以导入 Hive 数据。
- Hive 导入支持软连接，可以减少硬拷贝并且保证 OpenMLDB 随时读取到 Hive 中的最新数据。启用软连接方式进行数据导入时使用参数 deep_copy=false。

- OPTIONS 函数只对 deep_copy 和 mode 两个参数生效。

举例：

```
LOAD DATA INFILE 'hive://db1.t1' INTO TABLE t1 OPTIONS(deep_copy=false);
```

7.10.5　将 OpenMLDB 数据导出到 Hive

使用 SELECT INTO 导出 OpenMLDB 数据到 Hive，通过使用特定的 URI 接口格式（hive://[db].table）导出 OpenMLDB 数据到 Hive。

注意：

- 如果不指定数据库名字，使用默认数据库名字 default_db。
- 如果指定数据库名字，该数据库必须已经存在。目前，OpenMLDB 不支持对不存在的数据库进行自动创建。
- 如果不指定表名字，OpenMLDB 会在 Hive 内自动创建对应名字的表。
- OPTIONS 参数只对导出模式为 mode 生效。

举例：

```
SELECT col1, col2, col3 FROM t1 INTO OUTFILE 'hive://db1.t1';
```

7.11　案例：出租车行程时间预测

本案例以 Kaggle 竞赛中的出租车行车时间预测问题（https://www.kaggle.com/c/nyc-taxi-trip-duration/）为例，示范如何使用 OpenMLDB 和 LightGBM 联合打造一个完整的机器学习应用。在该应用中，我们需要根据出租车行程数据集，在给定时间点和目的地的情况下，实时预测出租车的行程时间。

7.11.1　环境准备和预备知识

1）拉取和启动 OpenMLDB Docker 镜像：

```
docker run -it 4pdosc/openmldb:0.5.2 bash
```

该镜像预装了 OpenMLDB，并预置了本案例所需要的所有脚本、三方库、开源工具以及训练数据。注意：本案例中的所有命令默认均在该已经启动的 Docker 中运行。

2）初始化环境：

```
./init.sh
cd taxi-trip
```

3）启动 OpenMLDB CLI 客户端：

```
/work/openmldb/bin/openmldb --zk_cluster=127.0.0.1:2181 --zk_root_path=/
openmldb --role=sql_client
```

注意，本案例中大部分命令在 OpenMLDB CLI 下执行。为了和普通命令行环境做区分，我们对在 OpenMLDB CLI 下执行的命令均使用特殊的提示符 ">"。

7.11.2 全流程演示

步骤 1：创建数据库和数据表。以下命令均在 OpenMLDB CLI 下执行：

```
> CREATE DATABASE demo_db;
> USE demo_db;
> CREATE TABLE t1(id string, vendor_id int, pickup_datetime timestamp,
dropoff_datetime timestamp, passenger_count int, pickup_longitude double,
pickup_latitude double, dropoff_longitude double, dropoff_latitude
double, store_and_fwd_flag string, trip_duration int);
```

步骤 2：离线数据准备。

首先，切换到离线执行模式；接着，导入样例数据 /work/taxi-trip/data/taxi_tour_table_train_simple.csv 作为离线数据，用于离线特征计算。以下命令均在 OpenMLDB CLI 下执行。

```
> USE demo_db;
> SET @@execute_mode='offline';
> LOAD DATA INFILE '/work/taxi-trip/data/taxi_tour_table_train_simple.
snappy.parquet' INTO TABLE t1 options(format='parquet', header=true,
mode='append');
```

注意：LOAD DATA 为非阻塞任务，我们可以使用命令 SHOW JOBS 查看任务运行状态，待任务执行完成（state 为 FINISHED）后，再进行下一步操作。

步骤 3：特征设计。

通常在设计特征前，我们需要根据机器学习的目标对数据进行分析，然后根据分析设计和调研特征。机器学习的数据分析和特征研究不是本节讨论的范畴，我们不做展开。

这里假设用户经过分析，完成了最终的特征设计，并且转换成 OpenMLDB SQL，具体 SQL 见下一步。

注意：在实际的机器学习特征调研过程中，AI 科学家不断重复特征设计、离线特征抽取、模型训练过程，并不断调整特征，寻求模型效果最好的特征集。

步骤 4：离线特征抽取。

在离线模式下进行特征抽取，并将特征结果输出到 /tmp/feature_data 目录下保存，以供后续的模型训练。SELECT 命令对应基于上述特征所设计的 SQL 特征计算脚本。以下命令均在 OpenMLDB CLI 下执行。

```
> USE demo_db;
> SET @@execute_mode='offline';
> SELECT trip_duration, passenger_count,
sum(pickup_latitude) OVER w AS vendor_sum_pl,
max(pickup_latitude) OVER w AS vendor_max_pl,
min(pickup_latitude) OVER w AS vendor_min_pl,
avg(pickup_latitude) OVER w AS vendor_avg_pl,
sum(pickup_latitude) OVER w2 AS pc_sum_pl,
max(pickup_latitude) OVER w2 AS pc_max_pl,
min(pickup_latitude) OVER w2 AS pc_min_pl,
avg(pickup_latitude) OVER w2 AS pc_avg_pl,
count(vendor_id) OVER w2 AS pc_cnt,
count(vendor_id) OVER w AS vendor_cnt
FROM t1
WINDOW w AS (PARTITION BY vendor_id ORDER BY pickup_datetime ROWS_RANGE
BETWEEN 1d PRECEDING AND CURRENT ROW),
w2 AS (PARTITION BY passenger_count ORDER BY pickup_datetime ROWS_RANGE
BETWEEN 1d PRECEDING AND CURRENT ROW) INTO OUTFILE '/tmp/feature_data';
```

注意：SELECT INTO 为非阻塞任务，我们可以使用命令 SHOW JOBS 查看任务运行状态，待任务执行完成（state 为 FINISHED）后，再进行下一步操作。

步骤 5：模型训练。

模型训练不在 OpenMLDB 内完成，因此首先通过 quit 命令退出 OpenMLDB CLI。在普通命令行下，执行 train.py，使用开源训练工具 LightGBM 基于上一步生成的离线特征表进行模型训练，训练结果存放在 /tmp/model.txt 中。

```
python3 train.py /tmp/feature_data /tmp/model.txt
```

步骤 6：特征抽取 SQL 脚本上线。

假定在步骤 5 的模型训练中产出的模型符合预期，下一步就是将该特征抽取 SQL 脚本部署到线上，以提供在线特征抽取服务。

1）重新启动 OpenMLDB CLI，以进行 SQL 脚本部署：

```
/work/openmldb/bin/openmldb --zk_cluster=127.0.0.1:2181 --zk_root_path=/
openmldb --role=sql_client
```

2）执行上线部署（以下命令在 OpenMLDB CLI 下执行）：

```
> USE demo_db;
> SET @@execute_mode='online';
> DEPLOY demo SELECT trip_duration, passenger_count,
sum(pickup_latitude) OVER w AS vendor_sum_pl,
max(pickup_latitude) OVER w AS vendor_max_pl,
min(pickup_latitude) OVER w AS vendor_min_pl,
avg(pickup_latitude) OVER w AS vendor_avg_pl,
sum(pickup_latitude) OVER w2 AS pc_sum_pl,
max(pickup_latitude) OVER w2 AS pc_max_pl,
min(pickup_latitude) OVER w2 AS pc_min_pl,
avg(pickup_latitude) OVER w2 AS pc_avg_pl,
count(vendor_id) OVER w2 AS pc_cnt,
count(vendor_id) OVER w AS vendor_cnt
FROM t1
WINDOW w AS (PARTITION BY vendor_id ORDER BY pickup_datetime ROWS_RANGE
BETWEEN 1d PRECEDING AND CURRENT ROW),
w2 AS (PARTITION BY passenger_count ORDER BY pickup_datetime ROWS_RANGE
BETWEEN 1d PRECEDING AND CURRENT ROW);
```

步骤 7：在线数据准备。

首先，切换到在线模式；接着在在线模式下，导入样例数据 /work/taxi-trip/data/ taxi_tour_table_train_simple.csv 作为在线数据，用于在线特征计算（以下命令均在 OpenMLDB CLI 下执行）：

```
> USE demo_db;
> SET @@execute_mode='online';
> LOAD DATA INFILE 'file:///work/taxi-trip/data/taxi_tour_table_
train_simple.csv' INTO TABLE t1 options(format='csv', header=true,
mode='append');
```

注意：LOAD DATA 为非阻塞任务，我们可以使用命令 SHOW JOBS 查看任务运行状态，待任务执行完成（state 为 FINISHED）后，再进行下一步操作。

步骤 8：启动预估服务。

- 如果尚未退出 OpenMLDB CLI，请使用 quit 命令退出 OpenMLDB CLI。
- 退出 OpenMLDB CLI 以后，在普通命令行下启动预估服务：

```
./start_predict_server.sh 127.0.0.1:9080 /tmp/model.txt
```

步骤 9：发送预估请求。

在普通命令行下执行内置的 predict.py 脚本。该脚本发送一行请求数据到预估服务，接收返回的预估结果，并打印出来。

```
python3 predict.py
----------------ins---------------
[[ 2.          40.774097 40.774097 40.774097 40.774097 40.774097 40.774097
   40.774097 40.774097 1.          1.          ]]
--------------predict trip_duration -------------
848.014745715936 s
```

7.12　本章小结

本章聚焦于实时决策类机器学习全流程中的特征工程环节，详细介绍了在实际工作场景中从线下开发到线上服务所面临的痛点，主要包括线上线下一致性校验所带来的高昂的落地成本，重点介绍了 OpenMLDB 是如何解决该问题的，详细阐述了 OpenMLDB 的设计理念以及使用流程。期望各位读者在阅读本章以后，对于 MLOps 系统中特征工程部分有深入的认知。

第 **8** 章

Adlik 推理工具链

将训练好的模型投入生产环境是 MLOps 中非常关键的一环，是模型和真实世界相结合、产生实际商业价值的必由之路。与训练阶段相比，投产阶段所需要考虑的问题更加复杂。正因为如此，很多机器学习模型虽然在训练阶段达到了模型精度要求，但仍然无法真正落地。Adlik 推理工具链的开源正是为了加速、优化机器学习模型落地的过程。

本章将首先描述机器学习模型落地的挑战，然后引出对 Adlik 推理工具链的介绍，包括 Adlik 的架构、端到端推理优化实践、快速入门等，全方面地帮助读者了解如何利用 Adlik 构建完整的机器学习推理方案。

8.1 机器学习模型落地挑战

作为 AI 技术重要的分支之一，机器学习在近年来得到了广泛应用，并在语音识别、计算机视觉和自然语言处理等任务中取得了巨大成功，推动了各行各业的智慧化转型进程。基于机器学习框架延伸、构建智能生态平台成为组织的重要选择。以通信领域为例，机器学习技术已经在流量预测、KPI 预测、故障诊断、根因分析、网络优化等场景中得到广泛应用。

同时，机器学习模型在落地时往往会遇到多重挑战，这些挑战包括模型选择、模型训练、模型推理等各个方面。对于模型推理而言，我们主要需要考虑以下几个问题。

（1）如何高效部署模型

要部署机器学习模型，我们需要充分考虑机器学习训练框架的差异，以及推理框架的差异。目前，机器学习模型中存在多种训练框架，导致保存的模型格式不相同，这增加了模型部署难度。同时，不同的芯片厂商为了让自家芯片获得高性能，会提供各自的推理框架。不同的推理框架提供的 API 完全不同，且互不兼容，开发者想要实现异构芯片下的模型部署将变得非常困难。此外，部署策略不同，如离线推理、在线推理的选择以及后续的工程化细节导致部署方案千变万化，耗时长、成本高、易出错。

（2）如何优化模型，确保模型高性能运行

我们在落地机器学习模型时往往会遇到推理性能问题，例如计算延时高、吞吐量低，内存占用高等。在不同的应用场景和部署环境下，模型优化目标不完全相同。例如，在端侧部署，内存和存储空间都是非常有限的，因此模型优化目标是减小模型的大小；在自动驾驶场景下部署，计算平台算力有限，模型优化目标是在有限的算力下，尽可能提高吞吐量、降低延时。因此，要想满足在不同场景和部署环境下模型对推理性能的要求，我们就需要有合适的模型优化工具以及优化策略。

（3）如何选择合适的硬件

实际业务场景中既有对算力要求较高的机器学习模型，又有传统的机器学习模型，还有支持大数据、云计算和虚拟化等多种业务的扩展工具。这会带来硬件选型方面的困扰：GPU 性能通常能够满足机器学习推理需求，但是价格较高，不仅会大幅增加部署成本，而且应用范围有限，灵活度较低，在部分场景中，如果能够直接使用 CPU 进行推理，将有助于降低成本，提高灵活度，这也依赖于硬件创新以及软件层面的深度优化。

8.2　Adlik 的优势

为了应对上述挑战，Adlik 推理工具链应运而生。Adlik 是一种可以将机器学习模型从训练完成到部署于特定硬件并提供应用服务的端到端工具链，作用是将模型从研发环境快速部署到生产环境。Adlik 可以和多种推理引擎协作，支持多款硬件，提供统一对外推理接口，并提供多种灵活的部署方案，以及工程化的自适应参数优化方案，为给用户提供快速、高性能的应用服务助力。

Adlik 具有以下优势。

（1）更优

"更优"体现在模型落地全流程的性能优化。在模型部署前，Adlik 封装了多种模型压缩、优化算法，能有效压缩模型、优化模型推理性能，尤其是组合优化，更能挖掘模型潜力。

在模型编译阶段，Adlik 集成了多种编译方案，能够根据不同的部署硬件自动选择最优路径，部署时也能根据不同的应用场景，实现更优的推理。

在模型上线后，Adlik 提供了良好的模型管理能力，能保证模型监控、告警、更新的闭环。

（2）更快

"更快"主要是指 Adlik 上手更快，因为 Adlik 将很多模型部署中的烦琐操作实现了自动化，减少了部署过程中的人工参与和决策，在保证推理性能的前提下降低了模型部署和运行复杂度；通过 Adlik 构建的机器学习应用效率更高，Adlik 内置了多种高性能的运行时，用户可以按需选用，简单快捷，同时 Adlik 提供灵活、易用的推理 API，能够更快实现机器学习应用的构建、迭代。如果过程中有定制需求，我们也可以通过 Adlik 提供的高可拓展性的 SDK，更快集成自定义推理运行时。

（3）更省

Adlik 提供了流水线式的模型部署，能够大大节省部署时间，缩短模型上线周期。另外，统一的模型推理和管理接口简化了模型迁移过程，能够让模型迅速切换到不同的部署环境。

8.3　Adlik 的架构

Adlik 总体架构如图 8-1 所示。

图 8-1　Adlik 总体架构

可以看到，Adlik 在架构上可以分为模型优化器、模型编译器和推理引擎。Adlik 的基本使用流程是：训练模型，通过模型优化器生成优化后的模型，然后通过模型编译器完成模型格式转换、编译为最终推理引擎支持的模型格式，实现在不同的硬件上部署。

8.3.1 模型优化器

机器学习模型的预估准确率往往和模型的规模正相关，而过大的计算量很有可能阻碍机器学习模型的落地，尤其是阻碍模型在资源受限设备比如手机、边缘设备、IoT 设备上的应用。限制主要体现在如下 3 方面。

- 模型大小：机器学习模型的强表达能力得益于上百万的可训练参数，这些参数和网络结构都需要存储在硬盘上，在推理时，再加载进内存，比如，一个 VGG-16 模型有 1 亿 3 千 8 百万个参数，需要 500MB 空间，这对于资源受限的设备是很大的负担。
- 运行时内存：在推理时，模型的激励、响应等中间过程会占用比存储模型更多的内存空间，如 VGG-16 需要 93MB 额外的运行时内存去存储中间结果。
- 计算次数：卷积操作是计算密集型操作，比如对于 VGG-16 模型，推理一张像素为 224×224 的图片，需要 160 亿的乘积累加运算，这对于资源受限的设备来说，是灾难性的，可能需要几分钟来处理一张图片。

Adlik 模型优化器对上述限制的解决思路是模型压缩，旨在通过对机器学习模型进行一些与硬件无关的压缩和优化，达到减少模型计算量、存储占用的目的，为开发者提供灵活、高效的机器学习模型优化方案。

Adlik 模型优化器支持剪枝、量化、知识蒸馏等算法组件。通过模型优化器的组合优化，我们可以在保证模型精度的情况下实现机器学习模型存储占用、计算量、延时等多个指标的大幅优化。

（1）模型剪枝

模型剪枝通过"修剪"冗余连接来解决训练过程中模型过参数化的问题，使模型在实际应用时能够减小存储空间、提升推理速度。从粒度上划分，剪枝可以分为结构化剪枝和非结构化剪枝。非结构化剪枝的粒度通常较细，通过直接将多余的神经元的权重设置为零，大幅减少参数量，实现模型稀疏化。但因为大多数底层框架及硬件无法加速稀疏矩阵计算，所以除非有特殊的芯片支持，否则并不能真正地提升部署后的模型性能。结构化剪枝粒度较粗，以滤波器或者特征通道作为剪枝的最小单元，剪枝后的结构不需要依赖特定的 AI 加速器去实现加速。因此，Adlik 模型优化器专注于结构化的剪枝，以充分利用现有 CPU、GPU 提升模型运行效率。

Adlik 模型优化器中的剪枝器主要由 Core、Schema、Learner、Dataset、Model 模块组成，分别负责算法定义、剪枝过程描述、模型微调、数据处理及模型定义。剪枝器主要是支持基于通道和过滤器的剪枝，从而有效减少模型参数量和 FLOPS（每秒浮点运算次数）、提高模型推理速度。同时，剪枝器还支持多节点、多 GPU 剪枝和调优方案，通过并行计算加速剪枝。

此外，Adlik 模型优化器新增对自动剪枝的支持。该方法只需用户指定网络类型（如 ResNet-50 等）和限制条件（如 FLOPS、延时），就能自动决定模型每一层的通道数，得到在限制条件下最优的模型结构。该方法能有效解决传统的需要人工评估模型每一层敏感度、手动设置剪枝层以及剪枝层类型的痛点，降低使用门槛和学习成本。自动剪枝流程如图 8-2 所示。

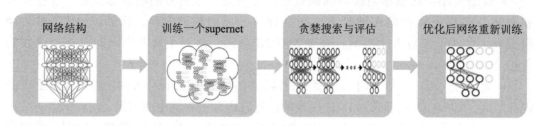

图 8-2　自动剪枝流程

（2）模型量化

一般来说，机器模型内部都采用浮点数计算，会消耗较多的计算资源。在不影响模型准确率的前提下，如果模型内部采用其他简单数值类型进行计算，计算速度会有较大提高，消耗的资源也会大大减小，这对于资源受限设备来说尤其重要。因此，Adlik 模型优化器引入量化技术。

从量化的比特数来区分，常见的量化技术有 8bit 量化（INT8、uINT8）、4bit 量化、二值化、三值化等。因为 8bit 量化对于硬件友好，且易于实现，是目前业界普遍采用的量化技术。对各种模型进行 8bit PTQ 量化，在一定的工作流程下，精度下降基本能控制在 1% 以内。

另外，量化也可以分为训练时量化和推理时小批量数据量化。训练时量化就是在训练时引入量化算子，一边训练一边量化，并且把量化损失考虑在梯度计算中。这种方式会耗费大量的时间和计算资源。推理时小批量数据量化则无需训练，只需要用很小一部分校准数据在几分钟内生成量化模型。小批量数量量化效率高，且精度也可以得到保证，是 Adlik 重点支持的量化方式。

（3）知识蒸馏

一般地，利用训练完成的大模型去指导小模型训练，可以使得小模型具有与大模型相当的性能，同时小模型相对于大模型参数量大幅降低，从而可以实现模型压缩与加速。这个过程即模型的知识蒸馏。

小模型可以通过剪枝方式获取。剪枝后模型计算量、参数量以及规模都将变小，但精度也会相应降低。同时，当我们将 FP32 的模型量化为 INT8 时，模型的精度也会有一定的损失。为了弥补剪枝和量化导致的模型精度损失，Adlik 模型优化器引入知识蒸馏方法，支持选择适当的老师模型（大模型）去蒸馏学生模型（小模型），使得学生模型具有与老师模型相当或更好的性能，同时大幅减少参数量，从而实现模型压缩与计算加速。

Adlik 模型优化器提供不同的知识蒸馏方法，能够应用于各种机器学习任务（如图像分类、目标检测等）。为了让用户更易于将知识蒸馏方法应用于不同的机器学习模型，Adlik 模型优化器主要专注于基于输出响应的蒸馏方法。目前，针对单阶段目标检测模型（如 YOLO 系列）还没有较为有效的知识蒸馏方法。因此，我们重点研究了较为有效的 YOLO 系列模型的知识蒸馏方法。

8.3.2　模型编译器

Adlik 模型编译器的功能是根据具体的运行时环境，将机器学习模型编译成优化的基于目标运行平台的格式，从而提升模型运行效率。Adlik 模型编译器基于有向无环图（DAG）完成不同训练框架和不同推理运行时的对接，通过算法完成图搜索，自动寻找最优的编译路径，实现模型端到端编译目标。

如图 8-3 所示，Adlik 模型编译器可将多种主流框架训练出来的模型编译为各种推理引擎所支持的格式，最终通过推理引擎实现在 GPU、CPU（x86）以及 FPGA 等硬件上的部署。目前，Adlik 模型编译器支持的机器学习框架主要有 TensorFlow、Keras、PyTorch、ONNX、PaddlePaddle、Caffe、OneFlow 等，支持的推理运行时框架有TensorFlow、TFLite、OpenVINO、TensorRT、PaddlePaddle、TVM 等。

8.3.3　推理引擎模块

推理引擎模块的功能是对编译后的模型实现最终的部署。如图 8-4 所示，推理引擎有 Serving Engine 和 Serving SDK 两种。Serving Engine 以独立的微服务部署，支持多个客户端的推理请求服务，接口支持 REST、RPC 形式。Serving SDK 提供模型推理开发的基础类库，支持用户实现推理运行时的自定义开发，实现多模型在进程内协作的推理服务，或者利用轻量化的 Serving SDK 实现嵌入式设备上的低延时推理服务。

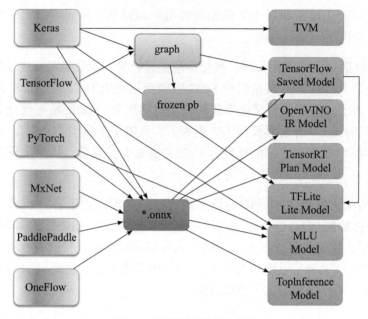

图 8-3　模型编译器编译路径

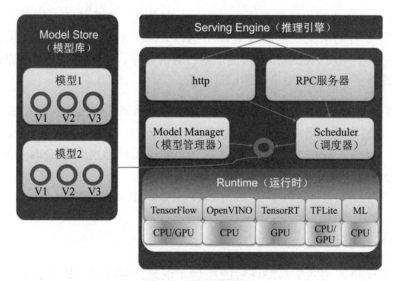

图 8-4　推理引擎模块

1. Serving Engine

Serving Engine 通过 RPC 服务器和 HTTP 服务器提供 GRPC 和 HTTP 形式的推理服务调用接口，同时提供扩展 API，方便用户自定义服务接口。

模型通常以二进制形式发布，将 Model Store 的根目录映射至 Serving Engine 容器之中，然后 Serving Engine 通过拉取的方式周期性地自动加载模型，根据回滚策略自动实现版本控制和管理。我们可以在保持业务不中断的前提下，以滚动升级的方式将模型的 V1 版本升级为 V2 版本。

Serving Engine 以插件的方式部署和隔离在各种运行时环境。Serving Engine 内置常见的运行时组件，包括 TensorFlow Serving、OpenVINO、TensorRT、CNNA（FPGA 特定运行时）、TFLite 等深度学习推理运行时，同时支持为聚类算法、多层感知器、SVM、随机森林等机器学习算法提供运行时。Serving Engine 默认不包含任何运行时组件，可实现最小的依赖管理，可以根据部署环境灵活选择组装所需运行时。各类应用可按需加载，开箱即用。

部署 Serving Engine 时，我们需要根据具体场景灵活选择推理运行时，及其相应的异构硬件。例如，在 CPU 嵌入式环境中部署 Serving Engine，因为只存在 CPU 环境，用户可以选择 CPU 版本的 TensorFlow Serving 运行时、OpenVINO 运行时两种部署方式，如果部署环境使用的是基于 ARM 架构的 CPU，那么也可以选择 ARM 版本的 TFLite 进行部署。

2. Serving SDK

除了微服务形式的 Serving Engine 外，用户也可以选择通过 Adlik 提供的 Serving SDK 自定义推理运行时环境，并在 Adlik Serving 框架下执行推理服务，满足延时要求较高的部署需求。

Serving SDK 提供了模型加载、模型升级、模型调度、模型推理、模型监控、运行时隔离等基础模型管理功能，及用户定制与开发推理服务的 C++ API。用户可根据需求定制开发自己的模型和运行时。Serving SDK 提供了标准扩展点，方便用户高效定制新的模型和运行时。

基于 Serving SDK，用户可以开发组合式模型，在进程内控制多模型之间的交互，而模型之间的运行时可以相互独立。例如，假设有模型 1 和模型 2，它们的运行时分别是 TensorFlow Serving 和 TensorRT。利用 Serving SDK，可以串联这两个模型，也就是将模型 1 的输出作为模型 2 的输入。

3. 部署场景

Adlik 支持 3 种部署场景，并提供相应的特性支持。

（1）云侧

云侧数据中心汇集了大量计算、网络、存储资源，承载着海量数据存储和大规模数据分析任务。在云端对外提供服务化推理接口是机器学习模型最常见的部署形式。

针对云侧部署场景，Adlik 支持以原生容器化部署方案优化和编译完成的模型，可以和 Seving Engine 镜像一起打包作为应用服务镜像，并在指定硬件的容器上运行。方案支持弹性伸缩、模型版本管理、自动升级等，支持用户通过 REST 接口、GRPC 去调用推理服务。

（2）边缘侧

相对于云侧，边缘侧特点是计算资源、存储资源等相对有限，但更靠近数据，这意味着模型部署在边缘侧时，机器学习应用延时更低。另外，在边缘侧进行数据推理分析也降低了向云侧传输数据的带宽压力。

对于边缘侧部署场景，Adlik 支持在启动的 Serving Engine 上加载多个优化和编译完成的模型。多模型实例调度功能可以显著降低边缘侧计算资源的占用。

（3）端侧

端侧主要是嵌入式设备，是数据产生的源头。为了保障用户体验，很多人工智能应用对实时性要求非常高，同时出于保护用户数据隐私等的考虑，在用户设备中直接部署人工智能模型，提供本地推理服务。端侧较少的算力及内存使得模型轻量化成为必然选择。

对于端侧部署场景，Adlik 可以为用户提供 C/C++ API，支持用户直接在计算引擎上调用完成了优化和编译的模型，并提供多模型编排能力，具备低延时和小体积特性，可以在指定硬件运行应用。

总体来说，在容器环境下使用 Adlik 技术可以适配多种环境，迅速实现模型的规模化、标准化部署。客户端可以使用统一推理接口，这样能极大地简化环境迁移和适配带工作。而在嵌入式环境中，我们可以利用 Adlik 最大限度调用硬件计算资源，提高推理性能，降低异构计算硬件的集成难度。

8.4　快速入门

Adlik 的使用非常简单，支持用户自己编译 Adlik 各个模块的代码，也支持使用已经构建好的 Docker 镜像进行操作。8.4.1 ～ 8.4.3 节将以镜像方式为例，介绍如何利用 Adlik 快速实现端到端的模型部署；8.4.4 节介绍如何自定义模型部署的运行时。

8.4.1　编译模型

1）完成所选模型的训练。

本示例是在 Ubuntu 18.04 环境下完成的。为了方便读者操作，这里选用的示例模型是一个开源的 PyTorch 推荐模型 ENMF。该模型可以从 RecBole（一个开源推荐系统库）中获取。模型全部实现代码可以在 Adlik 仓库中的 examples/recommend_model 下找到。

训练通过 RecBole 完成，因此我们首先需要安装 RecBole。这里用于训练的数据集是电影评价数据 MovieLens（ml-100k）。

```
pip install recbole
python3 train_model.py
```

运行完训练脚本后，我们可在 model 目录下看到一个模型文件。

```
├──── model
│      └──── ENMF-current_time.pth
```

2）先将 .pth 格式的模型转换为 .onnx 格式的模型，为后续的编译做好准备。

```
python3 pth2onnx.py
```

3）为了对训练好的模型进行编译，我们可以从阿里云 Adlik 的镜像仓库中拉取编译器的 Docker 镜像。

```
docker pull registry.cn-beijing.aliyuncs.com/adlik/model-compiler:v0.5.0_
trt7.2.1.6_cuda11.0
```

4）基于编译器镜像启动容器。

```
docker run -it --rm -v $PWD:/home/john/model \
registry.cn-beijing.aliyuncs.com/adlik/model-compiler:v0.5.0_trt7.2.1.6_
cuda11.0 bash
```

5）在容器中将之前 .onnx 格式的模型编译为 OpenVINO 格式。

```
cd /home/john/model/
python3 compile_model.py
```

编译过程中，具体的编译参数可以通过一个 json 字符串指定，包括服务类型（serving_type）、模型位置（input_model）、输出路径（export_path）、最大批量（max_batch_size）等。比如在此示例中，我们指定的是 OpenVINO 模型的格式，但通过修改服务类型参数值为 tensorrt，就可以轻松地完成模型编译格式的切换。

脚本执行完成后，我们可以看到在指定的输出路径 model_repos 下的服务模型。

```
|-- model_repos
|   |-- ENMF
|   |   |-- 1
|   |   |   |-- TFVERSION
|   |   |   |-- saved_model.pbtxt
|   |   |   `-- variables
|   |   |       |-- variables.data-00000-of-00001
|   |   |       `-- variables.index
|   |   `-- config.pbtxt
|   `-- ENMF.zip
```

8.4.2　部署模型

1）拉取对应的推理引擎镜像。

```
docker pull registry.cn-beijing.aliyuncs.com/adlik/serving-
openvino:v0.5.0
```

2）在 Adlik/examples/recommend_model 目录下执行以下指令来运行推理引擎，启动模型推理服务。

```
docker run -d -p 8500:8500 -v $PWD/model_repos:/srv/adlik-serving
registry.cn-beijing.aliyuncs.com/adlik/serving-openvino:v0.5.0
```

8.4.3　模型推理

推理服务启动后就可以供客户端调用。

1）首先在客户端安装 Adlik serving 包。

```
wget
https://github.com/Adlik/Adlik/releases/download/v0.3.0/adlik_serving_
api-0.3.0-py2.py3-none-any.whl
python3 -m pip install adlik_serving_api-0.3.0-py2.py3-none-any.whl
```

2）写 Python 脚本来调用上述推理服务。这里 -m 和 -UID 分别用来指定模型名和用户外部标识号（external id）。

```
python3 recommend_client.py -m ENMF -UID 62
```

执行完成后，我们就可以看到针对该用户的推荐结果，包括 10 部最佳推荐（Top 10）电影的得分（score）、内部标识号（internal id）和外部标识号（external id）列表。

```
Run model ENMF predict (batch size=1) use 102.81515121459961 ms
topk_score:  tensor([[0.8261, 0.8190, 0.8150, 0.8108, 0.8108, 0.8043,
0.8006, 0.7888, 0.7831, 0.7789]])
topk_iid_list:  tensor([[ 69,   39,   85,   71,   64, 167,   10,   99,   75,
55]])
external_item_list:  [['15' '32' '625' '416' '919' '216' '86' '328'
'1444' '679']]
```

8.4.4　引入自定义运行时

如 8.3.3 节所述，Adlik 支持灵活的自定义运行时。假设 A 是要支持的新运行时，本节介绍如何将 A 引入 Adlik 推理引擎。

1）定义 A_Model 类。该指定的 A_Model 类就是要创建的新运行时。

2）定义具体计算引擎的实现类：A_Processor 类。A_Processor 类可以直接调用 A 计算引擎的执行 API。

3）调用 Adlik 提供的 API，将 A_Processor 类注册到 Adlik 运行时调度器，作为可调度的一个推理引擎。

4）调用 Adlik 提供的 API，将 A_Model 类注册到 Adlik，这样 Adlik 在启动后就能够使用基于 A_Model 类的运行时来执行推理任务。

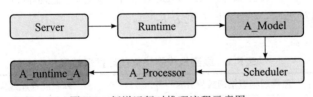

图 8-5　新增运行时推理流程示意图

在图 8-5 中简单的新增运行时推理流程示意图中，Server 收到推理请求后，Runtime 识别到 A_Model 运行时的请求数据，就通过调度器和具体调度算法，找到注册在调度器中的 A_Processor 实现类，最终调到 A 计算引擎提供的计算 API，完成整个推理。Adlik 提供了丰富的管理和运行时调度功能，只需要用户关注计算引擎实现即可。

实现上述代码后，用户可以根据指定硬件依赖的编译器对代码进行编译，这样即可生成在指定硬件上执行的推理应用程序。

8.5　Adlik 端到端模型推理优化实践

本节将通过一个案例介绍如何利用 Adlik 实现端到端模型推理优化。如图 8-6 所示，该系统由模型结构优化和模型推理引擎两个模块组成，模型经过优化后推理性能可获得大幅提升。

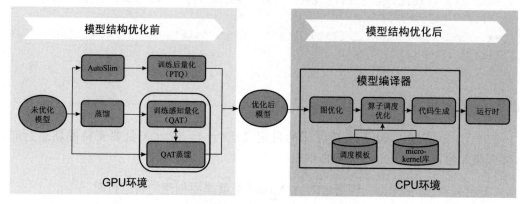

图 8-6　端到端模型推理优化对比

本案例中，针对业务场景与目标硬件特点，从模型结构、计算图、推理精度、算子生成等各个维度和阶段制定最优的模型优化策略，包括采用剪枝、量化和蒸馏的方式对模型进行优化，以及针对目标硬件设计高效执行算子，最终帮助用户完成模型推理性能提升，助力达成业务目标，同时降低投入成本，形成端到端模型性能优化工具链。

通过组合模型结构优化与引入模型推理引擎技术，我们可对端到端模型推理性能进行优化。经测试，针对 ResNet-50 和 YOLOv5m 模型进行端到端推理性能优化，推理效果超越原推理模型效果一倍以上（见表 8-1）。

表8-1　端到端模型优化前后推理效果

模型	原推理模型推理效果 /ms	本系统推理效果 /ms
ResNet-50	11.69	3.20
YOLOv5m	32.25	15.75

8.5.1　模型结构优化

结合 Adlik 模型优化器和编译器，我们可以通过一系列技术手段对模型进行优化，在精度不变或有限降低的前提下，减小模型对内存、计算资源的需求，从而加速推理。本案例使用了模型优化器中的自动剪枝、知识蒸馏、8bit 量化技术手段对模型进行优化。

传统的剪枝方法需要用户熟悉模型结构，能够根据数据集、模型和使用场景制定剪枝策略，学习成本高，且需要较多的人工介入。为了方便模型剪枝的落地，降低使用门槛，本案例通过 AutoSlim 算法完成了剪枝自动化。模型剪枝后，精度会有不同程度的下降。我们可以通过知识蒸馏方法，弥补剪枝带来的精度损失。为了进一步减小模型占用存储空间、加速推理，本案例采用了 8bit 量化技术。根据模型种类和应用对精度的要求，我们可以采用训练后量化（PTQ）或训练感知量化（QAT）技术。本案例中，我们分别对分类模型和目标检测模型进行了一系列测试。

在 ImageNet 数据集上，ResNet-50 模型经 AutoSlim 算法自动剪枝后进行知识蒸馏，然后进行 8bit 的 PTQ 量化。优化结果如表 8-2 所示。ResNet-50 模型在没有数据增强的情况下，精度是 76.8%。ResNet-AutoSlim-1G 是 ResNet-50 经过 AutoSlim 算法剪枝后 FLOPS 为 1G 的模型，大小比 ResNet-50 减小了 60.2%，蒸馏后精度为 77.5%，对蒸馏后的 ResNet-AutoSlim-1G 模型进行量化，精度为 77.0%，比 ResNet-50 高 0.2%，大小从 98MB 降为 11MB，只有原来的 11.2%。

表8-2　ResNet-50的模型优化结果

模型	Top-1 Acc	Params（M）	FLOPs（G）	Size（MB）
ResNet-50	76.8%	25.56	4.12	98
ResNet-AutoSlim-1G	73.2%（−3.6%）	10.46（−56.9%）	1.03（−75%）	39（−60.2%）
ResNet-AutoSlim-1G+ 蒸馏	77.5（+0.7%）	10.46（−56.9%）	1.03（−75%）	39（−60.2%）
ResNet-AutoSlim-1G+ 蒸馏 + 量化	77.0（+0.2%）	—	—	11（−88.8%）

在 COCO 数据集上，使用 AutoSlim 算法对 YOLOv5m 模型 Backbone 进行自动剪枝后，而后蒸馏并进行 8bit 的 PTQ 量化，优化结果如表 8-3 所示。有 ReLU 字段的模型表示对 YOLOv5m 模型原有的 Swish 激活进行了替换，替换为了 ReLU。之所以进行这样的替换，主要是为了加快推理速度。有 AutoSlim 字段的模型表示对 YOLOv5m 模型进行了自动剪枝。如 "YOLOv5m-AutoSlim-ReLU + 蒸馏" 表示对 YOLOv5m 模型进行自动剪枝，而后将 Swish 激活替换为 ReLU，再进行蒸馏。从表 8-3 可见，YOLOv5m 模型在剪枝并替换激活为 ReLU 后，mAPval 从 44.4% 降为 40.4%，通过蒸馏可以一定程度弥补 mAPval 的下降（mAPval 为 42.3%），最后通过量化技术，mAPval 变为 41.6%。也就是说，通过剪枝、量化、蒸馏，YOLOv5m 模型大小从 81MB 降为 19MB，参数量降低了 16%，mAPval 仅下降了 2.8%。

表8-3   在COCO数据集上，YOLOv5m模型优化结果

模型	mAPval 0.5:0.95	Params（M）	FLOPs（G）	Size（MB）
YOLOv5m	44.4%	21.2	24.5	81
YOLOv5m-ReLU	42.9%（−1.5%）	21.2	24.5	81
YOLOv5m-AutoSlim	42.0%（−2.4%）	17.8（−16.0%）	16.7（−31.8%）	69（−14.8%）
YOLOv5m-AutoSlim-ReLU	40.4%（−4%）	17.8（−16.0%）	16.7（−31.8%）	69（−14.8%）
YOLOv5m-AutoSlim-ReLU + 蒸馏	42.3%（−2.1%）	17.8（−16.0%）	16.7（−31.8%）	69（−14.8%）
YOLOv5m-AutoSlim-ReLU + 蒸馏 + 量化	41.6%（−2.8%）	—	—	19（−76.5%）

8.5.2   模型推理引擎

1. 针对计算密集型算子的优化技术

计算密集型算子指的是推理过程中计算—访存比（Compute-Memory Bound）大于某个阈值的算子。阈值大小与设备架构、性能相关。计算密集型算子在模型推理过程中占用大部分推理资源，对模型推理性能起决定性作用。因此，设计高性能的计算密集型算子对于高性能模型至关重要。

针对 Adlik 推理引擎，我们提升了 FP32 Conv2D 算子、FP32 Dense 算子、INT8 Dense 算子以及 INT8 Conv2D 算子的性能。

（1）面向 FP32 Conv2D 算子的性能提升

通过循环优化、AVX2 指令集排布优化等手段，充分利用 X86 架构的缓存结构和具有指令集特性的 1×1 Conv2D 算子，我们在模型推理性能上获得了超越 OpenVINO 的表现。实测数据显示，使用 Adlik 推理引擎的计算核，在 24 个物理核心的 Intel Xeon 8260 CPU 上，ResNet-50 模型的所有 1×1 Conv2D 算子推理耗时共 6.38ms，相比原推理框架的 8.32ms 缩短了 1.94ms。

（2）面向 FP32 Dense 算子的性能提升

通过 GotoBLAS 算法以及 Adlik GEMM 算法，Adlik 推理引擎性能超越原推理框架的性能。对于测试模型 ResNet-50 中的 Dense 算子，其性能在不同 Batch 以及线程数下均超越原推理框架性能约 5%。

（3）面向 INT8 Dense 算子的性能优化

针对不同场景，分别优化 INT8 矩阵乘法中间过程的累加策略。适用于宽带性能受

限场景的 INT32 累加计算方案性能与 OpenVINO 性能持平，适用于算力受限的 INT16 累加方案性能超越 QpenVINO 90.7%。

（4）面向 INT8 Conv2D 算子的性能优化

对于输入通道小于 4（Low IC）的 INT8 Conv2D 算子，设计基于 IM2Col+GEMM 的算法。该算法不但可以提升算子推理性能，也可以有效避免传统 INT8 Conv2D 算子对 IC Padding 造成的计算量空耗问题，相比于原推理框架性能提升 97.4%。

2. 针对计算密集型算子的调度参数搜索空间压缩技术

针对 FP32 Conv2D 算子，Adlik 推理引擎通过增加缓存约束、指令集约束压缩了调度参数的取值空间，大幅缩短了模型优化过程中调度参数搜索时间。经测试，卷积算子的调度参数搜索空间相比原搜索空间可降低 30%～40%，大幅缩短了算子优化所需时间。

针对 FP32 Dense 算子，Adlik 推理引擎在几种典型场景下通过 GotoBLAS 算法并按照算子搜索空间压缩思路设计搜索空间后，搜索时间可降低至压缩前的 5% 左右，大幅缩短了算子优化时间。

8.6 本章小结

本章主要介绍了 Adlik 推理工具如何应对 MLOps 过程中推理环节的挑战、实现机器学习落地的降本增效。8.1～8.3 节介绍了模型优化器、编译器和推理引擎等关键模块如何实现不同机器学习模型在不同环境下部署异构硬件的最佳适配，提供统一的推理加速方案。了解整体技术方案后，读者可参照本章的 8.4 节、8.5 节快速掌握 Adlik 的使用方法。

第 9 章

云服务供应商的端到端 MLOps 解决方案

如前文所述，机器学习本身是一个高度协作的过程，将领域经验和技术相结合往往是成功的基础，而不断根据实验的反馈持续迭代是持续带来业务价值的关键。云服务供应商提供的端到端 MLOps 解决方案主要用于帮助企业更快速地将机器学习模型部署到生产环境中。这类解决方案通常包括以下几个部分：数据准备和清洗、模型训练、模型评估、模型部署、模型监控，并在必要时触发自动更新。此外，许多云服务供应商还提供专业支持和培训服务，帮助用户快速掌握 MLOps 技能。

云服务供应商提供的 MLOps 解决方案具有诸多优势，具体如下。

• 高效率：通过云计算资源的弹性扩展，可以大大提高模型训练和部署的速度，极大地提高工作效率。

• 成本效益：使用云服务可以避免企业自行搭建和维护专业的 IT 架构，大大降低运维成本。

• 专业支持：云服务供应商提供专业的技术支持和培训服务，帮助用户快速掌握 MLOps 技能。

• 可靠性：云服务供应商提供的 MLOps 解决方案一般都经过严格测试和验证，保证了解决方案的可靠性。

• 安全性：云服务供应商会提供严格的数据安全保障措施，保护用户的数据安全。

本章以业界领先的某国际知名云服务供应商的 SageMaker 为例，介绍这种全家桶式服务是如何帮助用户应对大规模机器学习业务开发所带来的挑战的。

9.1　认识 SageMaker

针对工作流的各种难点，包括数据接入与预处理、框架部署、算法选择和调优、模型训练和评估、业务可解释性、A/B 测试、部署后持续监控迭代等，某科技公司在 2017 年推出 SageMaker 机器学习平台。正如现在业界比较火爆的低代码平台一样，该公司希望将 SageMaker 做成机器学习界的低代码平台，让更多的人把自己的知识应用到机器学习领域。本章旨在介绍以 SageMaker 为代表的几个机器学习平台如何让业务专家通过低代码甚至无代码的方式构建整个机器学习闭环，实现机器学习的真正落地，创造业务价值。

作为该公司发展最快的业务，SageMaker 在 2017 年底启动后，聚焦机器学习大规模开发的各种需求，在各个环节努力给出易于通过商业化来扩展的解决方案。机器学习落地可以分成 3 个阶段：构建、训练和部署。在构建阶段，SageMaker 提供了一个完全托管的实例，同时提供很多机器学习框架和学习模式，方便开发者开发，AWS 管理海量数据和计算资源，这样就可以实现快速学习；在训练阶段，开发者只需要指定数据的位置，注明所需要计算资源的种类和数量，然后单击控制台就可以开始使用内置的算法，不需要自己管理、调度训练资源；在部署阶段，开发者可以自行对多种结构进行比较，选择一个合适的模型，然后一键进行快速部署。

9.1.1　SageMaker 的主要组成部分

SageMaker 主要包含 3 部分。

• Feature Store：一个生成和存储特征的服务。它集中存储特征和关联元数据，有助于用户轻松发现和重复使用特征。它支持在线和离线两种模式，在线模式适合用于低延时、实时推理场景，离线模式适合用于训练和推理的批处理场景。

• Studio：一个适用于机器学习的集成环境（IDE），采用了开发者很熟悉的 Jupyter Notebook。该公司负责底层计算资源的管理和数据接入，并且支持共享 Notebook，方便机器学习团队协作。

• Autopilot：一个类似 AutoML 实现模型自动化构建与优化的产品。它可以自动检查原始数据、选择最佳算法参数集合并自动训练调优，根据性能对模型进行排名。这样就可以大大节省找到最佳模型所需的时间和人力。

除此之外，SageMaker 还提供模型仓库、谱系追踪、强化学习、边缘部署等多种模型管理、部署、追踪的服务。

图 9-1 较为直观地展示了 SageMaker 中各模块在整个机器学习模型落地流程中的协作关系。

1. 历史数据转换流程

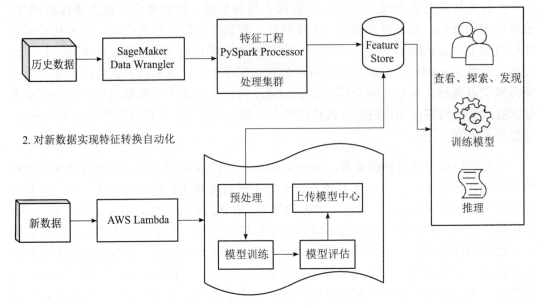

图 9-1　SageMaker 中各模块在整个机器学习模型落地过程中的协作关系

9.1.2　广泛的数据源和数据集成支持

在商业世界里，海量数据会随着时间推移而逐渐贬值，因此依据对大量历史数据和实时数据分析、推理以及对数据漂移监测就显得尤为重要。为了充分利用各个类型的数据，SageMaker 的 Feature Store 支持多种数据源，它提供单一 PutRecord API 来集成批数据和流数据。对于批数据，我们既可以如图 9-1 所示使用 Data Wrangler 做特征处理，之后在 Feature Store 中进行特征挖掘，也可以通过一个 Spark 连接器（Connector）来集成。而对于流数据，我们可以通过调用 PutRecord API 把新数据同步到 Feature Store，进行在线的模型训练、推理和特征挖掘。这有助于我们保持特征的时效性以及更新的及时性。

1. 批数据处理

Studio 中的 Data Wrangler 是一个导入、转换、提取特征、分析数据的端到端工具。它支持执行特征工程并把结果保存在 Feature Store 中。如图 9-2 所示，它支持创建特征组并通过可视化的方式将从在线和离线数据中得到的特征导入 Notebook。

在 Data Wrangler 中，我们也可以选择多个不同的特征组来创建一个新的特征，然后将其导出到 S3 桶。

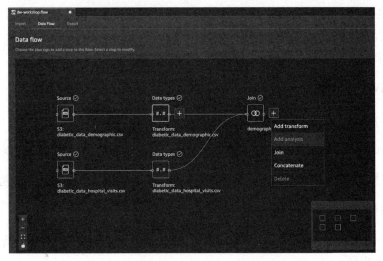

图 9-2　在 Data Wrangler 中创建特征组

2. 流数据处理

如前文所述，我们可以把流数据的实时处理任务拆分成两部分。

- 流式数据处理，意味着收集、处理、分析一个数据流。
- 实时推理处理，意味着从新数据中通过隐藏的规律推导出未来的状况。

例如一个根据转账信息、IP 地址、地理位置、金额等信息进行实时推理、及时发现欺诈行为撤回转账的应用服务，它比传统的每天批量遍历当天所有转账服务后再生成报告的程序有用得多，因为后者发现欺诈时，损失已经造成并难以挽回了。

如图 9-3 所示，数据通过 Kinesis Data Streams（KDS）进入 AWS 体系，这里可以使用 KDS 支持的任何读取模式。KDS 之后把数据流式发送给基于 Apache Flink 的 Kinesis Data Analytics（KDA）应用服务。KDA 管理着 Flink 所需的基础设施、流量模型、自动扩容和失败恢复。Flink 应用会对 SageMaker 提供的服务发起异步请求，并使用用户自定义的算子进行数据转换。

图 9-3　在 AWS 中使用 Flink 和 SageMaker

SageMaker 不直接支持 Apache Kafka 和 Apache Flink，但是由于内置 Notebook 的灵活性，支持用户通过连接第三方的训练平台或部署平台来使用。例如，如果你想在 SageMaker 中使用 Apache Kafka，你可以通过以下步骤来实现。

1）在 AWS 控制台中创建一个新的 SageMaker 工作区。

2）在工作区中创建一个新的 Jupyter Notebook，并打开它。

3）在 Notebook 中安装 Kafka Python 客户端库，例如 !pip install kafka-python。

4）使用代码创建一个新的 Kafka 客户端，并指定要连接的 Kafka 集群地址和端口。

5）使用代码连接到 Kafka 集群中的制定主题。

6）在 Notebook 中编写代码来从主题中读取消息，并对消息进行处理，或将消息发送到 Kafka 主题。

整体示例代码如下：

```
from kafka import KafkaClient
from kafka import KafkaConsumer
from kafka import KafkaProducer

client = KafkaClient(host='<Kafka_cluster_address>', port=<Kafka_cluster_
port>)
consumer = KafkaConsumer(
    '<topic_name>',
    bootstrap_servers=['<Kafka_cluster_address>:<Kafka_cluster_port>']
)
for msg in consumer:
    # process message

producer = KafkaProducer(
  bootstrap_servers=['<Kafka_cluster_address>:<Kafka_cluster_port>']
)

producer.send('<topic_name>', b'<message_content>')
```

9.2 无代码实现供应链中到货时间的预测

SageMaker 提供的低代码甚至无代码应用机器学习能力是极有吸引力的，它的典型产品有 SageMaker Autopilot 和 SageMaker Canvas。SageMaker Canvas 是一种可视化工具，可以帮助用户更轻松地构建和管理机器学习管道。SageMaker Canvas 支持用户通过拖放方式来配置管道，并通过查看可视化图表来理解整个管道的运行情况。

SageMaker Canvas 支持多种数据源和数据处理方式，可以帮助用户更快地构建和管理机器学习管道。本节以 SageMaker Canvas 产品为例介绍如何使用这种无代码工具创建一个供应链中到货时间预测的模型。

预期物流的抵达时间（Estimated Time of Arrival，ETA）对于国际化制造业公司非常重要。整个公司的运营策略往往都是基于 ETA 的测算设计的。但是，ETA 往往和真实抵达时间（Actual Time of Arrival，ATA）因为各种因素，不管是因为天气还是距离，产生停滞。

在之前，预测 ETA 和 ATA 的差异往往需要很强的具有物流专业背景和多年行业经验的人员，但是通过机器学习的帮助和 SageMaker Canvas 低代码平台的加持，不懂代码的业务人员也可以直观、简便的方式创建可以预测到货时间的模型，实现为业务赋能。在本节中，我们将介绍如何通过直观、无代码的方式创建精确预测 ETA 的模型。

9.2.1　数据准备

本节会用到两份数据：一份是计算机产品描述数据[⊖]，用于描述产品原始属性的对应关系，内容示例如表 9-1 所示；一份是描述到货情况数据[⊖]，内容如表 9-2 所示。

表9-1　产品描述列表示例

品牌 （ComputerBrand）	类型（ComputerModel，包括入门、基础、性能 3 个枚举值）	屏幕尺寸 （ScreenSize） 单位：英寸	毛重 （PackageWeight） 单位：千克	产品编号 （ProductId）
Bell	Base	10.1	4.2	c1e69a69
Bell	Base	11.6	4.5	0cd4a745
Bell	Base	12.3	4.8	7923f796

此处产品编号为 UUID，篇幅所限仅截取一部分。

表9-2　物流日志示例

产品编号（ProductId）	b35af302	b35af302	b35af302	b35af302
真实物流时长 （ActualShippingDays） 单位：日	11	15	13	17

⊖　下载地址：https://static.us-east-1.prod.workshops.aws/public/6f2f7cb1-bfda-4b34-ae39-928502784393/static/datasets/ShippingLogs.csv。

⊖　下载地址：https://static.us-east-1.prod.workshops.aws/public/6f2f7cb1-bfda-4b34-ae39-928502784393/static/datasets/ProductDescriptions.csv。

（续）

预期物流时长（ExpectedShippingDays）单位：日	11	15	12	16
运输工具（Carrier）	GlobalFreight	MicroCarrier	GlobalFreight	Shipper
南北物流距离（YShippingDistance）单位：千米	100	18	−14	301
东西物流距离（XShippingDistance）单位：千米	−44	−154	−389	−13
是否为大宗采购（InBulkOrder）	Bulk Order	Single Order	Bulk Order	Single Order
发货地（ShippingOrigin）	Atlanta	Seattle	Chicago	San Francisco
下单日期（OrderDate）	2009/11/20	6/22/21	12/25/20	2007/6/21
订单编号（OrderID）	e6eeeb9c	d1ebdb54	f9e3549a	7dab66a8
物流优先级（ShippingPriority）	Express	Standard	Ground	Ground
是否按时送达（OnTimeDelivery）	On Time	On Time	On Time	On Time

（注：篇幅所限，行列做了转置，并截断了 UUID）

我们只需要把两份数据下载下来，再通过 AWS 的管理控制台上传到 S3，即可访问 AWS 上的各个服务。AWS 的数据仓库的管理界面如图 9-4 所示。

图 9-4　AWS 的数据仓库的管理界面

之后为了防止出现低级错误，我们可以使用 SageMaker 的预览功能人工检查数据，具体操作如下。

1）在 SageMaker Canvas 界面左侧选择数据集，然后选择导入。

2）选择上传数据所在的 S3，使用复选框选中 shipping_logs.csv 和 product_descriptions.csv 数据集，之后选择预览，这样就可以看到前 100 行数据。

9.2.2　简单的数据合并

我们导入了两个表格数据，所以现在需要把两份数据集合并成一个宽表（做笛卡尔积）。此时，我们只需选择右上角的合并数据，在弹出框中选择根据 ProductId 做内积合并，即可完成表格数据处理工作。这里我们把新增的数据（合并后的数据）命名为 ConsolidatedShippingData。合并后的数据如表 9-3 所示，合并操作界面如图 9-5 所示。

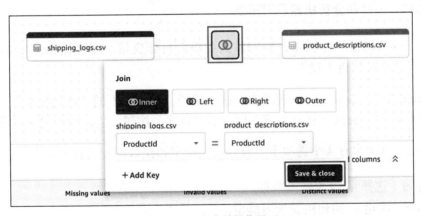

图 9-5　多表合并操作界面

表9-3　合并后数据示例

真实物流时间（ActualShippingDate）单位：日	11	15
预期物流时间（ExpectedShippingDate）单位：日	11	15
物流公司（Carrier）	GlobalFreight	MicroCarrier
南北运输距离（YShippingDistance）单位：千米	100	18

（续）

东西运输距离 （XShipingDlstance） 单位：千米	−44	−154
是否大宗订单（InBulkOrder）	Bulk Order	Single Order
物流源（ShippingOrigin）	Atlanta	Seattle
订单日期（OrderDate）	9/11/20	6/22/21
产品编号（ProductId）	c1e69a69	bc0fe4de
品牌（ComputerBrand）	Bell	Howell
屏幕尺寸（ScreenSize） 单位：英寸	10.1	11.6

（注：篇幅所限，行列做了转置和缩略，并截断了 UUID）。

9.2.3　构建、训练和分析机器学习模型

受益于自动机器学习技术，我们只需要设定目标变量，便可让 SageMaker 尝试为不同的模型选择最佳效果设置。

在 SageMaker Canvas 的管理界面，我们选择“模型”下的“新建模型”，并输入模型名称 ShippingForecast（配送预测）后点击“创建”按钮，进入模型视图页面。

模型视图页面中有 4 个选项卡，分别代表模型和获取预测的各个步骤，具体如下。

- Select（选择）：设置输入数据。
- Build（构建）：构建机器学习模型。
- Analyze（分析）：分析模型的输出和特征。
- Predict（预测）：运行批量或者单个预测。

首先，我们在 Select 标签页中选择刚刚生成的 ConsolidatedShippingData 数据集，如图 9-6 所示。

选择数据集后，SageMaker 会自动进入 Build 标签页。在该标签页中，我们可以选择预测的目标列，例如 ActualShippingDays（真实配送时间）就很适合作为目标列。

选中目标列后，SageMaker 会自动尝试推理问题的类型。我们的问题是一个回归问题，即根据几项与结果关联的变量来估计目标变量的真实值。因为 SageMaker 在数据集中检测到了日期，它会误以为这是一个时间序列预测问题。此时，我们需要手动修改问题类型，把它改为数字模型，如图 9-7 所示。

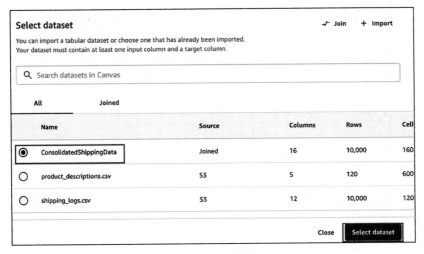

图 9-6   选择数据集

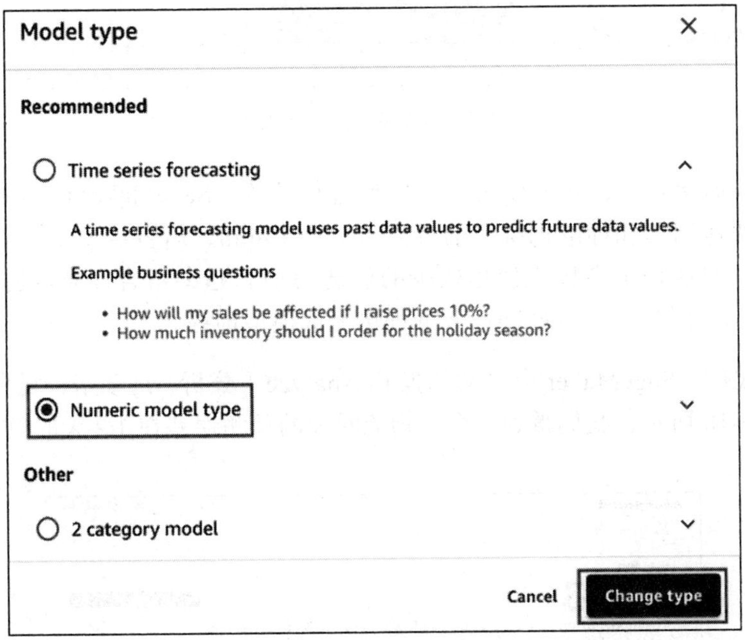

Model type

Recommended

○ Time series forecasting

A time series forecasting model uses past data values to predict future data values.

Example business questions

- How will my sales be affected if I raise prices 10%?
- How much inventory should I order for the holiday season?

◉ Numeric model type

Other

○ 2 category model

Cancel   **Change type**

图 9-7   问题类型标注

　　与此同时，SageMaker 还会对数据集进行统计，包括数据集中的缺失值、不匹配值、唯一值、平均值和中值，如图 9-8 所示，此时，我们可以选择删除无关列。例如，各类 ID 是随机生成的，不包含与目标列相关的信息，所以可以取消勾选，以减小模型的搜索空间。

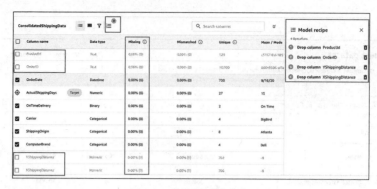

图 9-8　数据的预览功能

如图 9-9 所示，我们甚至可以选择纵栏图标，以检查列的分布。它非常适用于突出显示数据中存在的不平衡和潜在偏差。

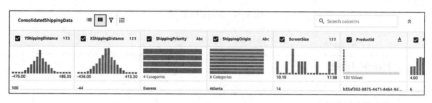

图 9-9　数据特征的可视化展现

在完成数据探查后，我们就可以对模型进行训练。SageMaker Canvas 提供了两种训练方法：快速训练和标准训练。前者只需 2 ～ 15min，后者需要 2 ～ 4h，但是准确率通常更高。快速训练会优先使用较少的候选模型和超参组合，非常适合原型开发。这里我们选择快速训练，大约耗时 5min 即可完成模型训练。

训练完成后，SageMaker 会自动切换到 Analyze（分析）选项卡，显示快速训练的结果。如图 9-10 所示，我们得到一个对物流时间的预测误差在 1.2 天的模型。

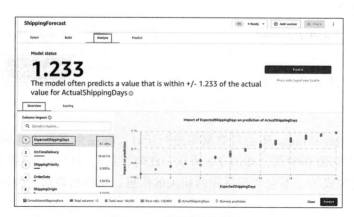

图 9-10　模型效果的分析

我们还可以看到各个因素与目标列的影响关系，例如 ExpectedShippingDays 值越高，它对运输天数预测的影响越正面，即对于长途物流，预期物流天数越准确。在得分标签页，我们也可以看到拟合回归直线、平均绝对误差、误差密度图等高级数学指标。

9.2.4　模型预测

现在我们已经有了可以做出合适预测的模型，下一步就是让它发挥作用了。一般在生产环境中，我们会遇到两种场景：离线处理和在线处理。前者是一次性处理多个预测任务，后者是实时处理线上请求的预测任务。

在 Predict（预测）选项卡中，我们选择 Batch Prediction（批量预测）按钮，即可选择数据集进行离线预测。此处为了简单起见，我们直接选择训练时用的 ConsolidatedShippingData 数据集。只需几秒，预测即可完成。我们可以在网页中预览预测结果，也可以把预测结果导出成 CSV 格式文件。

另外，我们还可以通过手动输入每一个变量具体值的方式进行单个预测。此类型分析适用于探索已知量和预测值的变化关系。

在构建模型以后，SageMaker Canvas 会上传所有构件（包括被另存为 Pickle 文件的经过训练的模型、指标、数据集和预测结果）到 Canvas/studio-user 位置下的默认 S3 桶中。我们可以查看它们，并视需要将其用于进一步开发，使其真正提供线上服务。

至此，我们没有写一行代码，只是上传数据和指定目标变量，就完成了机器学习模型的构建、训练、分析、预测。这种简单的方式能够帮助不具备代码开发能力的业务人员根据自己的工作和洞见使用机器学习模型，创造业务价值。

必须提到的是，本例中使用的 SageMaker Canvas 是一个轻量级自动机器学习产品，它只能提供一个最佳的模型，也没有很多可以调整的参数。如果你对这种无代码生成模型的操作方式感兴趣，你可以选择进阶产品 SageMaker Autopilot。它提供最佳的模型（默认是 250 个）供用户挑选，并给出精确率、准确率、召回率指标，以及前文提到的混淆矩阵、准确率—召回率曲线、ROC 曲线等，并提供接口，自带一键上线功能。它的使用方法同样很简单，只需要配置好数据源和目标列即可。

9.3　应用 SageMaker Notebook 进行 MLOps 管理

如第 5 章的信用卡交易反欺诈案例所述，MLOps 把流程分为数据导入、数据清洗、特征设计和提取、模型训练、模型评估、模型上线、模型迭代。本节将按照同样的流程，使用该国际云服务供应商的 SageMaker 实现预测即将流失的客户。首先用 SageMaker Notebook 实现数据管理、训练、预测，然后重点分析 SageMaker Pipeline 对于流程固化、可视化、机器学习落地全流程管理所起的作用。

9.3.1 数据导入

我们可以通过以下代码将数据存放在 S3 中：

```Python
s3 = boto3.client("s3")
s3.download_file(f"sagemaker-sample-files", "datasets/tabular/synthetic/
churn.txt", "churn.txt")
```

数据列含义如下。

- State：省份的简称。
- Account Length：账号激活后的天数。
- Area Code：电话区号。
- Phone：电话号码。
- Intl Plan：是否开通国际漫游。
- VMail Plan：是否开通语音信箱。
- VMail Message：平均每月语音留言数量。
- Day Mins：平均白天通话分钟数。
- Day Calls：平均白天通话次数。
- Day Charge：平均白天电话费。
- Eve Mins, Eve Calls, Eve Charge：夜间通话分钟数、通话数、费用。
- Night Mins, Night Calls, Night Charge：午夜通话分钟数、通话数、费用。
- Intl Mins, Intl Calls, Intl Charge：国际通话的分钟数、通话次数、费用。
- CustServ Calls：打给客服中心的通话次数。
- Churn：是否流失。

其中，churn 作为预测目标。

9.3.2 数据清洗和特征设计

通过数据分析、观察每一列数据分布，我们发现：

- Phone 列值的分布过于分散，没有更多上下文的话，把它舍弃；
- Area Code 应该处理成字符串。

具体代码如下：

```Python
churn = churn.drop("Phone", axis=1)
churn["Area Code"] = churn["Area Code"].astype(object)
```

分析每一列和目标列的相关性（相关系数）后，我们发现一些列的相关性为 100%。所以，这些列只保留一列作为代表：

```Python
for column in churn.select_dtypes(include=["object"]).columns:
    if column != "Churn?":
        display(pd.crosstab(index=churn[column], columns=churn["Churn?"],
normalize="columns"))

for column in churn.select_dtypes(exclude=["object"]).columns:
    print(column)
    hist = churn[[column, "Churn?"]].hist(by="Churn?", bins=30)
    plt.show()

display(churn.corr())
pd.plotting.scatter_matrix(churn, figsize=(12, 12))
plt.show()

churn = churn.drop(["Day Charge", "Eve Charge", "Night Charge", "Intl
Charge"], axis=1)
```

9.3.3 模型训练

首先，定义 XGBoost 算法的容器：

```Python
container = sagemaker.image_uris.retrieve("xgboost", sess.boto_region_
name, "1.5-1")
display(container)
```

然后，定义训练的输入指向 S3 中的 CSV 格式文件：

```Python
s3_input_train = TrainingInput(
    s3_data="s3://{}/{}/train".format(bucket, prefix), content_type="csv"
)
s3_input_validation = TrainingInput(
    s3_data="s3://{}/{}/validation/".format(bucket, prefix), content_
type="csv"
)
```

最后，配置一些超参数，使用 XGBoost 算法开始训练：

```Python
sess = sagemaker.Session()

xgb = sagemaker.estimator.Estimator(
    container,
    role,
    instance_count=1,
    instance_type="ml.m4.xlarge",
    output_path="s3://{}/{}/output".format(bucket, prefix),
    sagemaker_session=sess,
)
xgb.set_hyperparameters(
    max_depth=5,
    eta=0.2,
    gamma=4,
    min_child_weight=6,
    subsample=0.8,
    verbosity=0,
    objective="binary:logistic",
    num_round=100,
)

xgb.fit({"train":s3_input_train, "validation":
s3_input_validation})
```

配置的超参数释义如下。

• max_depth 控制算法构建的树的深度。一般来说，树的深度越深，效果越好，但是算法的复杂度和训练时间也会难以接受。这需要在效果和效率之间做出平衡。

• subsample 控制在训练数据中的采样，这一定程度上避免了过拟合，但是如果配置的参数太小，也会造成欠拟合。

• num_round 控制训练轮数。同样，训练太多效果会比较好，但也容易带来昂贵的训练成本和过拟合。

• eta 控制算法策略在每一轮的激进程度，此数值越大就越保守。

• gamma 控制算法树增长的激进程度，数值越大意味着增长越保守。

9.3.4 模型评估

按照第 3 章基本概念所述，基于测试集中的 500 个样本，以 0.5 为阈值，我们可以画出模型效果的混淆矩阵，如表 9-4 所示。

表 9-4　模型效果的混淆矩阵

	预测值 = 1	预测值 = 0
真实值 = 1	TP = 39	FN = 9
真实值 = 0	FP = 4	TN = 448

业务上，因为客户流失导致的损失更高，所以我们可以考虑更低的阈值，让召回率更高。

另一种思路是更加精确地设定每一种情况的成本，然后找到成本最低的阈值，如表 9-5 所示。

表9-5　成本组合矩阵

TP：100 美元	FN：500 美元
FP：100 美元	TN：0 美元

这样，找到成本最低的阈值相当于对如下函数进行求解，其中 C 是阈值：

```
$500 * FN(C) + $0 * TN(C) + $100 * FP(C) + $100 * TP(C)
```

最终得到的最佳阈值是 0.46。

9.3.5　模型上线

SageMaker 支持只通过简单的一行代码上线模型：

```Python
xgb_predictor = xgb.deploy(
    initial_instance_count=1, instance_type="ml.m4.xlarge",
serializer=CSVSerializer()
)
```

9.3.6　使用模型仓库和 Pipeline 系统管理训练成果

模型仓库是进行模型版本管理、效果对比、指标可视化的核心区域。AI 科学家在这里上传模型和相关数据、配置指标、分析模型血缘，AI 工程师部署模型、执行相关生产、运维工作。

模型仓库处于训练流程和部署流程的交界，负责管理哪些模型应该被部署、哪些模型应该被舍弃。理想情况下，一个新版本模型如果符合预先设定的指标要求，可以自动从模型仓库部署到生产环境。

从较高抽象层级来看，模型仓库在 Pipeline 中的连接关系如图 9-11 所示。

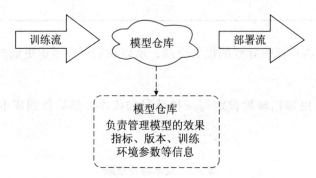

图 9-11　模型仓库在 Pipeline 中的连接关系

其中，位于生产流程下游的部署流往往与传统的 CI、CD 流程相似，只是在其之上增加一些对于模型服务可用性的测试。而在生产流程上游的训练流是 MLOps 的主要部分之一，可以用 SageMaker Pipeline 来管理训练流的成果。

SageMaker Pipeline 是专为机器学习打造的 CI、CD 服务。从前文中，读者已经了解类似开源方案 Airflow 的核心是构建有向无环图（Direct Acyclic Graph，DAG）。在 SageMaker Pipeline 中，用户通过代码构建 DAG，再基于自动生成的可视化界面使用 SageMaker Studio 来对整个训练流进行管理。

在创造一个 Pipeline 时，SageMaker 会创建一个 DAG。这个 DAG 可以用来追踪 Pipeline 的执行情况、输出和指标。在本节中，我们将一起创建一个 DAG，如图 9-12 所示。

SageMaker Pipeline 基于图 9-12 中的每一个节点运行。步骤执行顺序由每一步的依赖关系推导得出。当某一个步骤的全部依赖都运行完成后，这个算子才会开始执行。SageMaker Pipeline 的参数用来配置什么事件会触发 Pipeline 的执行，需要在创建 Pipeline 时就定义好。

我们可以通过代码定义预处理算子的行为。可以看到，这部分代码是实例化一个 ProcesssStep 类，具体定义了该算子会把来自 input_data 变量的数据下载到 destination="/opt/ml/processing/input" 进行预处理，然后把预处理结果（/opt/ml/preprocessing/train、/opt/ml/preprocessing/validation、/opt/ml/preprocessing/test）分别上传到 S3 的不同路径。详细的预处理如下。

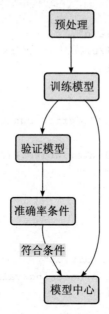

图 9-12   模型处理的整体流程

Python
```python
from sagemaker.sklearn.processing import SKLearnProcessor
from sagemaker.processing import ProcessingInput, ProcessingOutput
from sagemaker.workflow.steps import ProcessingStep
from sagemaker.workflow.functions import Join
from sagemaker.workflow.execution_variables import
ExecutionVariables

sklearn_processor = SKLearnProcessor(
    framework_version="0.23-1",
    role=role,
    instance_type=processing_instance_type,
    instance_count=processing_instance_count,
    base_job_name="churn-processing-job",
)

# 在 SageMaker Pipeline 中使用 sklearn_processor
step_preprocess_data = ProcessingStep(
    name="Preprocess-Churn-Data",
    processor=sklearn_processor,
    inputs=[
        ProcessingInput(source=input_data, destination="/opt/ml/processing/
input"),
    ],
    outputs=[
```

```
        ProcessingOutput(
            output_name="train",
            source="/opt/ml/processing/train",
            destination=Join(
                on="/",
                values=[
                    "s3://{}".format(bucket),
                    prefix,
                    ExecutionVariables.PIPELINE_EXECUTION_ID,
                    "train",
                ],
            ),
        ),
        ProcessingOutput(
            output_name="validation",
            source="/opt/ml/processing/validation",
            destination=Join(
                on="/",
                values=[
                    "s3://{}".format(bucket),
                    prefix,
                    ExecutionVariables.PIPELINE_EXECUTION_ID,
                    "validation",
                ],
            ),
        ),
        ProcessingOutput(
            output_name="test",
            source="/opt/ml/processing/test",
            destination=Join(
                on="/",
                values=[
                    "s3://{}".format(bucket),
                    prefix,
                    ExecutionVariables.PIPELINE_EXECUTION_ID,
                    "test",
                ],
            ),
        ),
    ],
    code="preprocess.py",
)
```

接下来定义训练算子，使用前文得到的训练集、验证集训练得到模型。以下代码使用了 XGBoost 算法，并配置了一些基本的超参数。

```
    Python
from sagemaker.inputs import TrainingInput
from sagemaker.workflow.steps import TrainingStep
from sagemaker.estimator import Estimator

image_uri = sagemaker.image_uris.retrieve(
    framework="xgboost",
    region=region,
    version="1.2-2",
    py_version="py3",
    instance_type="ml.m5.xlarge",
)

xgb_estimator = Estimator(
    image_uri=image_uri,
    instance_type=training_instance_type,
    instance_count=1,
    role=role,
    disable_profiler=True,
)

xgb_estimator.set_hyperparameters(
    max_depth=5,
    eta=0.2,
    gamma=4,
    min_child_weight=6,
    subsample=0.8,
    objective="binary:logistic",
    num_round=25,
)

# 在 SageMaker Pipeline 中使用 xgp_estimator 作为预处理算子
# 注意: 此算子的输入使用了上一个预处理算子的输出 S3 地址
step_train_model = TrainingStep(
    name="Train-Churn-Model",
    estimator=xgb_estimator,
    inputs={
        "train":TrainingInput(
s3_data=step_preprocess_data.properties.ProcessingOutputConfig.Outputs[
            "train"
        ].S3Output.S3Uri,
        content_type="text/csv",
        ),
        "validation":TrainingInput(
s3_data=step_preprocess_data.properties.ProcessingOutputConfig.Outputs[
```

```
                    "validation"
                ].S3Output.S3Uri,
                content_type="text/csv",
            ),
        },
    )
```

我们可以使用类似的方法定义预测部分，在此不再赘述。为了检验模型是否符合指标要求，接下来创建一个 ModelMetrics 对象来解析预测阶段生成的报告，并把相关报告信息注册到模型仓库。

```Python
Python
from sagemaker.model_metrics import MetricsSource, ModelMetrics
from sagemaker.workflow.step_collections import import RegisterModel

# 在验证算子中，创建一个 ModelMetrics 对象来得到验证报告
model_metrics = ModelMetrics(
    model_statistics=MetricsSource(
        s3_uri=Join(
            on="/",
            values=[
step_evaluate_model.arguments["ProcessingOutputConfig"]["Outputs"][0]
["S3Output"][
                    "S3Uri"
                ],
                "evaluation.json",
            ],
        ),
        content_type="application/json",
    )
)

# 创建一个注册算子把报告信息上传到模型仓库
step_register_model = RegisterModel(
    name="Register-Churn-Model",
    estimator=xgb_estimator,
    model_data=step_train_model.properties.ModelArtifacts.
S3ModelArtifacts,
    content_types=["text/csv"],
    response_types=["text/csv"],
    inference_instances=["ml.t2.medium", "ml.m5.xlarge", "ml.m5.large"],
    transform_instances=["ml.m5.xlarge"],
    model_package_group_name=model_package_group_name,
    approval_status=model_approval_status,
```

```
        model_metrics=model_metrics,
)
```

我们可以使用 from sagemaker.workflow.conditions import ConditionGreaterThanOrEqualTo 新建一个根据准确率判断是否需要发布新版本的算子。最后，我们用一个函数把之前创建的全部算子串起来，形成如图 9-13 所示的完整流程。

```
    Python
from sagemaker.workflow.pipeline import Pipeline

pipeline = Pipeline(
    name=pipeline_name,
    parameters=[
        processing_instance_type,
        processing_instance_count,
        training_instance_type,
        model_approval_status,
        input_data,
    ],
    steps=[step_preprocess_data, step_train_model, step_evaluate_model,
step_cond],
)

# 提交 Pipeline
pipeline.upsert(role_arn=role)

# 使用默认参数执行 Pipeline
execution = pipeline.start()

execution.wait()

# 列出执行步骤，找到状态和产物
execution.list_steps()
```

在 SageMaker 左侧的 Pipelines 项目中，选择 SageMaker Components and registries 选项并且执行刚刚创建的 Pipeline。Pipeline 的状态会变成"执行中"。选中执行的 Pipeline 后，我们就可以用可视化的方式追踪 Pipeline 的执行过程，如图 9-13 所示。

当 Pipeline 运行成功后，选择对应的模型，我们就可以看到在预测步骤中生成的指标数据的可视化结果。当选择 Comparing model versions 时，我们还可以对比多个模型的指标。如图 9-14 所示，可以看到，当使用更大的训练集时，Version 2 的效果显著优于 Version 1。

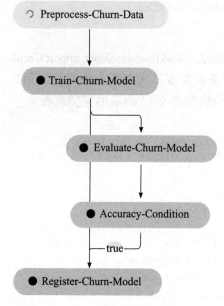

图 9-13   运行中的 Pipeline

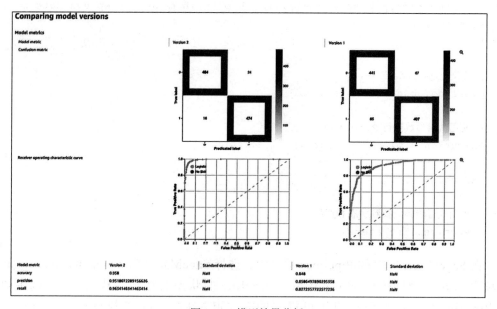

图 9-14   模型效果分析

9.4   本章小结

　　本章以 SageMaker 为例，介绍了商业公司对于 MLOps 的全家桶式解决思路。
SageMaker 的独特之处在于，它降低了非 AI 科学家但希望在平台上构建有用的机器学习模型的学习门槛，但不会失去真正的数据科学工具的功能和灵活性。SageMaker 具有以下优势：

- 支持多种编程语言和框架，包括 Python、R、TensorFlow、PyTorch 等。用户可以使用自己熟悉的语言和框架来训练模型；
- 提供丰富的算法和工具，可以帮助用户训练出高质量模型。SageMaker 还提供了一些可视化工具，可以让用户更好地理解和管理机器学习模型；
- 具有许多内置监控和日志记录工具，帮助用户更好地理解模型的表现并调整模型参数以提高性能；
- 提供了一组开发工具，可用于构建、测试和部署机器学习模型，从而使团队能够更快速、高效地迭代模型。

第 **10** 章

MLOps 在反欺诈与推荐系统中的应用

在前文中，我们了解到在落地机器学习系统时会遇到很多挑战，需要采用 MLOps 理念来指导构建机器学习系统。这些挑战如下。

- 机器学习应用往往要频繁地迭代进行试验，这就要求团队高效地管理代码、数据、模型和试验，以确保迭代顺利进行。
- 机器学习应用落地涉及多个领域的专家，包括数据科学家、模型科学家、软件工程师、测试工程师、运维工程师。
- 完整的测试流程不只包括代码，还包括数据和模型。
- 模型需要发布为线上服务，而且需要输入匹配、正确的特征数据流。
- 配置、数据、服务的变化可能导致模型效果衰减，排查困难。

在本章中，我们将通过两个案例来展示 MLOps 在不同场景下的挑战和解决思路。

10.1 案例 1：信用卡交易反欺诈系统

根据中国人民银行公布的最新数据，截至 2021 年三季度末，全国共拥有约 7.98 亿张信用卡和借贷合一卡，相当于人均持有 0.57 张卡片。随着互联网技术的快速发展，移动支付为大家的生活带来了极大便利。然而，它也带来了巨大风险，信用卡欺诈事件频发，移动场景下的欺诈手段也变得十分隐蔽，传统的反欺诈策略难以应对。

本节将介绍线上信用卡支付场景，并基于 MLOps 理念设计整套线上信用卡交易行为风险预测系统。

10.1.1 定义业务目标

在构建任何机器学习系统之前，我们都需要明确目标，确切地说是机器学习预测的目标，否则无法设计对应的机器学习模型。在信用卡欺诈场景下，我们的目标是判断本次交易风险，更确切地说，是判断本次交易是否属于欺诈交易，这属于二分类问题。我们选择线性回归算法，其中正常交易为正样本，欺诈交易为负样本。需要说明的是，也有其他算法能够解决此类问题，但本书的目的并非讨论解决某类特定问题的最优算法，所以这里不展开关于算法选择的讨论。

在目标定义上，尽管欺诈行为的绝对数量很高，但在海量交易行为下，欺诈交易的占比非常低。所以，我们首先需要验证正常、欺诈交易的占比是否稳定，即在过去一段时间内欺诈交易的占比是否维持在一个相对稳定的区间，这对我们的建模思路有很大的影响。正负样本分布不稳定意味着关于样本的定义或数据来源可能有问题。同时，由于欺诈行为的隐蔽性，我们的正样本只是银行通过与用户核实或其他方式确认为欺诈的交易行为，客观上还可能存在未被发现的正样本。另外，我们可以排除用户被动进行的交易行为，如银行主动让用户进行的交易，这部分交易我们可以认为一定是负样本。

定义好目标后，我们需要选择一个指标来评估模型效果。建模的目标为针对现有的信用卡交易，在对应的召回率下提升准确率（与当前的业务基线比）。评价标准往往是整体的召回率（即识别出的欺诈交易数量占全体欺诈交易数量的比率）和准确率（即识别出的真实欺诈交易数量占识别出的欺诈交易数量的比率）。机器学习模型预测交易的欺诈概率为一个分数，这个分数反映了交易属于欺诈的可能性，最终通过设定分数阈值来确定交易是否属于欺诈交易，例如可以将评分大于 0.7 的预测结果设为欺诈交易，小于或等于 0.7 的预测结果设为正常交易。只有在确定的阈值下，我们才能计算出召回率和准确率。阈值如果设定得较高，对应的召回率（模型覆盖的真实欺诈交易的数量）则比较低，但对应的准确率比较高。

系统间的交互逻辑如图 10-1 所示。模型会针对每一笔交易进行预测，输出当前交易欺诈概率的打分值，最终由银行的交易欺诈识别系统来决定如何使用预测分数。例如，系统可设定一个分数阈值，对高于该阈值的交易执行拦截策略。

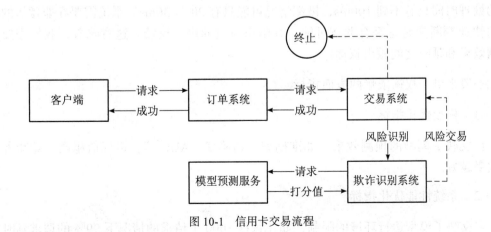

图 10-1　信用卡交易流程

10.1.2 系统设计的挑战

我们从前文了解到整个机器学习流程大致分为如下环节。

1）数据收集。将模型训练需要的数据收集到机器学习平台，通常是多张数据表，包括全量数据和不同时间的切片数据。

2）数据清洗。对数据的格式、数据的合法性等进行相关处理。

3）数据拼接。根据需要将导入的多张数据表拼接为一张大的宽表进行建模，在数据拼接时，可根据需要进行一些计算，得到更多有价值的数据。

4）特征设计和提取。从宽表中设计和提取特征用于模型训练。

5）模型训练。选取合适的算法进行模型训练，输出训练好的机器学习模型用于后续的评估计算。

6）模型评估。对训练生成的模型进行评估，选择效果比较好的模型作为生产上线模型。

7）模型上线。模型上线包括与生产数据、业务应用对接，提供实时预测服务。

8）模型迭代。使用新产生的样本数据进行模型训练迭代，产生新的模型。

在这些流程环节中，我们需要着重考虑以下几点。

1. 性能和效果的平衡

银行有着上亿的用户，交易数据量非常大，哪怕只使用短期 1 个月的数据，也会为系统设计带来巨大的挑战。同时，线上交易相关的行为都是实时的，实际中往往在几百毫秒内就要完成支付，针对交易欺诈的预测不能影响真实的交易，否则会影响用户体验甚至导致业务中断，造成无法挽回的损失。在这几百毫秒内，实际留给反欺诈系统的处理时间只有不到100ms，极端情况可能只有 20 ～ 30ms。系统需要在非常短的时间内快速判断交易是否有欺诈可能，并给出对应的决策反馈。这意味着，我们需要在预测效果和延时之间做出权衡。

一般来讲，权衡依赖两方面指标。

（1）模型优化指标

它反映了模型的预测效果，如准确率、精确率、AUC 等。指标值越高，意味着模型效果越好。

（2）系统性能优化指标

它反映了模型运行环境的限制，如在每秒 1000 个请求的情况下 99% 的请求延时不超过 50ms，性能约束边界需要明确一个确定的值，任何超过这个值的请求都将报错或返回一个容错的默认值。另外，在给定的性能约束下，系统所消耗的算力资源也需要进行评估。

在明确模型优化指标和系统性能优化指标后，我们就可以开始进行测试，在满足性能约束条件下，不断提高特征或模型参数复杂度，直到达到性能约束边界。

除此之外，我们还可以考虑使用特殊的硬件（如 GPU、FPGA）来对模型预测过程进行针对性的优化。

2. 特征选择和特征一致性

在线上预测过程中，请求数据只包含少量的实时上下文数据（如用户 ID、账户标识、商户 ID、交易时间、交易设备等），其他输入特征一般都需要在这个过程中去获取，且这些数据存储在缓存中。

按照更新频次，这类数据分为静态特征和动态特征。

静态特征一般是用户、商户关联的静态属性，或变化较慢的属性。另外，用户或商户维度较长时间内的统计值也可当作静态特征，如用户最近半年的平均交易金额、商户最近半年的交易次数。此类数据我们一般使用 Hive、Spark 等离线批量计算框架进行处理，然后将其传输至缓存，供线上预测时查询。

静态特征并不意味着不变。在源数据发生变化时，我们需要及时地进行更新，比如用户更新了账单地址，离线模型训练已经使用了更新后的数据，那么如果不及时把相关变化更新到线上缓存，在线预测使用的特征就与离线训练不一致了。另外，对于长时间窗口的统计特征，我们也需要周期性地重新计算更新，否则数据的有效期会失效。例如，商户过去半年的交易数量在计算一次后就固定了，如果不重新计算，那么半年后这个数据的意义就完全消失了，同时这段时间内新增的商户数据也不存在。

由于数据量非常大，第一次进行长时间窗口统计特征计算可能会持续十几小时甚至数十小时，后续的周期性计算只能使用增量更新的方式，即重新计算在重算前有过实际业务事件发生的用户或商户数据，这样能够保证在确定的时间（一天或几小时）内得到相对准确的数据。图 10-2 展示了使用批量与增量更新的方式来产生特征数据。

动态特征变化相对更快，需要根据用户、商户的实时事件进行计算得到，如商户近半小时内的交易次数、用户上次交易距离现在的时间等。由于交易本身的实时性，交易反欺诈系统会更依赖动态特征。

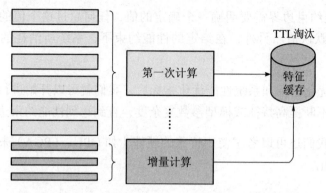

图 10-2   使用批量与增量更新的方式产生特征数据

动态特征处理可能经过很多不同的人员、数据处理 Pipeline，非常容易发生特征不一致情况（参考前文对一致性的描述）。解决这个问题的最佳手段是将在线预测时的特征值直接记录下来（如打日志）作为后续模型训练的样本，这将最大限度地保证训练和预测时的特征没有偏差。另外，离线和实时数据处理所执行的 Pipeline 也需要保证使用相同的代码和配置。

3. 冷启动与效果损失

传统的欺诈识别手段依靠大量人为设计的业务规则。这些业务规则也许已经经过不错的效果验证，但由于逻辑复杂很难进一步提升整体业务效果。另外，风险交易的变化非常多，仅凭人力无法穷举，系统需要具备快速调整策略的能力。数据驱动的机器学习天然适合这种场景。它能够在大数据和高维度下学习到无尽的规则。输入的交易相关数据越多，模型的性能就越好。（当然，前提是数据质量比较高，否则可能达到相反的效果。）在系统上线后，我们通过不断地使用新产生的数据进行模型重训练，就能使其学习到更新的规则。

然而，最初版本的机器学习模型效果可能不一定高于之前已经存在的业务规则效果，这并不代表用机器学习是错误的，因为数据也在变化，反欺诈行为模型始终在变化。随着模型的重训练和特征的不断调整，机器学习模型效果最终会追上业务规则效果，并超越它。同时，整个系统的复杂性和可维护性都将有很大的提升，我们不必再考虑大量规则之间的关联性。

在这个过程中，我们实际上可以考虑通过旁路模拟的方式来收集数据。如图 10-3 所示，在交易发生时，同时将交易数据发送给已存在的规则系统和新上线的机器学习系统，实际的欺诈识别结果依旧由规则系统决定，调用机器学习系统的目的仅仅是通过记录特征日志的方式积累足够的样本，用于后续的模型训练。另外，这种方式有助于测试系统其他方面的能力是否达标。

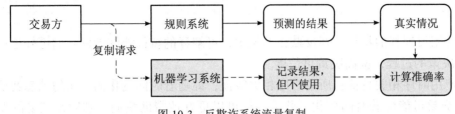

图 10-3　反欺诈系统流量复制

10.1.3　数据准备与特征设计思路

机器学习的本质是从数据中学习规律，我们通过对数据的洞察来构建一系列特征，以表达欺诈行为的特点，具体可从以下几个层面来考虑特征设计。

1）首先需要考虑数据源。一般来说，数据源分为内部数据和外部数据。内部数据指的是企业内部业务系统中可获取的数据。我们可以充分使用这部分数据。外部数据一般来自公开信息或第三方机构，在使用上可能有一定的限制。反欺诈系统的特征设计需要考虑如何有效地利用这些数据源来提取特征。内部数据可以用于提取客户的基本特征，如年龄、性别、职业、居住城市、财务状况等。外部数据可以用于抽象用户的背景信息，如信用相关信息、是否涉及诉讼案件等。具体来说，我们可以考虑以下几方面数据。

- 线上 / 线下欺诈交易记录表（正样本）：经过核实确定的欺诈交易记录，包含卡号、交易日期、交易时间（或可以唯一确定一笔交易的类似数据）、是不是欺诈交易等。我们需要使用这些信息来生成样本标注。说明：线上交易记录包括境内线上交易（电信诈骗等）记录、境外线上交易（非面对面免密线上支付）记录。
- 交易流水表：交易行为的详细信息，建议字段包括但不限于卡号、交易日期、交易时间、交易金额、交易渠道、交易设备信息、商户号、国家代码、交易分类码、美元交易金额、原始交易金额、币种代码、商户名、交易拒绝原因码等。
- 欺诈外呼记录表：由业务人员记录并维护，记录了具体的欺诈原因。目前，规则命中的所有疑似欺诈交易，行方都电话回访用户，以甄别是不是欺诈用户。
- 客户自然属性及画像信息：客户的主要属性（学历、性别、婚姻状况等建档信息），以及标签类信息，按月切片。
- 账户信息：包含账户相关的信息，如账户状态、卡片数等，按月切片。
- 卡片信息：如办卡信息、各交易方式密码开通状态等。
- 商户信息：商户的基本信息，包括商户编码、所在城市、收单编码，按月切片。
- 疑似欺诈类信息：商户、个人的疑似欺诈信息。
- 客户资产信息：客户的资产汇总，包括总资产、总负债、总存款、总贷款。

2）其次要考虑的是特征选择。面对大量数据，我们可以从以下几点来考虑特征的选择。

• 使用可解释的特征：在反欺诈系统中，可解释的特征能够帮助我们更好地理解机器学习决策的过程，提高决策可信度。

• 使用时序相关特征：所谓时序相关特征，即随着时间变化而变化的动态特征。因为欺诈交易可能随着时间变化，此类特征可以更好地帮助我们识别欺诈交易的变化趋势，从而达到更好的模型预测效果。

3）最后要考虑的是交叉特征。欺诈交易和原始数据之间的关系并不是线性的，我们可以基于原始数据构建交叉特征。在特征工程中，我们会把交叉特征分为两类。

• 多阶组合特征：基于原始数据产生的一阶特征进行组合后可以产生多阶组合特征，例如交易金额与持卡人历史消费属性组合产生商户属性。

• 高阶特征：通过计算特别是时序数据计算得到的特征。需要从原始数据中追溯某一个时间窗口内的历史数据并进行计算获取高阶特征，也可以把计算获得的特征进行高阶特征组合等。高阶特征更深入地刻画了客户和刷卡行为模式。在高阶特征中，我们还可根据地址迁移数据，计算两次刷卡行为的地址的距离是否合理，以判断是不是欺诈交易。

另外，在设计特征时，我们还要注意以下几点，以选择高质量的特征。

• 特征的可用性：指特征能否被用于实际的欺诈检测。例如，我们可以考虑特征的采集成本、数据质量、时效性等因素，以决定特征是否可用。

• 特征的可比性：指特征能否与其他特征进行比较。例如，我们可以考虑特征的范围、分布、稳定性等因素，以决定特征是否可比。

• 特征的可信度：指特征能否反映真实的欺诈情况。例如，我们可以考虑特征的数据来源、数据质量、样本分布等因素，以决定特征的可信度。

总体来说，机器学习反欺诈系统的特征设计思路是通过对已有数据的分析和挖掘，找出可能的欺诈交易特征，并结合机器学习算法进行验证和优化。在此过程中，我们需要特别注意特征的可用性、可比性和可信度，以获得最佳的预测效果。

10.1.4 系统设计与实现

结合前文梳理的系统设计要点和特征设计思路，我们可以按照数据变化情况，将整个系统设计粗略地分为以下几个部分。

1. 离线部分

离线部分一般指批量数据存储或计算的部分。在该阶段，数据变化不频繁，时效性一般在几小时到几天之间，主要实现用户等业务数据的接入、长时间窗口内用户画像计算、模型离线训练等。离线部分的数据一般使用分布式存储（如 HDFS、对象存储等）存放，并通过 Map Reduce、Spark、Hive 等分布式引擎执行相关的计算任务，同时使用一些调度工具（如 Airflow 等）定期或按条件触发计算任务，一般最终结果需要导入在线系统使用。

离线部分对数据可用性要求最低，当数据缺失或计算任务失败时，往往有足够的时间或资源进行重试或人工修复，错误不会快速传导到后续的近线、在线系统，造成的影响可控。另外，离线部分的数据如果发生错误而没有及时发现，产出的模型部署到线上后，造成的影响也无法即时撤销或修复，例如在数据同步时用户的年龄属性发生了错误，那么由此计算出的相关画像、特征都会发生偏差，导致最终预测效果变差。

2. 在线部分

在线部分指对外提供实时在线服务的部分，包含特征拼接、实时特征计算、在线模型预测等，这部分工作除了正确处理业务请求、给出预测结果外，还有其他非功能性需求工作。

（1）低延时

前面我们提到预测服务本身的性能要求一般是 30ms 内，如果超过响应时间，意味着本次预测失败，业务调用方将会跳过预测服务而使用预设的策略判断本次交易是否涉嫌欺诈，这将直接影响实际的预测效果。很多时候，提升业务效果并不需要迭代模型和特征，只需要提升在线接口的性能以及可用性。

为了尽可能降低延时，我们可以采取以下这些手段。

- 整体服务使用高性能的应用开发框架和异步非阻塞的 I/O 模式进行开发，充分利用多核 CPU。
- 第三方依赖如 Redis、OpenMLDB 等内存缓存或数据库的使用。
- 对于依赖的第三方服务，使用 RPC 和高性能序列化框架进行通信与数据交换，尽量减少网络请求的数据传输量，提升链路质量。
- 对于模型打分服务，使用 GPU 或 FPGA 硬件进行加速。

（2）高并发

整体的业务请求量可能非常大，单个服务难以支撑，我们需要保证服务可以水平扩容，通过增加机器资源、服务副本提升整体的吞吐量。在这方面，我们要充分考虑服务启动时的依赖（如配置、预加载缓存等）以及同一服务不同副本之间的状态统一。

（3）高可用

任何系统都无法保证 100% 的可用性。同样，对于在线系统，我们要考虑诸多异常情况，例如机器故障，网络故障，或依赖的服务、缓存、数据库故障。对于单个服务故障，要能做到自动恢复。我们可以考虑使用 Kubernetes 进行相关服务的部署，当服务不可用时，系统会将请求路由到其他正常的服务上；当异常服务恢复时，系统能够识别并恢复请求的路由。

同时，通过一些策略配置，Kubernetes 能够在请求激增时自动实现服务扩容；当请求量处于低谷时，自动进行缩容，进而提升整个服务器集群的资源利用率。

3. 近线部分

近线部分处于在线部分和离线部分之间，一般指近实时的数据计算或模型训练。为了尽快地刻画用户行为，我们可以在收到用户反馈后立即进行特征计算，并实时地增量更新模型参数。这样，整个系统能够尽快地感知到业务的变化，更有效地处理不断变化的新场景。近线系统的核心组成部分为消息队列和流式处理框架。消息队列作为数据中转库，缓冲一部分待计算的数据；流式处理框架不断从消息队列中读取数据，进行小批量或实时计算，最终将结果更新到在线系统中。

可以看出，近线系统本质上是针对离线系统时效性差的一个补充，两者都是为在线系统提供数据或模型。近线系统虽快，但失去了全局视角，还需要结合离线系统定期进行全量的特征计算或模型训练。

基于以上内容，我们可以得到图 10-4 所示的反欺诈系统架构。

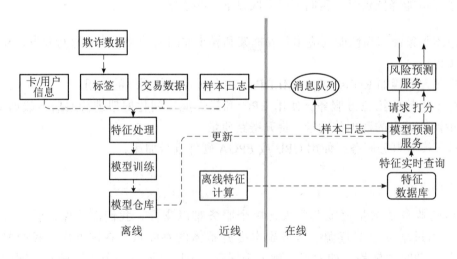

图 10-4　反欺诈系统架构

4. 模型迭代与监控

此外，我们还需要基于 MLOps 思路来管理和监控整个系统的代码、数据和模型，以便模型迭代。

- 建立版本控制系统：首先，我们可以利用 Git 等工具构建版本控制系统，来管理所用到的特征处理脚本、模型训练代码以及模型配置等资源，这样我们可以在需要的时候进行回滚。其次，我们还可以使用类似 Apache Hudi 这样的工具，针对数据构建版本管理流程，以确保数据质量和数据完整性。
- 自动化模型训练、评估和部署流程：在离线部分，我们提到了需要使用一些调度工具来管理特征处理和模型训练任务，这样做的主要目的是使模型训练流程变得更稳定，同时在发现问题时可以对相关流程进行追溯。此外，我们还应该通过持续发布等工具，将离线系统中的模型自动发布到在线系统。
- 监控模型效果：在模型预测系统中，我们还需要对模型的预测效果进行监控，以便及时发现问题，比如监控模型预测的频次、模型预测的分数、欺诈识别准确率、召回率、F1 分数等。

总体来说，MLOps 可以帮助我们更好地管理反欺诈机器学习系统的生命周期，提高系统的可靠性，从而进一步提高预测效果。在项目实践中，我们应该基于组织和团队的业务规模以及人员对不同技术的熟悉程度，选择适合自己的基础设施。同时，我们应该优先考虑线上线下一致性，使用正确的特征来保证模型可以持续迭代。

10.2　案例 2：推荐系统

10.1 节介绍了一个比较单一的应用场景，预测目标和业务目标直接关联。接下来，我们将介绍一个推荐系统中的 MLOps 实践。推荐系统中融合多种异构数据形态和模型，并拥有更复杂的在线系统。

10.2.1　推荐系统介绍

推荐系统本质上是一种信息检索系统。它从大量的候选物品（一般称为"物料"）中进行检索、排序，最终展现给用户。在物料数量极大、种类极多的情况下，如何以可接受的成本检索到用户实际需要的内容，是衡量推荐系统效果的重要因素。注意，这里的"需要"往往包含多种目标：一方面是用户的使用体验（如快速搜索到目标、阅读感兴趣的新闻、看到抓眼球的视频），另一方面是业绩效果（如点击率、阅读率、付费率等），但过分地强调业绩效果，可能会牺牲用户体验，最终导致长期业绩效果降低。

当然，并非数百万甚至上千万物料才有必要搭建推荐系统，对于只有成百上千物料的场景，推荐系统依旧能学习到用户的偏好，带来一定的业绩提升。

在现实世界中，对于效果、成本以及优化目标的评估不是那么容易。一方面，要想理性、全面地做出评估，我们需要对用户的应用使用过程进行全面的数据收集，比如用户浏览了什么、收藏了什么、对什么物料做了什么交互，而详尽地收集这些数据需要对每个链路进行数据埋点，数据的存储、计算、分析都会带来高昂的成本。另一方面，算法本身的泛化性使其无法记住每一个人的偏好，同时用户行为数据是复杂多变的，模型无法学习到所有的规则，尤其是在海量物料的情况下。这意味着可能会发生一些导致用户体验下降的异常情况（我们称为"Bad Case"），如推荐了重复的商品或用户过去已经购买的商品，而且异常情况会不断发生、被解决、再出现。

针对这些情况，我们首先应该聚焦在核心业务指标上，如流量最大的某个页面的点击率或转化率，一方面更高的流量意味着相同的效果下整体收益更高，另一方面点击率或转化率涉及的数据采集和计算足够简单，同时能直接带来业务收益。其次，我们依旧要考虑大量的业务规则，以避免异常情况的发生，必要情况下需要有专人来运营配置。这意味着推荐系统需要对外界的输入做出及时反应。

10.2.2　定义优化目标

假设我们要开发一个商品推荐系统，目标可以设为提高商品点击率，但对于推荐系统中的模型来说，其直接目标真的是点击率吗？

从用户角度看，每次访问 App 时后端 API 都会从庞大的物料库中筛选数十条信息，而且往往是以列表的形式展现在屏幕上，这说明推荐是一个排序问题。最理想的做法是基于某种策略或算法，将所有的物料（去除掉业务规则限制的部分）基于用户的偏好进行排序，最后取排序最高的 N 条物料，然而这样做的代价是巨大的，也会严重影响系统的时效性。

上个例子中我们讲到，模型的复杂度越高，效果可能会越好，但对应的模型训练、预测的时间也会更长，消耗的算力资源更多。而如果我们使用非常简单的模型、策略，直接从海量物料中挑选几十条展示给用户，可能难以达成预期效果。为了达到延时、效果和资源的平衡，我们采取多级漏斗的方式来实现从数千万到数十条物料的筛选。如图 10-5 所示，靠前的漏斗只需要快速筛选出用户有可能点击的物料即可，目的主要是降低后续漏斗的计算复杂度，最后一级漏斗保证整体效果。

图 10-5　推荐的不同阶段

在第一级漏斗中，我们按照某种逻辑从预先计算好的物料索引中筛选出数千条供后续的排序模块排序，这个过程被称为召回。召回不需要特别精准。我们可以基于业务经验设计一些策略，如热门的物料、相关的物料、触发某种关键词的物料等，也可以基于用户偏好训练模型，基于用户和物料间的相似度进行召回。技术实现上，我们主要是借助预计算的缓存或者索引，实现最佳性能。

在召回之后的数千条物料中，我们需要进一步筛选，这个过程被称为粗排。粗排可以基于特征较少的简单模型，将数千条物料减少到数百条，以降低后面的精排压力。当然，粗排并不是必需的，如果物料数量较少，召回的物料可以直接给精排进行排序。

漏斗的最后一级就是机器学习主要发挥作用的舞台，也是需要集中精力进行优化的环节。到这一步的物料只有数百条，我们可以使用复杂的特征和模型对其进行排序。

当然，这中间要同时执行业务运营上的一些策略，以避免异常情况发生，影响用户体验。如召回时应该屏蔽掉用户过去浏览过的物料或用户明确反馈过不喜欢的物料。

我们反过来看每一级漏斗的优化目标。

1. 精排：选择正确的样本

对于精排来说，其排序结果基本上直接返给用户，这是一个相对纯粹的机器学习问题，因此其学习目标可以直接设为点击事件，即我们将用户看到的所有商品作为全部样本，将用户有点击行为的商品作为正样本。需要注意的是，正确定义样本很重要，但非常容易出错。

总体来说，最终真实出现在用户屏幕上的商品，我们才认为其可以作为训练样本。首先，后端返回的商品数据需要经过网络传输展现在用户的屏幕上，这个过程中可能发生错误，导致最终并没有出现在用户的屏幕上。同时，屏幕大小是有限制的，并不能完整展现后端一次返回的所有商品，随着用户滑动屏幕，才会逐渐展现更多的商品。同时，用户在手机上浏览时还可能误触，好在这种噪声在海量行为数据中的比例非常低，基本可以忽略。

同时，可能还存在一些非真实的作弊用户（如电商中的刷单行为），他们产生的正负样本需要提前剔除，否则会影响最终模型的效果。

另外，除了用户点击行为，我们还可以将其他交互方式作为样本的补充，如用户反馈不喜欢的商品，可以作为一个明确的负样本。

2. 粗排：向精排看齐

一般来讲，粗排也是一个机器学习问题。我们可以直接使用精排的目标作为粗排的学习目标。但粗排与精排采用的是不同的模型，可能导致商品在粗排阶段排在前面，在精排阶段反而靠后了，因而没有曝光无法形成样本，这样对粗排的训练来说，样本量过少。换个角度想，粗排的主要作用是作为召回和精排之间的缓冲，从召回中过滤掉精排中大概率不会排在前面的物料。其最好的效果是筛选出的物料在精排中排序都很靠前，所以我们可以从精排排序靠前的结果中抽取一部分物料作为正样本，从排序靠后的结果中再抽取一部分物料作为负样本，这样粗排能够更好地向精排看齐，做好缓冲。从实现上，我们可以选择特征简单的 LR、GBDT 模型实现粗排。

3. 召回：宁可放过，不可错杀

召回要面对最大量的物料输入，所以它的逻辑要尽量简单，几乎没有准确性要求。只要用户有可能感兴趣的，都尽量放给下游的粗排、精排，它不承担主要的效果责任，简单说就是"宁可放过，不可错杀"。召回主要包含 3 种方式。

- 用户和物料（u2i）的关系刻画：指的是根据用户自身的属性、偏好，筛选具有相同特质的物料。这需要不断地计算用户的偏好数据。
- 物料之间（i2i）的关系刻画：指的是基于用户历史上积极反馈（如点击、点赞、评论）的物料，查找相似的物料，如具有相同标签、相同分类等的物料。这种类型的计算量相对比较固定。
- 非个性化的策略：是面向全局热门商品、高质量供应商提供的商品或一些非常新颖的商品进行特征计算。这种召回方式计算逻辑比较简单，且不依赖用户行为数据，适合系统冷启动使用。

在实践中，这几种召回方式往往会综合使用，互相补充，例如总的召回数量设为3000 条，其中基于 u2i 的召回占 2000 条，基于 i2i 的召回占 500 条，剩下的热门商品、新品、高质量供应商的商品召回占 500 条。

10.2.3　系统设计挑战与实现思路

与反欺诈系统类似，推荐系统的设计包含以下步骤。

1）目标定义：这里设计的是商品推荐系统，那么我们需要相应的数据流来构建商品物料库。

2）数据收集与处理：我们需要收集大量数据，以便训练模型。这些数据可以包含用户历史行为、用户基本属性信息、商品属性信息等。通过建立数据管理系统统一管理数据的获取、存储、处理等。这可以使用数据仓库、数据平台等工具来实现。

3）训练模型：通过建立模型训练系统实现模型训练自动化。这可以使用模型训练工具、模型调优工具等实现。

4）模型部署：通过建立模型部署系统实现模型部署自动化。这可以使用 Kubernetes 等工具来实现。

5）系统监控：通过建立监控系统来监控推荐系统中各个模块的运行情况。

上个例子中我们讲到了离线、在线、近线的分层概念，推荐系统的召回和排序在这 3 层中有更多的体现。

如图 10-6 所示，对于召回，我们在离线层进行物料数据的处理和召回模型的训练，如相关性计算或 Embedding，然后通过 Pipeline 将数据定期同步至在线层的物料索引库。

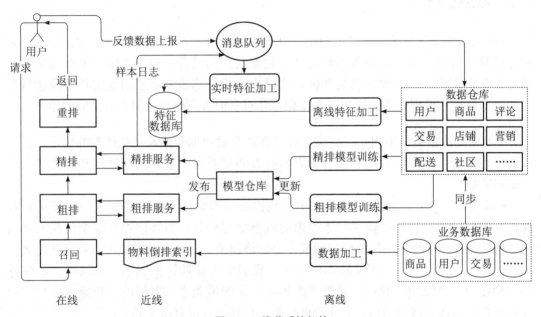

图 10-6　推荐系统架构

召回之后，我们需要根据业务规则（如去掉用户浏览过的商品）对物料进行过滤。大部分情况下我们使用 Bloom Filter 进行过滤。同样，用户的交互数据需要在离线层进行整合以产出 Bloom Filter 的输入数据并写入在线层的缓存。

在排序（粗排和精排）阶段，我们需要基于用户的历史行为和物料的属性信息构建特征并训练模型。类似地，我们也可将特征按照时间维度分为长期特征、短期特征、实时特征。长期特征在离线层通过批量任务定期计算；短期特征在近线层通过流式任务实时计算；实时特征往往和推荐触发时的上下文有关，只能实时计算。最终产出的特征需要存储到在线层的 Feature Store 中。当推荐请求发生时，系统会基于用户和物料的唯一标识实时查询 Feature Store，得到最新的特征后再调用模型预测服务，对物料进行排序。

最终，排序后的物料候选集还需要基于业务规则进行最后的重排，如针对物料类别多样性进行打散，避免相邻的物料同质化，或针对某些需要推广的物料进行强制展现。为了保证 Bad Case 能够及时解决，业务策略需要尽快同步到在线服务。同时，系统需要一个体验友好、低门槛的交互界面，以便不具备技术背景的业务运营人员也能进行配置。

在这一节，我们了解了商品推荐系统的形态和基本原理，了解到更复杂的排序系统的设计，尤其是召回、粗排、精排虽然功能结构类似，但目标不同，设计也就不同。当然，读者在实际落地中，要结合自己的业务进行相应的修改或取舍。

10.3　本章小结

MLOps 可以指导我们构建更稳定、高效率的机器学习系统。无论反欺诈场景还是推荐场景，流程上都可以分为目标定义、数据收集与处理、模型训练、模型部署、系统监控几个部分。在反欺诈系统和推荐系统中，我们都需要基于调度工具来构建自动化的数据处理、模型训练、模型部署流程，并对它们进行监控，但也有不同的地方。

- 处理的数据类型不同。反欺诈系统处理的金融数据和推荐系统处理的用户、商品数据，在更新频次、实时性和安全等方面有着明显差异。这对数据处理和特征筛选有一定的影响。
- 模型类型不同。在反欺诈系统中，我们更多考虑线上的性能要求和特征可解释性，所以使用决策树、逻辑回归等简单的机器学习模型；而在推荐系统中，我们在召回、粗排、精排等环节使用协同过滤或神经网络模型，并相应地调整训练和部署逻辑。
- 监控的指标不同。在反欺诈场景中，我们要考虑欺诈识别率、召回率、准确率等；而在推荐系统中，我们还需要考虑候选商品的覆盖率、多样性、新颖性等与用户体验相关的指标。这些指标对应的数据收集和计算方式也有所不同。

通过这些不同场景相同点和不同点的分析，我们能够更好地基于 MLOps 方法论来设计更适合业务需求的机器学习系统。

第 **11** 章

网易云音乐实时模型大规模应用之道

随着网易云音乐业务在内容分发和商业化场景方面不断拓展，算法侧对特征计算实时性、模型预测实时性提出更高要求，我们以此为契机将部分场景的特征和模型进行实时化改造并取得明显效果，此后依托云音乐自研特征平台 FeatureBox，快速覆盖到云音乐数百个推荐、搜索场景。本章重点阐述 FeatureBox 在特征工程上是如何解决特征开发效率、特征数据准确性、特征读写性能、使用资源大小等一系列问题的。

11.1 从云音乐直播推荐中的实时性说起

直播推荐业务嵌入在云音乐 App 中，其中包括歌曲播放页直播模块、歌曲评论页直播模块以及云音乐首页中的首页六卡直播模块。图 11-1 所示为云音乐首页中嵌入的直播模块。

不同推荐位的直播模块承载着不同的内容使命。在首页的直播模块，我们更倾向于让新用户了解直播，让老用户快速进入直播间观看直播；在歌曲播放页的直播模块，我们更倾向于给用户推荐与听歌行为相关、与歌曲相关的直播内容；在歌曲评论页的直播模块，我们更倾向于将直播打造为另一种形态的内容，作为社交内容的补充。

同时，直播业务是云音乐的衍生品。其推荐不同于音乐推荐，主要表现为用户意图不明确、直播用户行为稀疏、实时性要求高以及存在偏差，如图 11-2 所示。

图 11-1　云音乐直播业务形态

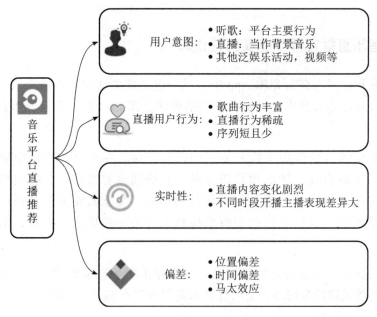

图 11-2　直播推荐 VS 音乐推荐

11.1.1　直播对实时性的强需求

大多数平台的直播场景对同时开播场次有限制，对召回诉求不强，本质是一个对实时直播的精排或者"粗排 + 精排"的过程。相比于传统的个性化推荐每天更新用户的推荐结果，实时推荐基于用户最近几秒的行为实时调整用户的推荐结果。实时推荐引擎让用户当下的兴趣立刻反馈到推荐结果上，可以给用户带来所见即所得的视觉体验，牢牢地抓住了用户的兴趣，让用户沉浸在其中。下面以云音乐直播业务阐述推荐引擎实时化的必要性，大致从 Item 推荐、数据指标、业务环境 3 个角度进行介绍。

1. Item 推荐

直播推荐是对实时在线主播的排序，他们是存量主播的一小部分。云音乐平台存量主播有百万量级，而当天开播主播只有万量级，同时每个主播开播的时段不一，有早上、下午、晚上，且每个时段主播咖位也不同，一般来说晚上开播主播更多，咖位更大。

直播推荐的 Item 就是主播，是动态的 Item，这不同于歌曲推荐中的歌曲——信息流推荐的是歌曲或者视频，主播是一个不断变化的 Item，用户每次进入直播间看到的直播内容和主播状态都不一样——主播可能在 PK、表演、聊天；而歌曲或者视频是一个完全静态的 Item，且每次推荐展示都是从头开始播放，所以直播推荐的不仅仅是一个 Item，更是 Status。

2. 数据指标

主播实时开播效率也能体现这一问题，如某一主播在同一天内的不同时间段效率变化剧烈，存在多个高峰和低谷，这可能与主播当时表现的状态有关，也可能与直播内容有关。但是对于推荐引擎来说，系统是利用历史数据去拟合预估未来表现趋势，如果不够实时，无法获取主播实时表现，那么系统极有可能会对主播未来表现趋势拟合出现偏差，甚至可能出现完全相反的结果。

3. 业务环境

云音乐直播业务与其他业务息息相关，牵一发而动全身。这是因为直播业务不是固定位置的推荐，例如受到音乐业务风格推荐的影响，首页直播模块会在首页第 3、6、7 位出现。一旦其他业务有所改动，直播业务数据分布都可能产生巨大变化。

对于服务直播业务的推荐引擎，实时性是必需具备的属性。我们从实时性三要素阐述推荐引擎实时性。

11.1.2　推荐引擎实时性的三要素

推荐引擎实时性三要素包括特征实时性、模型实时性、系统实时性，如图 11-3 所示。我们需要利用特征数据实时性去实时获取数据分布；利用模型实时性去实时拟合数据分布；利用系统实时性去实时获取最新模型和数据并更新到线上做毫秒级检索、粗排、精排、重排、计算。

图 11-3   推荐引擎实时性三要素

1. 特征实时性抓住个体变化

推荐系统更新特征越快，越能反映用户最近的习惯，越能给用户进行时效性的推荐。推荐引擎依赖强大的数据处理能力，实时地收集模型所需的输入特征，以便利用最新的特征进行预测和推荐。用户 $T-1$ 时刻发生的行为（播放某首歌、观看某个主播、打赏/付费），需要在 T 时刻实时反馈到训练数据中，供模型学习。

图 11-4 是一个比较常见的特征实时性实现框架，主要包括日志系统、离线用户画像、实时用户画像，通过 Storm、Flink、Kafka 完成实时数据的处理和传输，并存储在 HBase 和 Redis 中，最后落盘到 HDFS 中。实时样本处理中间环节是通过快照系统来解决时序数据穿越问题和线上线下一致性问题。但特征实时性再强，影响的范围也仅限于当前用户，要想快速抓住系统级的、全局的数据变化和新产生的数据特征，就必须加强模型的实时性。

2. 模型实时性拟合全局趋势

推荐引擎更新模型越快，更容易发现最新数据，越能让模型在样本中找到最新的流行趋势。与特征实时性相比，推荐引擎的模型实时性往往需从全局角度考虑问题。特征实时性力图用更准确的特征描述一个人，从而让推荐引擎给出更符合用户需求的推荐结果。而模型实时性则希望更快地抓住全局层面的新的数据模式，发现新的趋势和相关性。

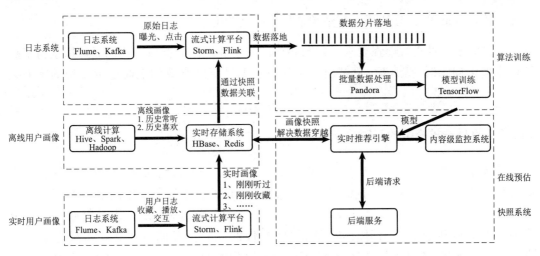

图 11-4　特征实时性实现框架

加强模型实时性最重要的做法是改变模型的训练方式。训练方式按照实时性强度排序为全量本更新、增量更新、在线学习。不同的训练方式会带来不同的效果，例如对于全量更新，模型会利用某时间段的所有训练样本进行重新训练，再用训练好的新模型替代老版本的模型，这样的训练方式需要的训练样本量多、训练时间长、计算延时长，但是准确率最高。对于在线学习，模型更新速度最快，是增量更新的进阶版，在每次获得一个新样本的时候就实时更新，但是这样的训练方式会产生一个很严重的问题——模型的稀疏性很差，会打开过多碎片化的不重要特征。相对来说，增量更新是一种折中的方式，既可以缓解训练时长、计算延时长带来的问题，又可以缓解每个样本更新带来的训练不稳定问题，所以我们也主要采用这种方式。模型实时性训练方式对比如图 11-5 所示。

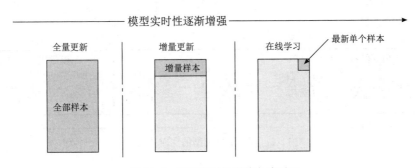

图 11-5　模型实时性训练方式对比

3. 系统实时性完成毫秒级计算

系统实时性体现在数据流和请求流的处理效率，包括用户特征和 Item 特征处理、实时样本拼接、模型快速部署、召回、线上预估、重排等流程在百毫秒甚至数十毫秒内完成数百 Item 的打分计算，其中预估计算的复杂度最高。

在直播场景对实时性强要求，以及相应的实时性理论分析后，我们通过探索与实践将精排模型向实时化演进，总结出一个相对成熟且行之有效的实时增量模型训练框架（见 11.2 节）。

11.1.3　直播精排模型的实时化演进

云音乐直播实时化一直都是"两条腿"在走：一条是特征实时化，一条是模型实时化（如图 11-6 所示）。我们最初主要是通过不断增加各个维度的实时特征来提升系统的实时性，以实时反映主播、用户、上下文在当前的变化，使得模型能够跟上当前的实时变化趋势。另外在提升特征实时性的同时，我们也一直在对模型结构做升级迭代，最初采用的是"特征工程 + 简单的单模型逻辑回归"方式。这种方式的核心在于实时数据、实时交叉特征打点日志的构建。迭代到现阶段，我们采用的是"ESMM+DFM+DMR"模型，通过 ESMM 联合训练来解决 SSB 问题和转化样本的数据稀疏性问题，DMR 模型捕捉用户长期和短期兴趣。但是，该模型现阶段还存在一些问题：特征计算够快了，模型够复杂了，可模型更新不够快，无法更快地抓住全局层面的新的数据特征和变化趋势。

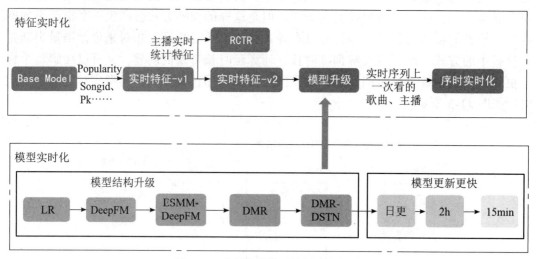

图 11-6　直播精排模型的实时化演进

11.2　实时增量模型的构建

构建实时增量模型的首要任务是把原本基于天级样本构建提升到基于分钟或者秒级样本构建，通过加快样本回流来带动模型的训练和更新。图 11-7 是实时增量模型架构。我们可以看到线上预估、线下训练形成了数据流闭环。

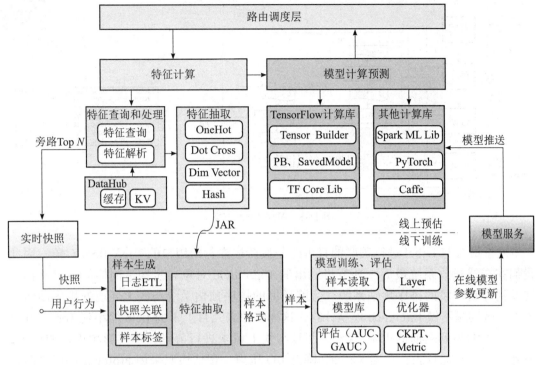

注：模型工程总体图 1

图 11-7　实时增量模型架构

实时样本处理主要包含 3 个阶段：实时特征快照、实时样本归因、实时样本拼接。

11.2.1　实时特征快照

实时特征快照是指将线上预估时所用的特征经过采集、处理后实时写入 KV 存储，然后与生成好的 Label 进行实时关联，这就是样本特征生成部分。但具体在实施过程中，我们也面临不少问题。

1. 特征快照超大

首先直接将线上预估时几百上千的 Item 与 User 特征以日志的方式进行本地落盘，然后通过采集器实时采集本地日志并发送到 Kafka，经过 Flink 处理后实时写入 KV 存储。但是云音乐直播流量很大，每秒超 5 万条数据写入，单条数据体积超过 50KB，每小时就达到 TB 级数据容量，本地磁盘及网络 I/O 无力支撑，KV 存储消耗也大，而且还影响正常请求处理。

为了解决该问题，我们提出了旁路 Top*N* 方案，具体如图 11-8 所示。

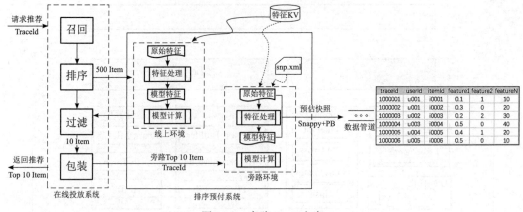

图 11-8　旁路 TopN 方案

　　由于最终与 Label 进行关联的只可能是最后被推荐给用户的 TopN Item 对象，因此我们在在线投放系统最后一环节将胜出的 TopN Item 对象异步构造同样的请求并再次转发到旁路环境的排序预估系统。旁路环境的排序预估系统与线上环境的排序预估系统唯一区别是不做 Inference 模型计算，这样将原来几百上千的 Item 缩小到 TopN 10 以内，几乎缩小到之前的 1% ～ 2%，并且与线上请求进行解耦，不再影响正常的请求。另外，去掉本地日志，直连 Kafka，降低 I/O 压力，预估快照采用 Protobuf 协议，结合 Snappy 压缩，单条体积缩小了 50% 以上。

　　在 KV 存储方面，结合快照数据先进先出的要求，基于 RocksDB 定制了 Tair-FIFO-RDB，很好地解决了写入合并时的 I/O 抖动问题。它的优点很明显图 11-9 展示了 Tair-FIFO-RDB 与流行 KV 的对比。

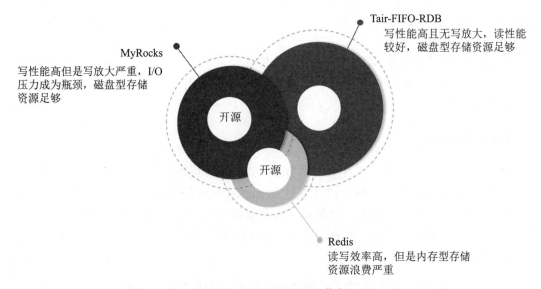

图 11-9　Tair-FIFO-RDB 优点

2. 特征选择难度大

不同场景对特征的选择是不同的，有些场景需要原始特征，有些场景需要经过抽取的特征，有些场景甚至两种情况都需要，有些场景中部分特征是不需要给到线下的。如果每次都需要开发代码去选择什么特征进行落盘，这将极大地影响开发效率。面对这种情况，我们将特征选择进行 DSL 配置化，具体如下：

```xml
<?xml version="1.0" encoding="UTF-8"?>
<snapshot user_id_key="user_id" item_id_key="item_id" rec_id_key="rec_id"
version="3"
value="true">
  <realtime table_name="snapshot-live_audio_home-topic">
  <out_exclude desc=" 对抽取后的特性，过滤哪些特征不写入 kafka">
     <id name="watchaid_90_IDS" />
     <id name="cross_hour_pageimpress_id" />
  </out_exclude>
  <input_include desc=" 对原始特征，选择哪些特征写入 kafka，支持特征别名保存 ">
     <id name="live_anchor_index.popularity" alias="popularity" />
     </input_include>
  </realtime>
</snapshot>
```

可以看到，配置这样一份 XML 去灵活选择什么特征，极大地满足快速上线变更的需求，无需进行代码开发。

3. 样本关联准确度不够

常规的样本拼接仅通过 UserId+ItemId 实现，可能存在特征重复或者关联错误等情况，极大地影响样本准确度、置信度。在云音乐中，我们可利用 RecId 来实现 SnapShot 与标签准确关联。

RecId 是由在线投放系统生成的，代表着每一个用户请求唯一 ID。我们算法推荐链路最后一个重排环节生成 RecId，一方面将 RecId 填充到转给算法预留的埋点字段 Alg 中透出到上游客户端，客户端会在每个 Item 曝光、用户对 Item 发生点击、播放等行为上报，在上报 UA 中都会带上 RecId；另一方面将 RecId 传到 SnapShot 旁路预估系统，在随着特征快照一起落入 Kafka，随后按照 recId_userId_ItemId 落到 KV 存储。

在实时样本拼接阶段，我们通过 key=recId_userId_ItemId 就能将 Label 与 SnapShot 关联成功。

11.2.2　实时样本归因

样本归因是样本打标过程，根据用户对 Item 所表现的行为结果来判断是正样本还是负样本。样本归因对于样本的真实、准确是极为重要的，直接影响学习到的模型是否偏置。

业内常见的样本归因方式有两种。

• 负样本 Cache：由 Facebook 提出，被蘑菇街采用。该方式是让负样本先 Cache，等待潜在正样本做选择，归因准确，训练成本较低，存在等待窗口，准实时。

• Twice Fast-Train：Twitter 提出的样本矫正法（基于 FN 校准、PU 损失），被爱奇艺采用。该方式是正负样本做两次快速更新训练，样本无须显示归因、无等待窗口，更加实时，对流式训练要求高，且强依赖矫正策略，准确性难以保证。

我们结合现有工程特点及业务特性，在实时性与准确性上做了权衡，采用了"负样本 Cache+ 增量窗口"修正方式，具体如下。

我们以一个首页直播场景为例，这个场景的学习目标是 ctr、cvr。标签分为 ctr_label（是否有点击）、cvr-laber（　　）两种是否有效观看的样本。每条样本存在以下 3 种状态，如表 11-1 所示。

表11-1　样本的3种状态

ctr_label	cvr_label	feature{1…n}	样本说明
0	0	{fea1:[0,1,3],fea2:[100]}	曝光无点击
1	0	{fea1:[0,1,3],fea2:[100]}	曝光有点击，但无有效观看
1	1	{fea1:[0,1,3],fea2:[100]}	曝光有点击，且有效观看

同一个用户对同一个 Item 可能会产生多条 UA 日志，比如对于 ItemId=10001 主播来说，推荐曝光之后会产生一条曝光行为数据（Impress UA），如果 userId=50001 用户对推荐进行了点击就会产生一条点击行为数据（Click UA），如果 userId=50001 用户点击之后有效观看了就产生一条播放行为数据（Play UA）。但在最后生成样本时，只可能保留一条 UA，也就是只可能存在上面 3 种情况中的其中一种。如果是离线样本的话，样本归因通常在 Spark 中按照 GroupBy(recId_userId_ItemId) 进行计算，然后保留行为链路中最后一条 UA；但如果是实时样本的话，样本归因该怎么做？

延时处理环节的时间窗口是根据目标转化时间来评估的。确定时间窗口后，完成以下流程。

• 预存 KV 只存曝光之后的行为标志，如 click、playend、key：recId_userId_ItemId_action、value：1。

• 当 Impress UA 产生时，根据 recId_userId_ItemId_1 查预存 KV，如果能查到有 Click 行为，就丢弃当前的 UA，否则标记 ctr_label=0、cvr_label=0。

• 当 Click UA 产生时，根据 recId_userId_ItemId_2 查预存 KV，如果能查到有 Play

行为，就丢弃当前的 UA, 否则标记 ctr_label=1、cvr_label=0。

● 当 Play UA 产生时，计算播放时长，如果播放时长小于有效播放时长，标记 ctr_label=1、cvr_label=0，如果播放时长大于或等于有效播放时长，则标记 ctr_label=1、cvr_label=1。

我们把以上实时样本归因过程整理为图 11-10。

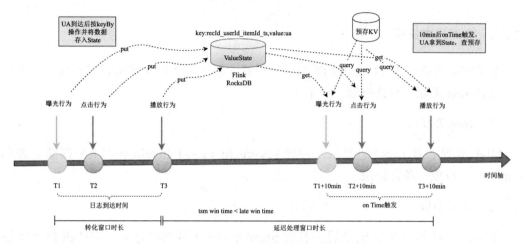

图 11-10　实时样本归因示意图

在技术实现上，我们通过 Flink 完成 "keyBy+State+Timer" 来实现上述样本归因，如图 11-11 所示。

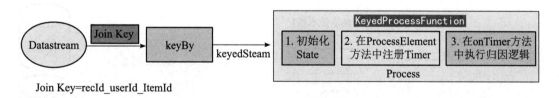

图 11-11　Flink 实现样本归因过程

● 对输入流按照关联的 key:recId_userId_ItemId_ts 进行 keyBy 操作，如果 keyBy 操作有数据倾斜情况，可在操作之前加一个随机数。

● 对经 keyBy 操作的数据流进行 KeyedProcessFunction 处理，在 KeyedProcessFunction 中定义一个 ValueState，重写 ProcessElement 方法，并在 ProcessElement 方法中进行判断，如果 ValueState 为空，则新建一个 State，并将数据写到 ValueState 中，为这条数据注册一个 Timer。（Timer 会由 Flink 按 key+timestamp 自动去重）。

● 重写 onTimer 方法，在 onTimer 方法中主要是定义定时器触发时执行的逻辑（执行逻辑即如上归因逻辑）。

当然也存在一些特殊情况，如某些用户对 Item 存在跨窗口行为，或者首页息屏再开启，用户可能不会重新请求刷新 Item，而 Item 是上一次推荐的结果，这直接影响实时样本归因效果。对同一个用户同一个 Item 来说，上一个窗口可能归因到负样本，下一个窗口可能归因到正样本。通常，我们可以离线再进行一次小批量归因处理。

统计在 groupby(recid,userid,ItemId) 后，是否存在 >1，如果有，只保留 Max(sum(ctr_label,cvr_label)) 那条样本。

11.2.3　实时样本拼接

有了实时特征快照（SnapShot）与实时标签，接下来我们实现实时样本拼接，主要工作包含 Join 关联、特征抽取、样本输出。

（1）Join 关联

Flink 拿到一条 Label 记录后，按照 key=recId_userId_ItemId 查询 KV 存储，查到 SnapShot 后拼成一条宽记录。

（2）特征抽取

在 Join 关联拼接成宽记录后，有的 SnapShot 特征是原始特征，需要进行特征抽取，计算逻辑要与线上预估逻辑保持一致，因此我们需要对线上预估样本进行特征抽取并打包成 JAR 文件给到线下 Flink，这样保证了上面提到的线上线下特征计算一致性。如图 11-12 所示，同一个算子库通过 JINI 机制在线上和线下同时使用。

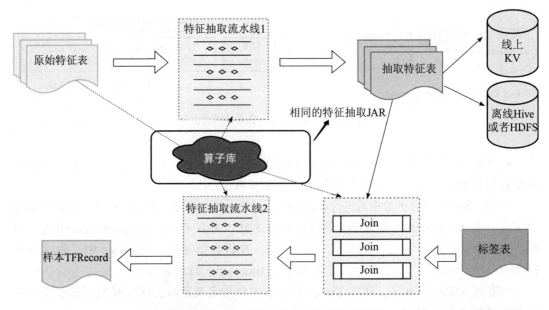

图 11-12　同一算子在线上和线下同时使用

（3）样本输出

按照不同的训练格式进行 Format，常见的如 TFRecord、Parquet，然后输出到 HDFS。

11.2.4 增量训练和更新

1. 全量更新

模型训练最常用的方式是全量更新。模型会利用某时间段内的所有训练样本进行重新训练，再用训练好的新模型替代"过时"的模型。

但全量更新需要训练的样本量大，所需训练时间较长；而且全量更新往往在离线的大数据平台上进行，如 Spark+TensorFlow，数据延时也较长，这都导致全量更新是实时性最差的模型更新方式。

事实上，对于已经训练好的模型，我们可以仅对新加入的增量样本进行学习，这就是所谓的增量更新。

2. 增量更新

增量更新仅将新加入的样本输入模型进行学习。从技术上来说，深度学习模型往往采用随机梯度下降（SGD）算法及其变种进行学习。模型对增量样本的学习相当于在原有样本的基础上继续输入增量样本进行梯度下降。因此在深度学习模型的基础上，由全量更新改为增量更新的难度并不大。

但工程上的任何事情永远不存在完美的解决方案，增量更新也不例外。由于仅利用增量样本进行学习，模型在多轮更新之后也是收敛到新样本的最优效果，而很难收敛到"原所有样本＋增量样本"的全局最优效果。

因此在实际的推荐系统中，我们往往采用增量更新与全局更新相结合的方式，在进行几轮增量更新后，在业务量较小的时间窗口进行全局更新，纠正模型在增量更新过程后中积累的误差，在实时性和全局最优之间进行取舍和权衡。

训练过程如图 11-13 所示。

注意：考虑到场景的问题，按小时增量下部分特征的样本过少会导致某些特征过拟合，而使得效果下降。

我们可通过分析特征在不同维度的分布，设置特征过滤条件以缓解过拟合问题。

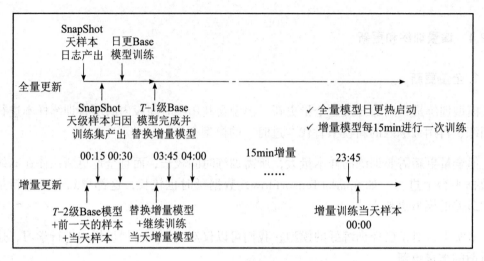

图 11-13   增量训练过程

例如某些主播 ID 样本很少，或者从未出现过，但是在线上推断时出现，还是会进行预测，这样会导致预测分数有问题。又如某主播大多数时间在晚上开播（样本多，效果好），如果某一天在早上开播（样本少、效果差），即使日更 Base 模型是训练充分的，但是如果早上的样本被增量训练了，就会导致模型 Embedding 层训练有偏。

11.2.5   线上效果

整个模型上线后也取得比较喜人的成果。结合上述样本归因处理、离线模型热启动以及特征准入方案，我们最终在首页直播模块推荐场景取得一定成效：平均 24 天转化率相对提升 5.219%；平均 24 天点击率相对提升 6.575%。

我们针对不同的模型更新频率进行多种方案测试。图 11-14 为 A/B 测试结果，t1 组为离线日更模型，每天更新替换模型文件；t2 组为 2h 更新模型，即模型每两个小时进行增量训练；t8 组为 15min 更新模型，即模型每 15min 进行增量训练。经过多次测试，我们发现模型更新越快，效果越好，也越稳定。

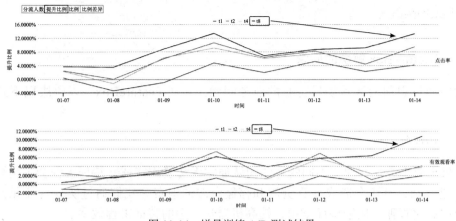

图 11-14　增量训练 A/B 测试结果

11.3　特征平台将实时能力泛化到更多场景

云音乐从成立到现在已有千万级 DAU、百级别算法场景、百级别算法模型、百级别算法科学家。在实践实时增量模型对商业化直播场景有显著效果提升之后，如何将实时能力泛化到云音乐更多的场景以发挥更大的价值是工程团队面临的重大挑战。

模型建模整个周期中 80% 时间与做数据相关，其中特征计算占比高达 50%，而特征复用和发现难、线上线下一致性难、开发效率低是阻碍实时模型快速泛化的 3 个核心问题。

- 特征复用难：无规范，数据格式参差不齐，每次都从最底层 ODS 开始计算，无管控，没有实现元数据管理中心化。
- 线上线下一致性难：跨线上线下计算，两套工具环境不一致，造成线下效果好，线上预估差；存在实时特征线上线下 Join 时发生穿越的问题。
- 开发效率低：线上线下对同一个处理要开发两套代码；沟通缺失，完全靠人工进行烟囱式开发。

上述痛点正好是特征平台所能解决的问题。为此，我们自研云音乐 Music FeatureBox（磐石）来解决上述痛点，将实时模型应用于精排、召回、粗排环节，并工程化、平台化掌控全链路建模过程，方便在小场景低门槛、短周期复用头部场景优化模型。下面重点介绍云音乐自研 FeatureBox 以及基于 FeatureBox 构建的在线预估引擎的建设。

11.4 FeatureBox

11.4.1 FeatureBox 解决的问题

我们通过识别云音乐场景特有的业务问题，自研 FeatureBox，以解决以下几方面问题。

（1）特征复用

如果没有中心化管理，不同的算法团队通常无法复用特征，特征工程会占用算法工程师大量时间，且还会造成计算资源和存储资源的浪费。我们通过实现特征元数据的注册与中心化管理，促进特征复用，提高机器学习中的特征工程效率。

（2）高性能的特征存储和服务

特征存储引擎在不同的场景中有着完全不同的应用需求（训练、离线预估需要扩展性好，存储空间大；实时预估需要低延时、高响应）。我们通过自研不同内核的特征存储引擎（MDB、RDB、FDB、TDB），并封装逻辑存储层来路由不同的物理存储引擎，在不同的场景中使用不同的物理存储引擎来满足个性化应用需求。

（3）模型训练、预估使用的特征一致性

用于训练和预估的特征往往因为不同的实现，而产生异构或者计算不一致，这会导致模型预估产生偏差。我们在 DataHub 系统中抽象出一层数据访问层，将模型和物理存储隔离并解耦，通过统一数据访问 API 和自动化数据同步任务，来保证训练、预估使用的特征一致性。

（4）特征抽取、算子复用

因为计算环境和数据上下文有所不同，通常模型的离线训练和在线预估会各自执行一套特征抽取逻辑，这样做不仅会带来额外的开发工作量，还会带来因跨语言、跨环境等引起计算精度不一致、质量风险和维护成本增加等问题。我们设计了一套跨语言、跨平台的算子库、特征抽取和计算引擎，以实现一套"算子库 + 统一的 DSL 语法配置"在线上和线下各个计算环境中生效。

（5）训练样本生产、管理

从特征数据到最终输入模型训练的样本数据集往往会经过特征筛选、特征抽取、采样、样本拼接等过程。FeatureBox 通过标准的 API 规范了该过程中的输入和输出，并支持自定义数据管道且托管了整个过程的数据管道任务，以实现特征数据和模型训练的无缝对接。

（6）特征质量监控和分析

机器学习系统产生误差很大一部分原因来自特征质量问题。FeatureBox 可以通过统计存储和服务中的一些指标，来帮助算法工程师发现和监控特征质量。

11.4.2　FeatureBox 整体架构

FeatureBox 并不是单一的服务或者代码库，而是一套完整的面向机器学习流程的数据系统。FeatureBox 是云音乐自研的数据服务管理系统，基于 DataHub 构建起来的，整体架构如图 11-15 所示。

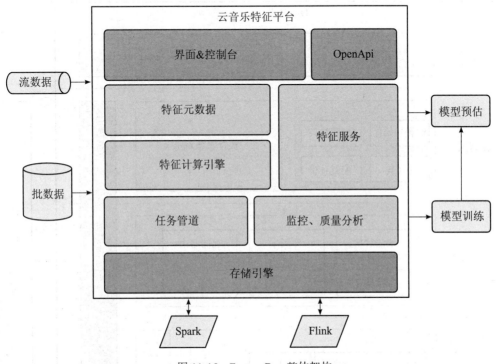

图 11-15　FeatureBox 整体架构

下面对其中几个核心模块进行详细介绍。

11.4.3　DataHub 模块

DataHub 是 FeatureBox 中最核心的模块，可以说是整个 FeatureBox 的基石。它构造了一套抽象的特征元数据，并且封装各种不同物理存储的 API，将所有对物理数据的读写都抽象成对特征的操作。我们可以通过 DataHub 获取特征的 Schema 和 Storage 元数据，并且可以在任意语言和环境中使用 DataHub API 访问到你需要的特征。通过 DataHub，FeatureBox 能够让算法工程师对特征数据的操作在离线、在线等各种环境下保持一致的体验。

同时作为访问 Storage 的 Proxy，DataHub 包含序列化、压缩、参数验证等切面化功能，以帮助用户屏蔽一些技术优化项，实现更高的读写效率。此外，DataHub 还能作为数据和物理存储交互的拦截处理管道，支持添加各种自定义的处理过程（语法过滤、安全处理、缓存优化等）。图 11-16 展示了 DataHub 的核心功能模块。

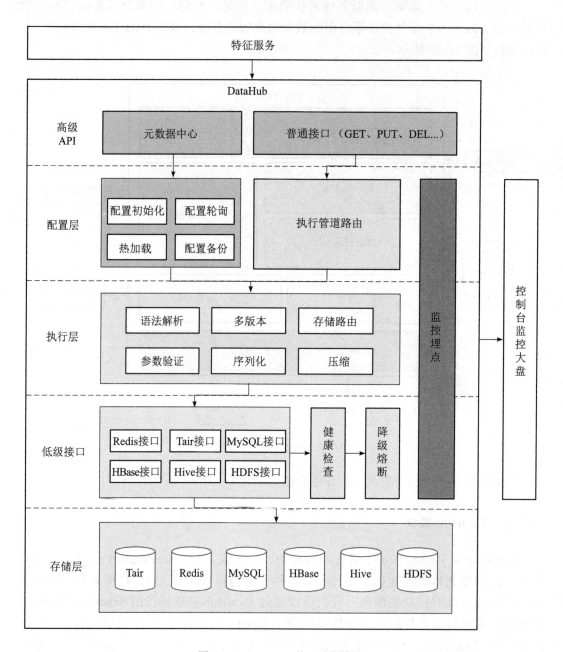

图 11-16   DataHub 核心功能模块

　　要想所有的存储数据都有元数据，首先要做的就是设计一套标准的表格模式，能够表达目前所有业务数据的格式。而对于模式实现来说，最重要的就是 Value 序列化方案选型，需要考虑以下几点。

- 容易理解，能够方便地扩展字段。
- 支持跨语言序列化。
- 拥有高效的编 / 解码性能和高压缩比。

　　根据以上几点，我们很容易想到两个方案：一是 Json，二是 Protobuf。这两个方案各有利弊。

　　（1）Json 方案

　　优点：很容易理解，扩展性也非常好，能够兼容各种语言。

　　缺点：是 string 类型的明文存储，压缩比和编 / 解码性能都不高。

　　（2）Protobuf 方案

　　优点：作为 Google 老牌序列化方式，拥有非常高的编 / 解码性能和压缩比，也有很好的跨语言支持能力。

　　缺点：需要生成 Proto 文件来维护 Schema，不利于字段动态扩展。一个表增加字段，可能涉及线上应用、Flink 应用、ETL 应用、Spark 应用等多个地方的 schema 变更。

　　那么有没有办法，既能拥有 PB 库的高效性能，又能拥有 Json 的扩展能力？答案是肯定的！

　　我们调研通过 PB 库中的 com.google.protobuf.DynamicMessage 类和 com.google.protobuf.Descriptors.Descriptor 类来实现基于 Protobuf 的元数据管理和转换，并通过开源库 Protostuf 来实现 Proto 文件的动态编译，从而将 protobuf 格式做到像 Json 格式一样可以直接通过 Map<String,Object> 来操作的便利，并且不用多端同时更新 Proto 文件。

　　确定了 Value 的序列化方式之后，构建 Table Schema 就容易多了。由于 DataHub 对于特征服务只提供 KV、KKV 的数据接口，那么我们定义的 Table Schema 只要再增加 PK（Primary Key）和 SK（Second Key）列就可以了，剩下的列就是 Value 的 PB Schema。这样，我们就能既保证存储引擎对于高效读写的要求，又保证业务系统对于简单易用的要求。

　　例子：music_alg:fm_dsin_user_static_ftr_dpb（一张用户静态特征表）的 PB 格式，如图 11-17 所示。

图 11-17　一个具体用户静态特征表的 PB 格式

自动生成 Protobuf:

```
syntax = "proto3";
package alg.datahub.dto.proto;
message UserStaticFeature {
  repeated float userTag = 1;
  repeated float userLan = 2;
  repeated float userRedTag = 3;
  repeated float userRedLan = 4;
  SparseVector userMultiStyleSparseVector = 5;
  repeated float userRedSongTimespan = 6;
  repeated int32 userBaseFeatureStr = 7;
  float userAgeType = 8;
  float userRank = 9;
  repeated float userSong2VectorEmbedding = 10;
  repeated float userChineseTag = 11;
```

```
        repeated float userTagPlayEndRate = 12;
        repeated float userLanPlayEndRate = 13;
        repeated float userPubTimePlayEndRateAll = 14;
        SparseVector artistPlayEndRatioSparseVector = 15;
        repeated float dsUserTag = 16;
        repeated float dsUserLan = 17;
        repeated float dsUserRedTag = 18;
        repeated float dsUserRedLan = 19;
        repeated float fatiRatio = 20;
    }
    message SparseVector {
        int32 size = 1;
        repeated int32 indices = 2;
        repeated double values = 3;
    }
```

11.4.4　Transform 模块

Transform 是 FeatureBox 除 DataHub 之外的另一个核心模块，它主要管理从特征读取到模型输入的整个过程，是机器学习系统中特征工程和模型工程衔接的纽带。Transform 由 FeatureBox 中注册的特征元数据、算子元数据等编排配置而成，能够跨语言、跨引擎地表达特征抽取过程。

与业内的 Transform 定义不同，这里的 Transform 只是一个自定义 DSL 的配置描述，表示整个特征抽取和计算过程，并不包括具体的任务和任务管道（相关部分在 Job Generator 和 Web Console 的任务管理功能中）。

根据实际的应用场景不同，Transform 可以分为 3 种情况，如表 11-2 所示。

表11-2　Transform应用场景

场景	描述	特征获取	算子语言（兼容）	输出类型
离线训练	用于离线模型训练的批量 Transform	从 Hive、HDFS 获取一个 DataSet	Java、Scala、C++	TFRecord 文件
在线预测	用于在线模型预测的指定特征集合的 Transform	从 Redis、Tair 通过 Key 查询特征集合	Java、Scala、C++	Vector 对象
实时特征计算	用于实时特征生产的流数据 Transform	从 Kafka、Nydus 获取流数据	Java、Scala、C++	动态 Protobuf 对象

我们可以通过同样的 Transform 语法来表达不同环境和计算引擎的特征计算执行过程，以产出最终需要的特征值。图 11-18 详细地描述了一个 Transform 语法案例。

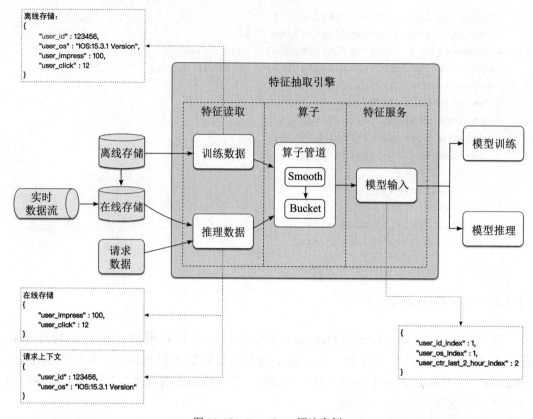

图 11-18　Transform 语法案例

　　下面介绍模型特征自描述语言（Model Feature Description Language，MFDL）在线上预估系统中的使用。

11.4.5　MFDL 模块

　　MFDL 用来实现特征抽取过程低代码、跨平台、跨语言的 DSL，能帮助业务方快速构建和复用特征以及特征处理逻辑（算子）。其价值主要休现在如下几方面。

　　● 一致性协议：在线与离线模型通过相同的 XML 及 DSL 协议来描述特征的输入、处理、输出过程，特别是特征处理，采用单算子 UDF。线上使用的算子通过 JNI 方式分发到线下使用，这样可保证算子逻辑是一致的。

　　● 低代码实现：在线与离线模型在进行 Transform 时，业务方只需要编写 MFDL 即可。业务方可不断丰富公共算子，在新场景开发时直接复用公共算子，实现低代码开发。

　　● 多环境执行：通过 Antrl4 实现 MFDL 的解析，并进行优化形成执行计划，封装通用的底层 API 及 Pipeline，最后以服务包方式供线上、线上使用，实现多环境执行。

　　● 元数据连通：在 MFDL 中会有输入及输出，并以 DataHub 表承载落地到 KV。我们可通过模型的维度进行特征血缘追溯。

图 11-19 是对 MFDL 的描述,左边是特征计算 DSL,右边是线上使用的一份配置。

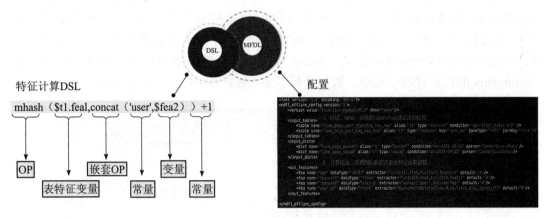

图 11-19　模型特征描述 MFDL

11.4.6　Storage 模块

Storage 是 FeatureBox 中的物理存储层,负责存储真实的特征数据,并对上游的数据服务层提供数据读写服务。根据不同的特征应用场景,Storage 模块可以分为离线存储和在线存储。

（1）离线存储

离线存储通常应用于训练或批预测场景,存储近月、近年来 TB 级特征数据,提供小时级、天级批量读写能力。常见的离线存储有 Hive、HDFS 等。

（2）在线存储

在线存储通常应用于实时预测场景,只存储特征数据的最新值,并有着高响应、低延时要求。常见的在线存储有 Redis、Tair、MySQL 等。在云音乐,我们为了满足不同类型的特征存储要求和不同场景的响应要求,基于 Tair 架构定制了存储引擎内核,具体如下。

• MDB:基于内存 Hash 表的内存型存储引擎,有着高响应、低延时、存储资源代价高的特点,通常用于存储对响应要求非常高的小容量特征数据。

• RDB:基于 RocksDB 的磁盘型存储引擎,响应和延时略不如 MDB,但存储资源代价更低,能够支持数据批量更新,通常用于存储大容量特征数据。

• FDB:基于 FIFO Compaction 策略的 RocksDB 存储引擎,很适合存储日志型数据而不会带来写放大,通常用于存储 SnapShot 特征快照数据。

• TDB：自研的时序型存储引擎，能够根据不同时间粒度聚合计算数据，但响应和延时要低于 MDB、RDB，通常用于存储带时间字段聚合的统计型特征数据。

图 11-20 是 FeatureBox 使用的底层存储方式和内核展示。FeatureBox 以 DataHub、DataService 为路由代理，将上层业务对特征数据的读写路由并转化到实际对应的 Storage 连接进行操作。所以，用户对底层 Storage 的 API 和运维其实是不感知的，他们只是通过 Web Console 来定义 Schema 与选择特征数据更适用的存储库。这也促使 FeatureBox 的特征管理、运维、数据迁移、扩 / 缩容等工作变得更加方便。

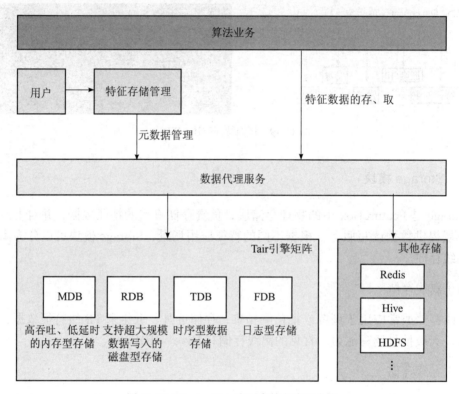

图 11-20　FeatureBox 底层存储方式和内核

11.4.7　Monitor 模块

因为 FeatureBox 存储所有的特征元数据、特征服务数据等，所以它能提供非常好的特征监控服务，帮助整个机器学习流程定位和发现各种特征数据问题。一般情况下，我们主要统计和监控以下 3 类指标。

（1）特征基础指标

特征基础指标是指对存储引擎中特征数据的一些统计，如特征覆盖度、存储容量、新鲜度、分布等。这些基础指标可以帮助我们快速了解一个特征的基本信息，以便算法工程师、数据开发工程师使用。

（2）特征服务指标

特征服务指标是指 DataService、Storage 等在线系统的实时运行指标，如存储指标（可用性、容量、利用率等）、服务指标（QPS、RT、错误率等）等。这些指标可以帮助我们实时观察和分析当前整个 FeatureBox 的在线系统是否稳定可用，以确保上游业务和 App 提供的服务稳定、可用。

（3）特征、模型偏移指标

特征、模型偏移指标是指通过特征重要性、模型训练和预测数据偏差等指标来表达特征数据质量。因为随着时间的推移或者一些突发的外部事件，线上部署的模型的训练数据和实际的预测数据之间会产生比较大的偏差，从而造成模型效果下降，所以我们需要统计特征、模型偏移指标来维持生产环境中机器学习模型的效果。

关于特征基础指标和偏移检测，FeatureBox 的 Monitor 模块主要集成 TFX 中的 Data Validation 组件来实现对数据集的分析和监控。该模块主要具有以下 3 种分析和监控功能。

- 针对静态数据集统计的可视化分析。
- 根据先验期望 Schema 校验数据集统计分析。
- 采用双样本对比检测数据偏差和漂移。

图 11-21 展示了 Monitor 模块在整个机器学习流程中的位置和作用。

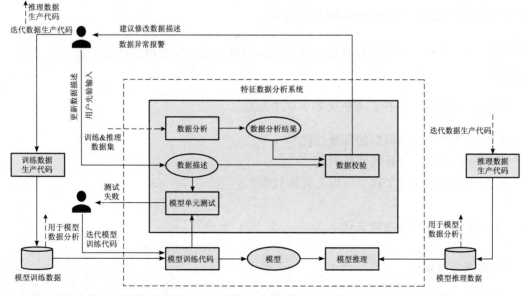

图 11-21 Monitor 模块在机器学习流程中的位置和作用

图 11-22 展示了针对数据集的基础统计信息和分布提供的可视化视图，以方便算法科学家排查数据异常问题。（原生的 TFDV 通过 Jupyter Notebook 执行脚本以生成可视化信息，我们也可以通过采集每次统计的 stats 数据以展示到 FeatureBox 界面中。）

统计视图会将特征分为连续值和离散值两类，两者都会有分布统计，连续值会有中位数、方差、标准差等统计。

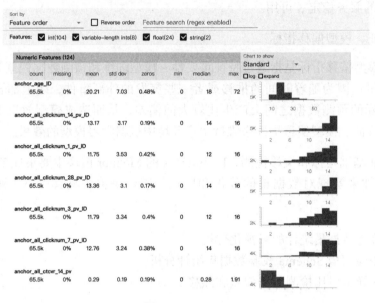

图 11-22　TFDV

11.5　在线预估基于 FeatureBox 的构建

对于在预估系统中如何高效查询特征和使用算子来做相关抽取计算，这里也分享一些实践。

预估系统的建设过程思考解决如下 3 个问题。

- 如何解决特征和模型的高效迭代？
- 如何解决预估计算的性能问题？
- 有没有机会通过工程手段提升算法效果？

11.5.1　特征与模型的高效迭代

1. 系统分层设计

系统分层设计仅暴露上层接口层，不同业务间完全复用中间层和底层实现，可较大程度减少代码开发。

- 底层框架层：该层提供异步机制、任务队列、Session 管理、多线程并发调度、通络通信相关的逻辑、外部文件加载与卸载等。
- 中间逻辑层：封装查询管理、缓存管理、模型更新管理、模型计算管理等功能。
- 上层接口层：按照执行流程提供 HighLevel 接口，算法在此层实现计算逻辑。

图 11-23 展示了框架分层设计。

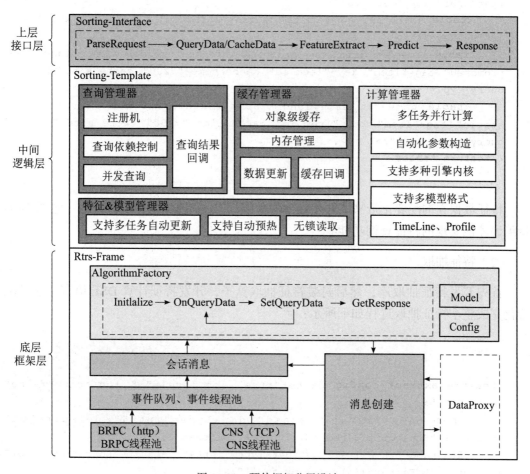

图 11-23　预估框架分层设计

2. 配置化完成模型计算全流程

按照执行流程，我们可以把处理过程分成 3 个阶段，分别是数据查询、特征抽取、模型计算。在框架中，我们对每个阶段进行封装，并提供配置化描述语言来完成各个阶段的逻辑表达。

（1）数据查询

通过 XML 配置表名、查询 Key、缓存时间、查询依赖等，我们可实现特征数据的外部查询、解析、缓存全流程，如下所示：

```xml
<feature_tables>
    <table name="music-rec-fm_set_action" alias="trash_song" tag="user"
key="user_id"/>
    <table name="music_fm_dsin_user_static_ftr_dpb" alias="u_static"
tag="user" key="user_id"/>
    <table name="alg_song_ua_rt" alias="u_rt_red" tag="user" key="user_
id" subkey="1"/>
    <table name="fm_dsin_song_promoted_info_feature_dpb_mdb" alias="Item_
promoted" tag="Item" key="Item_id" cache_time="7200" cache_size="800000"
query_type="sync"/>
    <table name="fm_dsin_song_static_feature_dpb_mdb" alias="Item_
static" tag="Item" key="Item_id" cache_time="7200" cache_size="800000"
query_type="asyc"/>
</feature_tables>
```

特征数据查询配置化带来了开发效率的大幅提升，用少量配置就实现了以往需要大量编码才能实现的特征查询功能。

（2）特征抽取

首先开发特征抽取库，然后封装特征抽取算子，开发特征计算 DSL 语言，通过配置化完成整个特征抽取过程如下所示：

```xml
<feature_extract_config cache="true" log_level="3" log_echo="false"
version="2">
    <fea name="isfollowedaid" dataType="int64" default="0L"
extractor="StringHit($Item_id, $uLikeA.followed_anchors)"/>
    <fea name="rt_all_all_pv" dataType="int64" default="LongArray(0, 5)"
extractor="RtFeature($all_all_pv.f, 2)"/>
    <fea name="anchor_all_impress_pv" dataType="int64" default="0"
extractor="ReadIntVec($rt_all_all_pv, 0)"/>
    <fea name="anchor_all_click_pv" dataType="int64" default="0"
extractor="ReadIntVec($rt_all_all_pv, 1)"/>
    <fea name="anchor_all_impress_pv_id" dataType="int64" default="0"
extractor="Bucket($anchor_all_impress_pv, $bucket.all_impress_pv)"/>
    <fea name="anchor_all_ctr_pv" dataType="float" default="0.0"
```

```
extractor="Smooth($anchor_all_click_pv, $anchor_all_impress_pv, 1.0,
1000.0, 100.0)"/>
        <fea name="user_hour" dataType="int64" extractor="Hour()"
default="0L"/>
        <fea name="anchor_start_tags" dataType="int64" extractor="Long2ID($live_
anchor_index.start_tags,0L,$vocab.start_tags)" default="0L"/>
</feature_extract_config>
```

（3）模型计算

对模型加载、参数输入、模型计算等进行封装，通过配置化实现模型加载与计算全流程。模型具体特点如下。

- 预估框架集成 Tensorflow Core 支持多种模型形态。
- 支持多模型加载，支持多模型融合打分。
- 支持多 Buf 模型更新，自动实现模型预热加载。
- 支持多种格式的参数输入（Example 和 Tensor），内置 Example 构造器和 Tensor 构造器，对外屏蔽复杂的参数构造细节，简单易用。
- 扩展多种机器库，例如 Paddle、GBM 等。

上述流程实现如下所示：

```
<model_list>
        <!-- pb 模型, tensor 输入, 指定 out_names -->
        <id model_name="model1" model_type="pb" input_type="tensor" out_
names="name1;name2" separator=";" />

        <!-- savedmodel 模型, tensor 输入, 指定 out_names -->
        <id model_name="model2" model_type="mdl" input_type="tensor" out_
names="name1;name2" separator=";" />

        <!-- savedmodel 模型, example 输入, 指定 out_aliases -->
        <id model_name="model3" model_type="mdl" input_type="example" out_
aliases="aliase1;aliase2" separator=";" signature="serving_default" />
</model_list>
```

通过上述配置，我们可以完成模型加载、模型输入构造、模型计算全流程，实现了之前需要大量编码才能实现的模型计算功能。

3. 封装特征抽取框架

特征抽取的目的是将非标准的数据转换成标准的数据，然后提供给机器学习训练平台和在线计算平台使用。特征抽取分为离线过程和在线过程。图 11-24 展示了一个特征抽取示意图。

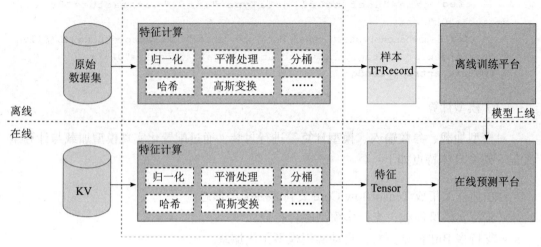

图 11-24   特征抽取示意图

特征抽取存在哪些个问题？

• 一致性难以保证。线上抽取与线下抽取因平台不同（语言不同）需要开发多套代码，从而引发逻辑不一致问题。一致性问题一方面会影响算法效果，另一方面会带来高昂的一致性校验工程落地成本。

• 开发效率低。特征生产和特征应用要对应多套系统，新增一个特征要修改多处代码，开发效率低下。

• 复用难。框架缺乏对复用能力的支撑，特征计算逻辑差异大，导致团队间数据复用难，资源浪费、特征价值无法充分发挥。

如何解决上述问题？

（1）抽象算子

提出算子概念，将特征计算逻辑封装成算子。为了实现算子抽象，首先必须定义统一的数据协议（标准化算子的输入与输出），这里我们采用动态 PB 技术，根据特征的元数据信息，采用统一的方式处理任意格式的特征，并且建立平台通用算子库和业务算子库，实现了特征数据和特征计算的复用能力。

（2）定义特征计算 DSL 语言

基于算子，我们设计了特征计算表示语言 DSL，通过该语言支持多阶抽取和抽取依赖，通过基础算子的多种组合实现复杂的特征计算逻辑，提供丰富的表达能力。DSL 表达式如图 11-25 所示。

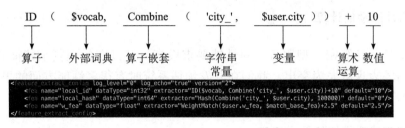

图 11-25 DSL 表达式

（3）多平台兼容

特征计算不一致的根本原因是特征计算分为离线过程和在线过程。离线特征计算一般是在 Spark 平台和 Flink 平台（使用 Scala 或 Java 语言），而在线特征计算在一般 C++ 环境。平台和语言不一样就导致相同的特征计算逻辑要开发多套代码，多套代码间就可能出现逻辑不一致的问题。为了解决上述问题，我们必须实现特征处理逻辑多平台兼容。考虑到在线计算平台使用的是 C++ 语言，于是特征处理核心库采用 C++ 语言实现，对外提供 C++ 接口（支持在线计算平台）、Java 接口（支持 Spark 和 Flink 平台），并提供一键编译功能，编译后生成 So 库和 Jar 包，方便集成到各个平台中运行。

图 11-26 展示了特征抽取跨平台解决方案。

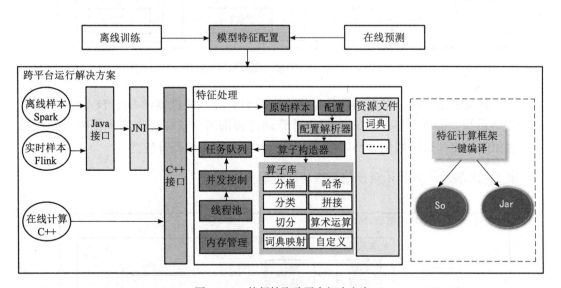

图 11-26 特征抽取跨平台解决方案

我们通过封装特征抽取库，提供特征抽取跨平台运行能力，实现一次代码编写多平台（多语言）运行，可解决多平台特征抽取逻辑不一致问题；通过算子封装、算子库建立，可实现特征与特征计算的高度复用；通过开发特征计算 DSL 语言，可实现配置化开发特征抽取的能力。基于上述构建，我们极大地提升了在特征抽取方面的效率。

11.5.2 高性能预估计算

预估服务是计算密集型服务，对性能要求极高，尤其在处理复杂特征和复杂模型时，性能问题表现得尤为突出。我们在开发预估系统时有很多性能方面的思考和尝试，下面将详细介绍。

1. 无缝集成高性能机器学习库

前面介绍过传统预估方案是将特征处理服务和模型计算服务分进程部署，这样就会涉及特征的跨网络传输、序列化、反序列化和频繁且大量的内存申请和释放，尤其是在推荐场景中的特征计算量大时会带来较大的性能开销。

图 11-27 展示了传统方案服务部署和特征传输。

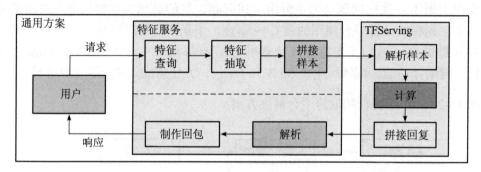

图 11-27　传统方案服务部署和特征传输

为了解决上述问题，在新的预估系统中，我们将高性能机器学习库 TF-core 无缝集成到预估系统，即实现特征处理和模型计算同进程部署。这样可以实现特征指针化操作，避免序列化、反序列化、网络传输等开销，较大程度地提升性能。

图 11-28 展示了云音乐新预估系统特征传输。

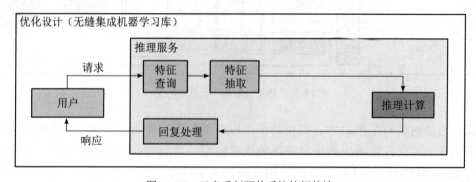

图 11-28　云音乐新预估系统特征传输

2. 全异步架构

为了提升计算能力，我们采用了全异步架构设计，利用计算框架异步处理、外部调用无阻塞等待，最大限度将线程资源留给实际计算。机器过载时会自动丢弃任务队列中超时的任务，避免机器、进程被拖垮。

图 11-29 展示了异步架构设计。

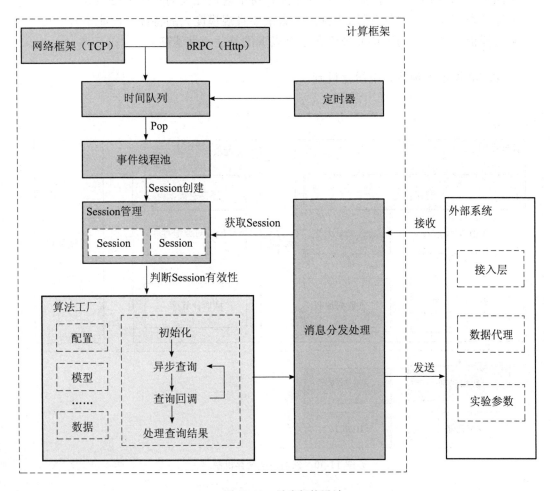

图 11-29　异步架构设计

3. 多级缓存

推荐场景的请求由一个 User 和一批候选 Item（50 ～ 1000 个不等）组成，而热门 Item 的数量仅在十万或者百万级别，Item 特征更新分为离线特征更新（小时级或者天级更新）和实时特征更新（秒级或者分钟级更新）。基于推荐场景的请求特点，Item 特征完全可以通过请求触发的方式缓存在进程内，这样系统在超时时间内可以直接使用缓存中的内容，避免无效的外部查询、特征解析和特征抽取。这不仅能大大降低外部存储的查询量，也能大大降低预估服务的资源占用。目前，预估服务在特征数据查询和特征抽取计算环节使用了缓存机制。在缓存设计上，我们采用了线程池异步处理、分多个桶保存缓存结果等措施提升缓存查询性能，并且设计了多种特征查询及缓存策略。

- 同步查询和 LRU 缓存适用于特征重要且特征规模庞大的特征（性能低）。
- 异步查询和 LRU 缓存适用于特征不太重要且规模庞大的特征（性能中）。
- 特征批量导入适用于特征规模在千万以下的特征（性能高）。

图 11-30 展示了预估系统缓存机制。

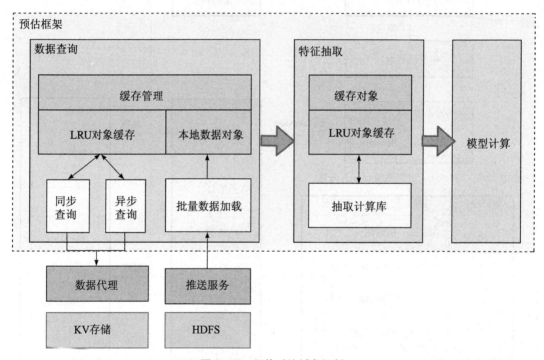

图 11-30　预估系统缓存机制

4. 合理的模型输入建议

针对 TensorFlow 的模型输入，Tensor 输入的性能会优于 Example 输入的性能。图 11-31 展示了 Example 输入的 Timeline，图 11-32 展示了 Tensor 输入的 Timeline。可以明显地发现，使用 Example 作为模型输入时，在模型内有较长的解析过程，并且在解析完成前，后面的计算无法并发执行。

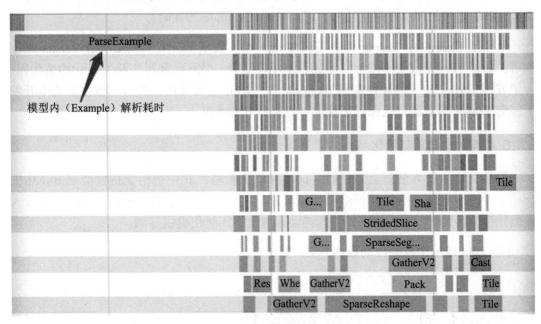

图 11-31　Example 输入的 Timeline

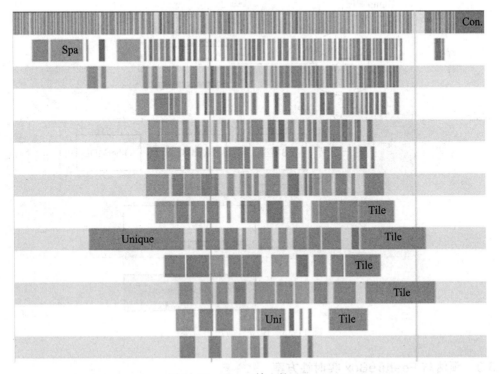

图 11-32　Tensor 输入的 Timeline

为什么使用 Tensor 输入可以提高性能？这主要是因为 Tensor 输入可以减少 Example 的序列化和反序列化耗时，以及 ParseExample 的耗时。

但相比 Example，Tensor 构造逻辑复杂，开发效率低。我们需要关注 Tensor 维度细节，如果 Tensor 改变（添加、删除、维度改变等）都需要重新开发 Tensor 构造代码。为了兼顾 Tensor 输入的高性能和 Example 输入的开发便捷性，我们在预估系统中开发了一套 Tensor 构造器，既保证了性能，也降低开发难度。

5. 模型加载与更新优化

在模型的加载与更新上，我们尝试多种优化策略，其中包括支持模型双 Buf 热更新、支持模型自动预热加载、旧模型延时卸载等。通过上述优化策略，我们可实现大模型分钟级热更新，线上请求耗时无抖动，为模型实时化提供基础。

图 11-33 展示了模型自动预热方案。

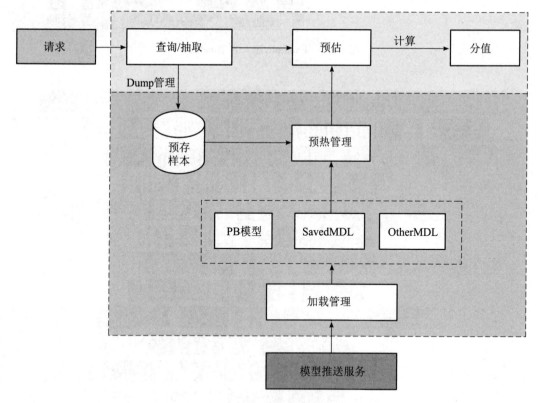

图 11-33   模型自动预热方案

11.5.3   预估与 FeatureBox 实时性方案

预估系统除了要保证高可用、低延时等核心要素外，能否通过一些工程手段提升算法效果？我们从特征、样本、模型等维度做了一些思考和尝试。

1. 传统预估方案中特征穿越问题

（1）特征穿越问题

传统的样本生产方式存在特征穿越问题。图 11-34 展示了产生特征穿越问题的示意图。样本拼接是将用户行为和特征进行拼接，用户行为是用户在 $t-1$ 时刻对预估结果产生的行为，正确的做法是对 $t-1$ 时刻的用户行为与 $t-1$ 时刻的特征进行拼接，但是传统做法是只能用 t 时刻的特征进行拼接，导致 t 时刻的特征出现在 $t-1$ 时刻的样本中，进而产生特征穿越问题。出现特征穿越问题会导致训练样本不准，从而导致算法效果下降。

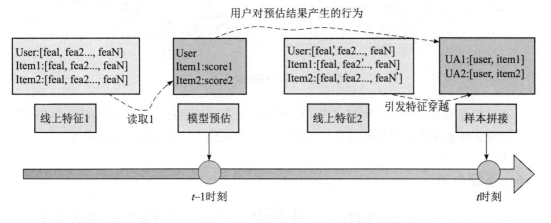

图 11-34　特征穿越问题产生示意图

（2）模型实时性不够

传统推荐系统是天级别更新用户推荐结果，实时性差，无法满足实时性要求很高的场景需求。例如直播中主播开播状态、直播内容变化、业务环境调整等都需要推荐系统能实时感知。

2. 特征穿越问题解决方案

为了解决上述问题，我们开发了模型实时化方案。该方案是基于预估系统，将预估时的状态（请求内容、当时使用的特征等）实时保存到 Kafka，并通过 traceId 与 ua 回流日志做关联。这样就能确保用户标签与特征一一对应，从而解决特征穿越问题。

该方案也实现了样本流秒级落盘，为模型增量训练提供了样本基础，同时在训练侧实现了模型增量训练，可将训练产出的模型实时推送到线网服务，具体实现如图 11-35 所示。

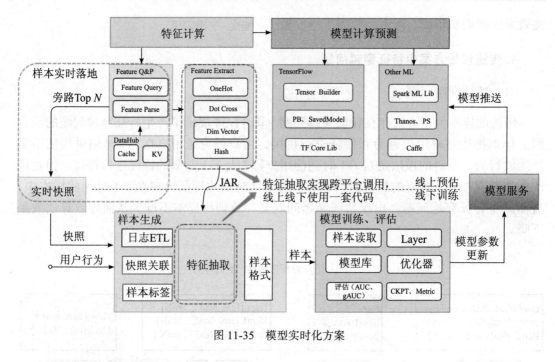

图 11-35　模型实时化方案

通过模型实时化方案，我们实现了样本实时保存，从而解决特征穿越问题。实现模型分钟级训练和更新，能让模型及时捕捉新动态和新热点，从而提升算法效果。

11.6　本章小结

本章介绍了网易云音乐算法、工程师团队依托网易云音乐海量数据、精准算法、实时系统构建特征实时、模型实时能力，以服务于内容分发和商业化多场景，同时追求既要建模效率高，也要使用门槛低，还要模型效果显著，实现了端到端机器学习平台的落地。

网易云团队云音乐商业化业务背景出发，紧抓 Item、指标、运营快速变化，落地实时增量模型并取得显著的模型提升效果，以单点突破为基石沉淀云音乐 FeatureBox，解决特征复用难、线上线下不一致、开发效率低等问题，将实时模型应用于精排、召回、粗排环节，并工程化掌控全链路建模过程，将实时增量模型能力进一步辐射到更多场景，特别方便了小场景中低门槛、短周期复用头部场景中的优化模型。

第 12 章

小米广告机器学习平台实践

推荐和广告机器学习平台是典型的人工智能场景，根据用户的兴趣偏好等，为用户推荐最可能转化的商品、应用、信息等。推荐场景下的机器学习应用的开发流程包含数据处理、特征设计、算法开发与训练、部署与推理这几个基本步骤。小米广告机器学习平台的目的在于将机器学习开发流程抽象，并将其工具化、系统化、平台化，提升算法工程师的迭代效率，不断提升算法效果。

12.1 小米广告一站式机器学习平台简介

12.1.1 传统机器学习流程的问题

在小米广告机器学习平台诞生之前，小米广告算法工程师根据传统的机器学习流程进行开发。传统的机器学习流程如图 12-1 所示。不同的算法工程师根据自己的需求、经验，以及对业务的理解，对原始数据进行清洗、转换，并通过特征工程生成特征，再将特征拼接成样本，进行模型的训练，最终部署到线上进行实验，对真实的流量进行推理预测，并观测效果。

随着业务场景的扩大，原始数据、特征规模的增加，模型复杂度提升等多种因素，这种传统的由单个算法工程师端到端完成整个流程的小作坊运行方式逐渐暴露出问题。

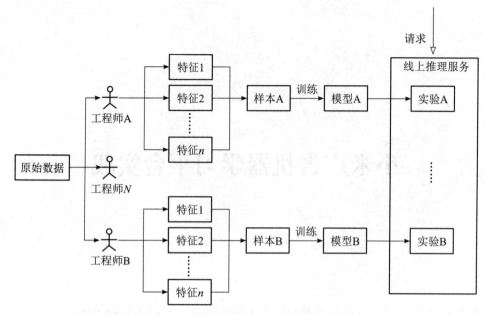

图 12-1　传统的机器学习流程

1. 非标准化流程问题

对于算法工程师来说，传统的工作流是从一个想法、一种尝试到最终的投产，往往需要经历一个复杂的过程，甚至需要开发人员对上游的业务、数据的流转有较好的了解，而且前期需要做很多准备工作，如对数据进行分析、清洗、转换，从多个数据源提取特征，将特征整合为样本，训练模型，对模型进行线下评估和调试。进入生产环节后，流程会变得更加复杂。而这种非标准化流程在生产环境中会带来以下问题。

（1）效率低

整个流程的非标准化以及复杂性导致算法工程师新增模型时，都需要从头开始构建准备数据、生成样本、训练模型的代码。这导致每个算法工程师需要自行维护多个从原始数据到样本生成，再到训练模型整个流程。这些工作使得算法工程师需要去解决一些本不应该关注的工程问题，从而增加了实验时长，使算法工程师不能专注于特征工程或模型调优等流程，最终降低了整体业务效率。

（2）质量无保证

在传统的机器学习工作模式中，流程的各个环节都可能发生质量问题，最终影响业务效果，但这些质量问题的预防与处理并不是算法工程师所擅长的。例如，在数据准备阶段有可能因为上游的脏数据或者计算资源问题出现延时或数据不完整，这些是算法工程师无法保障的，需要数据生产方提供的数据的质量满足业务诉求；在训练阶段需要有稳定的计算、存储资源，以及完备的任务调度、资源虚拟化、容错能力来保障训练过程高效，并且结果是正确的；当离线的算法实验结果满足要求后，需要将模型部署到线上进行实时的推理预测，这就会涉及数据、特征、模型的例行更新、调度，而线上系统的复杂性导致单个算法工程师无法独自完成这么庞大的系统工程。

2. 缺少统一管理问题

由于每个公司都有很多不同的业务团队，各业务团队的算法工程师因业务目标不同，涉及的数据、特征、模型也各不相同。不同的算法团队独自完成相应的特征工程，各自编写样本生成代码、模型训练代码，也产生了一定的问题。

（1）信息无共享

对于一些高价值、效果好的特征，大家只能通过口口相传或者散落的文档记录，没有统一查询维护的地方。当人员发生变动后，前人的工作成果很难高效地传承下去，这在很大程度上造成算法成果损失。

同时，不同水平的算法工程师编写的代码质量不同，但烟囱式的开发模式不便于技术的共享与复用，资深算法工程师的优秀代码不能被有效分享。而且，这些代码通常只有编写者自己可以理解，很难被其他算法工程师理解或者在其他用例中重复使用，即使是编写者自己，有时也会在一段时间后忘记自己过往的工作细节。

（2）资源浪费

信息的无法共享必然会导致一定程度的资源的浪费，资源的浪费存在以下几方面。

第一，相同或相似业务内的不同算法工程师各自维护流程，之中会存在相同的数据源、特征、样本的生成环节，导致重复进行计算，造成计算资源浪费。

第二，相同的特征或者数据源的存储也会带来大量的存储资源浪费。

第三，为了提高数据、特征、样本的生成速度，算法工程师通常会增大资源的分配，而忽略了在代码、资源层面的优化，从而造成资源浪费。

12.1.2　小米广告机器学习平台模块简介

针对上述传统模式存在的众多问题，我们开始寻找新的解决方案：一站式机器学习平台。小米广告团队也根据自身特点，搭建了内部机器学习平台，以缩短算法生命周期，提升效率。一个算法生命周期有以下几个环节，如图 12-2 所示。

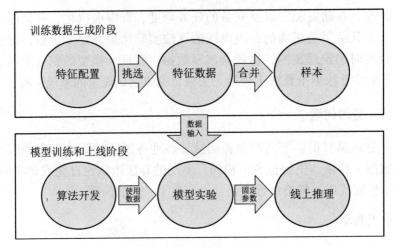

图 12-2   算法生命周期

小米广告机器学习平台覆盖整个算法生命周期，主要涉及以下平台与模块。

- 特征平台：包含数据源管理、特征管理、样本管理三大模块，同时提供数据、特征、样本的质量监控与报警能力，以及任务调度能力。
- 模型训练平台：提供常见机器学习算法模板，并对算法实验过程中的模型代码、训练任务、实验数据进行全生命周期管理。
- 线上推理模块：支持训练好的模型在生产环境进行加载、更新、推理，同时具有实验分流、降级、熔断的能力，满足高性能和高可用要求。

12.2   特征工程模块

12.2.1   特征工程简介

特征工程就是从繁多的数据中提取出对业务有价值的信息进行分析、清洗、转换、映射，转变为训练框架可以理解的形式，从而学习出反映业务的模型。其中，自变量称为特征，因变量称为标签，合并起来叫作样本，通过样本训练产出模型，即可实现预测。

特征工程需要支持特征的分析、构建、选择、映射、转换、编码等。特征平台需要提供便捷的特征管理能力，同时提供可视化的特征重要性评估功能，使用户可以快速发现模型中存在的问题。

业界流传这么一句话：数据和特征决定了机器学习的上限，而模型和算法只是无限逼近这个上限而已。特征工程到底是什么呢？顾名思义，其本质是一项工程活动，目的是最大限度地从原始数据中提取出能够反映业务模式的特征，以供算法和模型使用，最终达成模型目标。当你想要你的预测模型性能达到最佳时，你要做的不仅是要选取最优算法，还要尽可能地从原始数据中获取更多的信息。那么问题来了，你应该如何让你的预测模型输入更好的数据？这就是特征工程要做的事，它的目的就是获取更好的训练数据。

特征平台主要通过图 12-3 的流程产出以下数据。

- 特征数据：与标签数据一起生成，供训练使用的样本数据，同时为线上推理服务提供所需要的在线特征。
- 样本数据：供模型训练使用的输入数据。

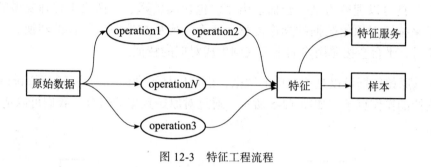

图 12-3　特征工程流程

12.2.2　数据源管理

数据源管理就是对原始数据，以及其生成、使用的全生命过程进行管理。在不同的场景下，我们会通过日志埋点等方式去采集需要的日志数据，并根据内容属性存储到不同的表中。这种方式采集到的数据可能无法满足数据直接被使用的需求，可能存在数据格式不规范，数据本身错误、缺漏、重复和非法字符等异常问题。因此，我们需要对这些数据进行过滤和转化等一系列操作来清洗数据，然后将这些数据转化为结构化的、可直接使用的数据。整个流程如图 12-4 所示。原始数据可以用来生成后续需要的特征数据。

图 12-4　原始数据生成流程

12.2.3　特征管理

特征管理就是管理特征数据以及对特征数据生成、分析、使用全生命过程进行管理。本节将介绍在特征生成阶段，如何将一份原始数据转换为特征数据，如何确定一个特征的唯一性；在使用阶段，如何保证特征数据质量，如何将这些特征数据提供给线上推荐服务使用。

接下来，我们将分为特征抽取、特征"血缘"、数据质量、特征服务这几部分进行详细讲述。

1. 特征抽取

从数据到特征是算法实验的第一个步骤。特征抽取是整个特征平台工作流程中重要的组成部分。它是将原始数据映射成模型可以理解的形式，并且尽可能多地提取出原始数据包含的信息，以更好地表达数据含义，提高数据价值。为了实现对各种特征的抽取，以及不同的转换操作，我们开发了一套 DSL 工具。

DSL 工具可以理解为是一套描述语言，包含大量算子。算法工程师要做的就是用这些算子来描述对原始数据的操作流程，从而完成从数据源到特征的转换。当用户定义好特征后，平台会按照用户的定义规则生成对应的特征。

其中，原始数据可以是原表中的数据，也可以是平台已有的特征，而 operator 是平台已经支持的操作算子。如图 12-5 所示，通过对原始数据的组合，我们可以定义特征，具体如下。

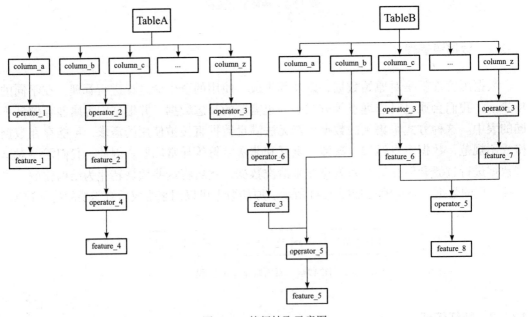

图 12-5   特征抽取示意图

1）单表或者多表的多字段组合。图 12-5 中的 feature_1、feature_2、feature_3 可以定义为：

```
feature_1 = operator_1(TableA.column_a)
feature_2 = operator_2(TableA.column_b, TableA.column_c)
```

```
feature_3 = operator_6(operator_3(TableA.column_z), column_a)
```

2）单特征或者多特征的组合。图 12-5 中的 feature_4 和 feature_8 可以定义为：

```
feature_4 = operator_4(feature_2)
feature_8 = operator_5(feature_6, feature_7)
```

3）特征与表的组合。图 12-5 中的 feature_5 可以定义为：

```
feature_5 = operator_5(feature_3, TableB.column_b)
```

其中，operator 是特征平台提供的操作算子。特征平台通过丰富算子来实现特征生成过程中的各种操作流程。

2. 特征 "血缘"

解决了算法工程的基本需求——特征后，我们需要解决特征复用问题。因为随着平台用户逐渐增多，平台上的特征也会越来越多，如果不同业务组之间存在信息不共享问题，则不同业务组在特征平台会重复构建多个相同的特征，尤其是一些基础特征。

重复创建特征带来的问题是特征的无上限膨胀、特征的重复计算、计算资源以及存储资源的极大浪费。为了解决这个问题，我们需要实现特征复用。要实现特征复用，首先需要唯一标识一个特征，我们采用的策略是为特征建立特征 "血缘"。

特征血缘指的是在特征生命周期，从源数据到特征数据的转换过程，是数据从产生、加工、流转到消亡，自然形成的一种关系。它可以唯一标识一个特征。

图 12-5 展示了从源数据到特征数据的生成路径，我们可以将该路径作为该特征的血缘。图 12-5 中 feature_1 的生成路径是对 TableA 中的 column_a 字段执行 operator_a 操作。feature_4 虽然在定义时是从 feature_2 转化来的，但是血缘是从数据源头开始的，具体其血缘是对 TableA 中的 column_b 和 column_c 字段先执行 operator_2 操作再执行 operator_4 操作。在特征拥有了血缘关系后，当用户在平台新建特征时，平台会通过特征血缘去判断该特征是否已经存在，如果已经存在，则将已经存在的特征推荐给用户，即通过特征血缘的唯一性来避免相同特征的重复创建。

3. 数据质量

数据质量是指在业务环境下，数据满足数据消费者的使用需求，能满足业务场景具体需求。在本案例场景中，数据质量也就是特征数据满足算法工程师需求，具体包括特征的特征值分布、数据量大小等。

那么，为什么需要对数据质量进行重点关注？具体原因如下。

（1）影响训练效果

特征数据需要与标签数据结合形成训练样本数据，如果特征数据有问题，会直接导致样本数据错误，进而影响离线模型效果，产出错误的评估。例如，算法工程师新增了一个特征，并用它来生成新的样本、训练模型，本来可能这个特征会对模型带来正向效果，但是如果特征数据有异常，那么模型可能无显著效果，甚至会带来负向效果，进而带来一些错误判断。

（2）影响预测服务

新的特征数据需要输入线上特征服务，在线上生产环境完成推理和预测。如果生成的数据有问题，那么线上的实验效果就会受到影响，给业务造成损失。因此，我们需要保证生成数据的质量，避免给线上效果带来影响。

所以，我们需要保证生成的数据质量，避免出现以上问题。

为了保证数据质量，在特征抽取过程中，机器学习平台会对抽取出的特征值进行相应的校验，具体如下。

- 特征格式以及部分特征值、数据大小等多维度校验。
- 对异常值进行相应的过滤、统计、落盘以及预警等。

过滤异常值是为了保证大部分正常数据的稳定生成，落盘是为了方便问题排查。当异常值的个数超过设定的阈值时，平台会直接报错，并通知算法工程师进行特征数据的排查校验。

4. 特征服务

特征服务包含对特征数据存储、读取、转换、计算。在特征数据生成后，平台会将特征数据写入特征服务的存储系统，在线推理引擎通过特征服务获取特征，然后对其转换、计算，构建满足模型要求的样本数据，并完成推理。在特征服务环节，我们要注意两个问题。

（1）数据的时效性

这里的时效性可以理解为，在资源充足的情况下，一旦新数据生成，应该马上写入特征库；而在资源有限的情况下，需要对更重要的数据进行优先写入。

（2）特征服务的稳定性

在生产环境中，有大量特征数据实时生成，特征数据的时效性要求数据吞吐达到每秒几 M 到几十 M。此时，在线推理引擎还会通过特征服务实时获取特征并进行推理，是一个高读写场景。特征读写相互影响，如果写的速度太快可能导致推荐服务读取数据延时增加，推荐服务对延时的要求比较高，所以需要在保证线上特征读取的性能和稳定性的前提下提高特征写入的吞吐。

我们采用的策略是：对数据分级。对于重要数据，在数据生成后立即将其写入特征服务；对于普通数据，采用定时启动任务，将多份数据进行合并再统一写入。这样的策略一方面能保证高价值数据及时写入，提高数据时效性，保证线上实验的效果；另一方面保证对特征服务的写入相对稳定，减轻特征服务的压力，保证线上读取数据的稳定性。

12.2.4　样本管理

1. 样本生成

在样本生成阶段，算法工程师的主要工作是将特征数据与标签数据进行关联，生成可供训练的样本数据。大致的流程如下：首先，创建一个样本实验，进行样本数据回溯；其次，训练离线模型，并进行离线效果评估；最后，在模型效果达标后，将实验样本变成正式样本，例行生成样本数据，上线模型。整个流程如图 12-6 所示。

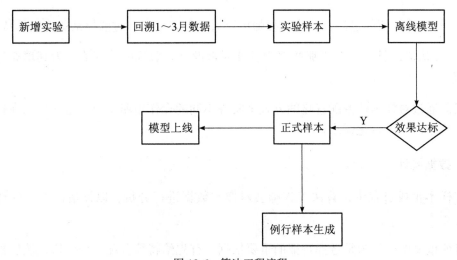

图 12-6　算法工程流程

在样本生成过程中，我们要做的是将标签数据和特征数据合并成样本数据，如图 12-7 所示。

在样本生成过程中，算法工程师还会对样本数据进行一系列操作。

1）正负标签的采样：支持对标签数据的正采样或者负采样策略，以满足不同的业务场景需求。

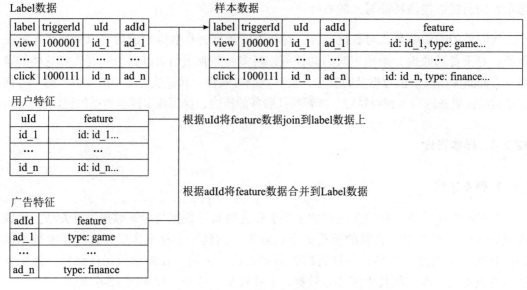

图 12-7   样本生成流程

2）特定特征值的过滤：算法工程师可以通过配置定义，过滤掉某些特定的特征值。

3）默认值的补填：对于那些因为各种因素没有获取到的特征值，为其填充选定的默认值。

我们通过对样本任务配置化的方式来实现不同的操作策略组合，这样可以在标准的样本流程中满足个性化需求。

2. 数据统计

在样本生成过程中，算法工程师会对样本数据进行分析，以评估样本中的特征重要度。

特征重要度被作为是选择特征的重要依据。首先给特征分配一个分值，然后根据分值排序，那些具有较高得分的特征可以被选出来加入样本。特征重要性得分可以帮助我们抽取或者构建新的特征，挑选那些相似但是不同的特征作为有用的特征。如果一个特征与因变量（被预测的事物）高度相关，那么这个特征可能很重要。这一部分工作在算法工程师工作中必不可少。为了协助工程师进行数据分析，特征平台提供了对样本数据进行统计的功能。

（1）4 种统计维度

- 特征在样本中的整体覆盖率。
- 特征的某个具体特征值在样本中的覆盖率。

- 特征覆盖率与前一日的对比波动。
- 特征的某个具体特征值的覆盖率与前一日的对比波动。

（2）2种统计方式

- 全量统计：对全量数据进行统计。
- 采样统计：对数据进行一定比例的采样，并对采样数据进行统计。

（3）自定义配置文件

平台提供默认的统计维度，但是为了满足不同业务场景以及不同工程师的个性化需求，平台支持以自定义配置文件的方式来控制统计内容，这样有特殊需求的工程师可进行个性化配置文件。最终，平台会将每日数据的各种指标在看板上展示，同时监控指标数据。当指标数据超过特定阈值后，平台会及时预警并告知相关算法人员来确认数据波动是否正常。

3. 样本资源分级

在生产环境中，随着用户增多、业务推进，平台会存储大量样本，有时在实验阶段需要回溯大量的样本数据，回溯周期以数天到数月不等；而有时在实验阶段，样本在线上正式生效，只需要生成每日的例行数据。

在生产环境中，资源成本是需要考虑的。在资源一定的情况下，每日例行生成数据的任务可能拿不到计算资源，导致正式样本生成延迟，这可能会影响线上模型效果。我们需要保证已经上线的样本能够拿到充足的资源。为此，我们将样本和资源进行了分级隔离，如图 12-8 所示。

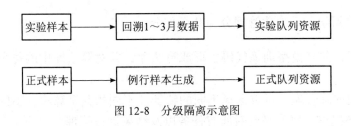

图 12-8　分级隔离示意图

12.3　模型训练平台

模型训练是使用特征工程阶段生成的样本进行离线训练，生成各项指标符合上线要求的模型，如图 12-9 所示。

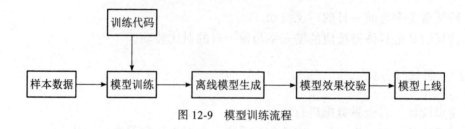

图 12-9　模型训练流程

在传统的机器学习流程中，模型训练过程一般由算法工程师自行维护，整体工作流程如下。

1）离线编写训练代码，设计模型结构和使用哪些特征。

2）使用步骤 1 编写的代码，挑选样本数据、设置不同的超参数进行训练。其中，样本数据必须包含步骤 1 中配置的所有特征。

3）根据步骤 2 训练的模型使用验证集进行验证，反复进行步骤 1 和步骤 2 迭代，挑选验证效果好的模型并部署到线上。

以上步骤缺乏平台化的管理会导致很多问题，具体如下。

• 优秀的模型结构和模型范式没有办法通过平台化的管理和共享，算法最佳实践不能很好地分享与传承。

• 离线进行样本挑选和参数调优结果都靠算法工程师记录在文档，没有办法很好地共享结果和版本管理。

• 离线已经有不错效果的模型但没有办法安全地部署上线，缺少和上个版本模型标准化对比的过程。

• 已经部署的模型缺少每日迭代和更新，无法保证线上的效果和稳定性。

小米广告机器学习平台化管理分为几个部分。

• 算法管理：共享模型训练代码，形成算法库，并对算法库中的每个模型进行版本管理。

• 离线模型训练管理：可以选择不同的特征、不同的共享算法、不同的超参数进行不同的训练任务提交，以便平台对所有任务以及结果进行管理。

• 模型部署管理：对离线校验和上线部署实现平台化管理，对已经在线上的模型进行日常调度管理。

12.3.1　算法管理

算法管理是整个模型训练流程的第一个阶段，主要进行模型训练代码的管理，形成共享的算法库。不同的业务场景可能需要不同的模型训练代码。随着业务扩展，训练代码的数量也就有大量增长。而算法库可以方便所有在平台做实验的算法工程师共享训练代码，从而避免重复编写模型训练代码，进而提高效率，如图 12-10 所示。算法库主要包含以下功能。

- 训练代码管理：支持用户上传自定义的模型训练代码，可以通过 Git 地址上传，也可以直接上传代码包。
- 版本管理：支持每个训练代码版本控制，支持通过版本号查询每个算法的升级迭代过程。

id	算法名称	算法描述	最新版本	创建人	创建时间	操作
112	algo_test	algo_test	1	▇	2023/04/11 23:45	拷贝超参并创建算法
111	test_algo	测试算法	1	▇	2023/04/11 23:34	拷贝超参并创建算法

图 12-10　共享算法库示意图

12.3.2　离线模型训练管理

离线模型训练是为了在离线阶段训练出一个最优模型。对于一份样本数据，我们可以通过不同的模型训练代码以及不同的超参数，来训练出不同效果的模型，并根据模型效果从中选取中更适合当前业务场景的训练代码以及超参数组合。这一模块主要包含以下功能。

- 模型元数据管理：对每个模型进行不同的超参数（如图 12-11 所示）以及训练参数（如图 12-12 所示）配置，从而完成对模型的平台化管理。

		模型超参		
				修改模型超参
参数描述	参数名称	设置值		类型
共享层大小	bottom_hidden_layers	128		String
任务个数	task_numbs	4		Long
任务层大小	tower_hidden_layers	100,64		String
任务权重	tower_loss_weights	1.0,1.0,1.0,1.0		String
评测指标	tower_metrics	AUC,AUC,AUC,AUC		String
任务名称	tower_names	cart,phone_cart,order,phone_order		String

图 12-11　超参数配置示意图

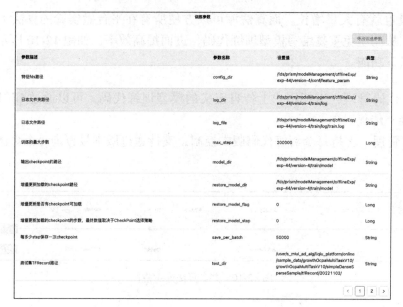

图 12-12　训练参数配置示意图

- 离线模型任务训练：根据每个模型的超参数以及训练参数的设置对训练任务进行
调度，产出相应的模型。

12.3.3　模型更新

模型更新主要是将每日例行生成的模型更新至线上，主要分为两部分：离线校验和
模型上线自动化。校验是确保模型数据的准确性、模型设计的合理性、开发过程和结
果的有效性、稳定性，以及模型是否符合业务逻辑。模型上线自动化是将整套流程自
动化，避免人为上线产生的失误，同时提高模型上线效率。

1. 模型校验

模型校验的方式有很多种，用户可以根据业务场景进行相应的校验方式选择，目的
都是保证模型数据质量，避免错误模型上线。在该阶段，平台主要做了以下支持。

- 模型打分对比：通过对新模型和历史模型打分对比，来评估当前模型是否有异
常，如图 12-13 所示。同时，平台支持用户自定义阈值，当打分的波动超过阈值时则认
为模型异常。
- 模型 Q 分布校验：对于新模型，平台会自动生成模型的 Q 分布数据来进行模
型校验，同时生成对应的 Q 分布图，以便于算法工程师进行相应的数据分析，如
图 12-14 所示。该功能同样支持用户自定义阈值，当 Q 分布数据超过阈值时则认为模
型异常。

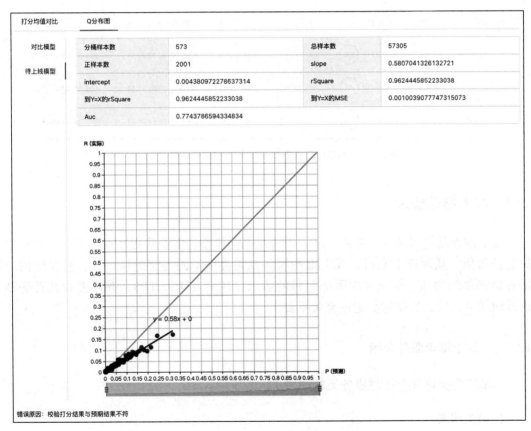

图 12-13 模型打分校验示意图

图 12-14 模型 Q 分布校验示意图

2. 模型上线

对于通过校验的模型，平台会自动将最新的模型存储至用户预设好的模型线上路径，等待线上服务的加载。对于未通过校验的模型，机器学习平台会阻止模型的自动上线，并通知模型对应的算法工程师进行人工校验。通过这样的机制，算法工程师的工作效率得到大大提升，只需要关注未通过校验的模型，而其余模型质量由平台保证。图 12-15 展示了小米广告机器学习平台模型任务的管理界面。

	id	调度类型	作业进度	作业状态	任务日期	开始时间	发布时间
∨	51959	天级	校验 --- 发布	FAILED	2022-12-09	2022-12-09 23:30:58	N/A
∨	51877	天级	校验 --- 发布	FAILED	2022-12-08	2022-12-08 22:51:18	N/A
∨	51797 ⭐	天级	校验 --- 发布	SUCCEEDED	2022-12-07	2022-12-07 22:30:54	2022-12-08 11:28:14
∨	51730	天级	校验 --- 发布	SUCCEEDED	2022-12-06	2022-12-07 01:11:47	2022-12-07 01:15:09
∨	51614	天级	校验 --- 发布	SUCCEEDED	2022-12-05	2022-12-05 22:06:37	2022-12-05 22:09:51

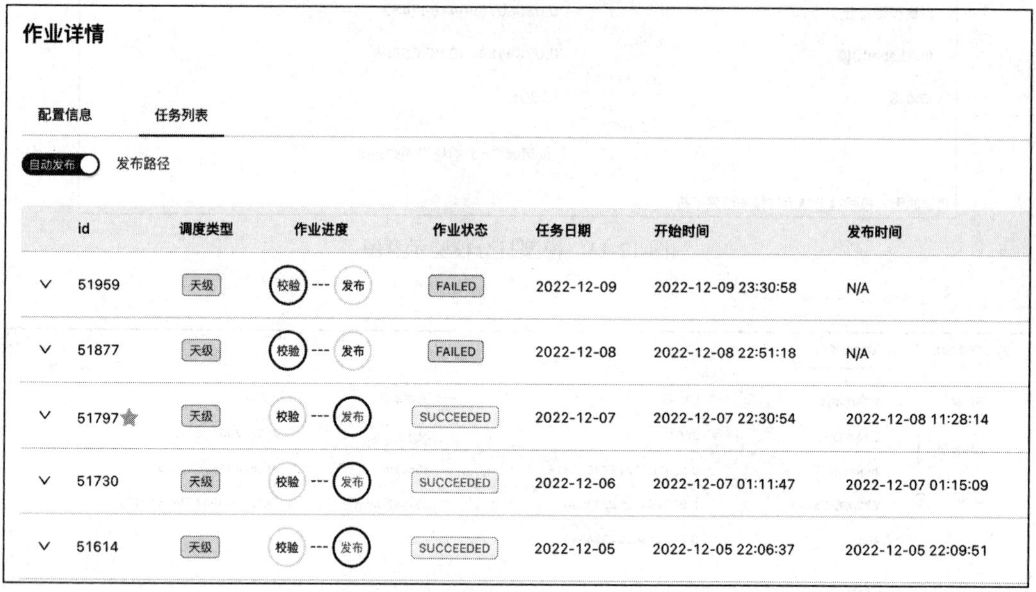

图 12-15   小米广告机器学习平台模型任务的管理界面

12.4   线上推理模块

线上推理是机器学习重要的一环。训练出来的模型也需要作用在在线服务，进而发挥它的价值。从原理上来讲，线上推理服务就是提供不同类型的接口，目标是给用户推荐感兴趣的物品。线上推理服务每秒的请求量达到几十万 TPS，并需要在几百毫秒内返回结果，因此性能与稳定性至关重要。

12.4.1   线上推理服务介绍

小米广告整体线上推理服务架构如图 12-16 所示。

1. 网关服务

不同业务的推荐过程往往是不一样的，例如有些场景需要预估点击率，有些场景需要预估转化率。在这些复杂业务场景下，我们需要有一个统一的网关服务进行分发，需要把不同的媒体流量分发到不同的模型与策略实验上。网关服务的作用就是在复杂业务场景下正确的路由流量。

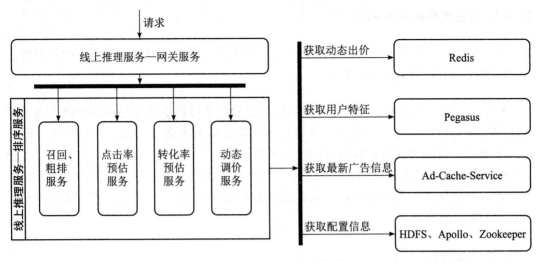

图 12-16　线上推理服务架构

2. 排序服务

当网关服务对流量进行分发后，各个环节的排序服务会对物品候选集进行打分与排序，大致包含两个步骤。

1）对各种特征进行转换处理，拼接成特征向量。

2）对特征向量进行计算，并根据结果进行排序。

排序服务模块除了具有以上传统在线推理服务功能之外，为了提高算法工程师的开发效率，还需具有如下功能。

（1）配置化的模型支持

一个模型往往涉及各种配置，如模型的存储路径、使用的特征、参数等。为了提高开发效率并降低出错概率，我们对排序服务模块实现了配置化，即算法工程师只需完成相应的配置，无需代码开发和上线管理，对应的模型就可以加载到线上并对商品、广告进行排序打分。

（2）不同的机器学习推理框架

算法工程师在模型迭代过程中会尝试各种不同的算法，从 LR 到深度学习模型，模型更新频率也从原先的天级逐渐过渡到小时级，再到实时。在这个过程中，算法工程师会使用各种机器学习训练推理框架与类库，如 TensorFlow、DeepRec、TFRA，小米自研的 SparseDL、Tensorrt 等。因此，在线推理引擎需要兼容这些不同的模型学习推理框架。

12.4.2　高性能和高可用保证

　　小米广告线上推理服务每秒峰值请求达到几十万，同时延时要求苛刻，因此对服务的性能和可用性提出了很高的要求。

　　• 在广告推荐场景下，从特征拼接到模型打分整个过程不能超过几百毫秒。为了满足在大流量下的高性能，小米线上推理服务在特征抽取方面专门做了两项优化：用户特征 Embedding 向量去重抽取和特征数值化预处理。

　　• 小米广告场景下流量构成较为复杂，包括应用商店、信息流、视频、工具类媒体等，经常会出现流量突增的情况，因此线上推理服务需要具备熔断、多层降级和复杂流量均衡策略的能力。

1. 高性能保证

（1）用户特征 Embedding 向量去重抽取

　　Embedding 向量是把特征原始值映射到其他空间，比如人的年龄从 0 到 100 岁，每个年龄特征都可以映射为一个固定维度的浮点数向量。这个浮点数向量是一个在特征空间连续且稠密的向量，隐含了年龄特征在其他特征空间的信息。但每个特征转化为固定维度的浮点数向量也便于不同的特征在模型侧进行交叉。

　　Embedding 编码是处理稀疏特征很好的方式。由于推荐场景中离散特征很多，而这些特征很多时候会使用 One-hot 编码，这会导致样本特征向量极度稀疏。举例，如果在一个业务场景下用户 ID 作为一个特征，且在这个场景下的用户有 1 亿，那么这个特征 One-hot 编码后就是一个 1 亿维向量，每个用户的特征向量中只有一位为 1，其他位都是 0。Embedding 编码可以将稀疏高维特征向量转换成稠密低维特征向量。

　　在广告推荐系统中，特征大致分为 3 类：用户特征、商品特征、上下文特征。在一个请求生命周期中，用户维度的特征处理只需要一次。例如对于一个用户请求，要对 n 个商品进行打分排序，在计算每个商品的分数时，需要对用户、商品执行特征抽取、变换、交叉等一系列操作，而用户侧的非交叉特征对于每一个商品都是一样的，不需要重复计算，只需要计算每个商品所独有的特征，这样可以极大地减少特征计算量，如图 12-17 所示。

（2）特征数值化预处理

　　什么是特征数值化？特征是机器学习模型在训练和推断过程中用于预测的输入，模型可以使用的特征都是数值化后的。例如城市是一维特征，该特征的取值可以是北京、上海等，但是北京和上海这两个值放到模型中计算，模型并不知道如何对这两个特征值进行语义计算，需要将北京和上海进行数值转化，比如把北京转化为 0，上海转化为 1，这样模型就能使用这些数值进行区分并完成语义计算。经过数值化预处理的特征比对字符串的处理效率高，线上推理性能更高。因此，特征数值化是利用空间换时间，提高线上推理性能。

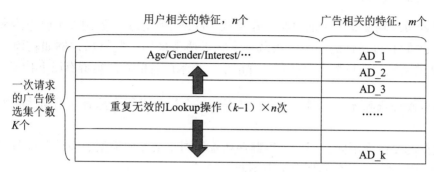

图 12-17　用户侧 Embedding 特征计算缓存

2. 高可用性保证

（1）服务熔断和降级

服务熔断是应对雪崩效应的一种服务链路保护机制，一般是当下游的某个服务或者某个服务的某些机器不可用或响应持续超时时，为了防止整个系统出现雪崩现象，中断对下游服务或者下游服务某些机器的调用。

服务降级是当系统接近承载上限时，为了保证整个系统可用，把超出系统承载上限部分的流量路由到降级策略或模型上的逻辑。服务降级触发方式包含人为触发和自动触发。

广告线上推理服务实现了不同层次的熔断以保证系统可用性，主要体现在以下几个方面。

- 单台机器的熔断。如果发现下游某台机器不可用，熔断这台机器，并把这台机器的请求发送给其他机器。
- 单模型的熔断。如果发现下游某个模型不可用，熔断这个模型，并把这个模型的请求发送给其他模型。
- 单集群的熔断。如果发现下游某个集群不可用，熔断这个集群，并把这个集群的请求发送给其他集群。

在线推理服务的降级操作有两个维度。

- 请求维度：结合单机压力测试，设置单机最大的请求承载上限，超过上限就会触发模型降级。

● 商品维度：对单个请求内计算的商品个数进行降级，对超过阈值的商品进行降级模型的打分计算。

（1）负载均衡策略优化

服务器负载均衡是一种通过将工作负载（即网络请求）分配到多个服务器来提高计算机网络性能和可靠性的技术。负载均衡技术通常采用一些算法，例如轮询、最小连接数、IP 散列等来选择哪个服务器处理请求。小米广告的算法集群有以下特点。

● 集群硬件资源异构：同一个集群甚至同一个模型可能会部署在不同性能的机器资源上。

● 模型的复杂度不同：同一个集群存在着不同复杂度的模型。在计算资源相同的情况下，每个模型所能承载的请求上限不同。

因此，我们选择 LeastActive 算法进行负载均衡的请求分配。它基于每个服务器的当前活动连接数来决定将请求发送到哪个服务器。在 LeastActive 算法中，负载均衡器会追踪每个服务器的当前活动连接数，并选择活动连接数最少的服务器来处理当前请求，这样可以确保将请求发送到最少负载的服务器，从而提高系统的响应速度和吞吐量，具体规则如下。

调用方客户端遍历下游服务端，如果只有一个活动连接数最少的服务端，则客户端调用该服务端。如果有多个活动连接数最少的服务端，且每个服务端设有权重，则按权重排序选择权重最高的服务端进行请求转发；否则随机选择一个活动连接数最少的服务端进行请求转发。

这种负载均衡策略时刻让服务端处于均匀处理的状态，当服务端压力大时，处理时间将会变长，积累的未完成请求越多，得到的分配就越少。这个策略能最大限度地保证不因为小部分机器出现性能抖动问题而影响整个集群的可用性。

12.4.3　模型部署

在经历了特征工程和模型训练阶段之后，算法工程师需要将模型部署到生产环境，以对实时请求进行推理预测，因此在模型部署过程中需要一系列流程保证模型质量。

无论在传统的瀑布式软件开发流程中，还是敏捷迭代开发流程中，抑或是在DevOps 流程中，功能在上线前都会经过严格的测试，模型也不例外，并且模型部署还有一些特殊性。

● 模型对线上资源的占用会由于特征数量和模型复杂度不同而充满不确定性，因此模型在上线之前需要进行评估，以确保不会因有太多的资源占用而出现性能问题。

• 在生产环境中，一个模型一般会部署在几十台甚至数百台机器上，直接同时加载到几十台机器往往存在比较大的风险，一旦出问题即使回滚也会造成比较大的损失。因此，我们需要利用资源管理系统进行一台机器预先加载部署，当确保其整个线上功能无误之后再触发其他机器进行加载部署。

• 离线指标有时候不能代表上线后的效果，因此需要平台具有灰度发布能力来帮助算法工程师做实验。

　　因此，我们需要提供一套系统帮助算法工程师对实验的正确性、性能进行一定的测试，并帮助他们快速验证效果来加速模型的迭代。在整个流程上，我们提供了 3 个非常重要的工具和系统，如图 12-18 所示。

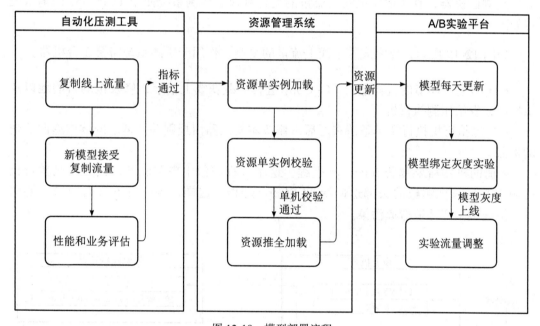

图 12-18　模型部署流程

• 自动化压测工具：功能是复制线上流量来对离线模型进行性能和业务指标评估。
• 资源管理系统：功能是资源的安全加载和版本管理。
• A/B 实验平台：主要提供能力让算法在线上进行灰度实验。

下面对这 3 个工具进行详细介绍。

1. 自动化压测工具

　　模型在部署到生产环境前，为了保证在线推断服务的稳定性，我们需要对模型进行性能和业务指标的评估，包括但不限于 CPU 占用率、内存占用率、QPS 承载上限、业务指标，比如推荐环节的点击率、转化率等的正确性。

为了实现对上述指标的评估，我们需要压测系统具有以下两个功能。

- 复制并模拟线上流量到测试系统。
- 利用模拟流量对测试系统中的模型进行打分并生成测试报告。

算法压测系统承担了在模型上线之前，对模型进行性能和业务指标的评估职责，包含线上流量复制和生成测试报告两个模块。

（1）流量复制与模拟

我们这里使用了开源的 TCPCopy 工具，将在线流量导入测试系统，从而模拟真实运行环境，以便排查测试系统的性能问题和风险。TCPCopy 的优势在于实时拷贝线上流量到测试机器，真实地模拟线上流量的变化规律。压测系统使用 TCPCopy 的请求流转如图 12-19 所示。

如图 12-19 所示，要完成整个线上流量的复制并作用于压测系统需要 3 台机器。

- 线上生产环境的机器运行 TCPCopy 进程，截获线上请求，修改包的目的地以及源地址，发给压测执行机。
- 压测执行机执行完单条请求之后，修改本机的路由规则并把请求的响应返回给辅助机器。
- 辅助机器需要部署 Intercept 进程。这个进程类似于黑洞服务，接受压测执行机的响应并且只把响应的头部返回给 TCPCopy 进程。这样，响应就不会返回给上游服务，给线上生产环境造成污染。

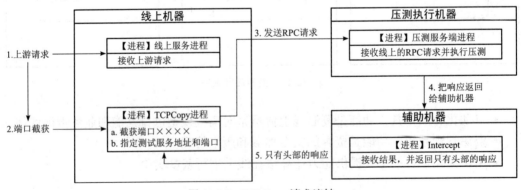

图 12-19　TCPCopy 请求流转

以上是把在线流量导入测试系统的整个过程。有了线上流量，我们就可以完成压测任务了。

（2）测试报告

将在线流量导入测试系统，并且完成压测任务后，我们可根据不同的模型性能指标和模型业务指标产出压测报告，以便算法工程师进行对比和评估。

1）模型性能指标评估指的是在模型打分过程中，机器资源反映出来的客观事实，如 CPU 忙碌程度、内存占用情况等。模型性能指标基本代表着模型的复杂度，还有对线上算力资源的占用。在生产环境中算力资源缺乏的情况下，在上线之前对模型性能指标进行评估是非常有意义的一件事。通过模型性能指标评估，算法工程师可以判断线上资源是否满足模型计算要求。小米广告压测工具产出的性能指标如图 12-20 所示。

集群	数据来源	Request Count	Avg Latency	Timeout Rate	P95 Latency	P99 Latency	cpu.busy （%）	Gc 负载 （‰）	常驻内存 （GB）
ClusterA	压测	20 000	44.394	2.00%	70	70	90	8	5
	线上	-	45	2.00%	65	69	90	10	4

图 12-20　压测模型性能指标

2）模型业务指标评估指的是判断模型在整个业务场景和链路中统计的业务指标是否符合预期。小米广告压测系统模型业务指标评估如图 12-21 所示。其中，各个业务指标，比如 CTR（点击率）、CVR（转化率）、RankScore（排序分数）都是在广告业务上需要着重关注的指标。压测系统产出的业务指标可以快速帮助算法工程师评估新模型与基线的差异，当差异过大时，可以停止上线，以防有问题的模型部署到线上。

实验ID	Request Count	Success Count	Empty Rate	Other Failure Rate	Value Error	Avg CTR	Avg CVR	Avg DeepCVR	Avg Price	Avg RankScore	有效值区间覆盖
ID1	4 999	4 604	0.00%	7.90%	0	0.535 08	0	0	35 524.98	1 919.018	90%

图 12-21　压测模型业务指标

2. 资源管理系统

在模型通过压测环境的验证之后，我们就需要把模型部署到线上进行在线推理了，但是线上的大规模集群部署有时往往有几千台机器，直接对这几千台机器上的模型进行更新会存在比较大的风险。

真实的生产环境中不仅有新上线的模型，还有大量需要每天更新的模型、特征、参数文件。任何文件资源出现异常更新都会对线上服务造成巨大影响，数据文件出现的更新问题有如下几类。

- 数据不完整。
- 格式异常，出现异常值。
- 数据分布异常。
- 数据大小异常，出现丢失情况。

这些问题会影响线上效果及在线服务质量，因此我们需要设计一套资源异常检测与隔离机制，以尽可能降低文件资源异常带来的影响。这套设计的目标如下。

• 在离线文件到线上服务更新前，我们需进行异常检测。在检测通过前，资源对线上服务不可见。

• 收集异常信息，通过邮件、IM 消息等形式自动化地进行报警和辅助检查，将资源关联到实验，告知实验责任人跟踪并解决异常。

• 对资源文件进行版本管理，当异常发生时，通过标准化的历史版本信息，快速完成回滚。

图 12-22 展示了资源管理系统的架构，一个资源从产出在 HDFS（分布式文件管理系统）到线上部署会经历如下过程。

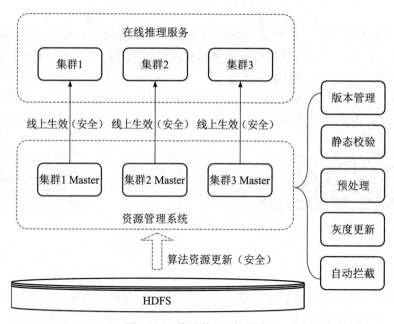

图 12-22　资源管理系统架构

1）线上的所有机器会按照业务分成不同的集群。从资源维度来讲，集群是一个集群加载的资源情况是一样的，所以资源管理集群所做的事情第一步就是在一个集群推选一个 Master 节点，这个 Master 节点负责对最新资源进行验证。

2）集群的 Master 节点会定期检查所在集群所需资源是否在 HDFS 中更新，如果有更新则加载最新的资源并进行校验，包括如下校验过程。

• 文件大小校验。判断文件大小和历史 7 个版本的均值是否有很大的变化。

• 文件加载校验。直接使用加载器对资源进行加载看最新的文件是否能正确加载，从而判断整个文件的完整性。

• 资源加载并进行功能性验证。使用资源的最新版本且使用 Master 节点的流量进行业务指标的验证，查看 Master 节点的业务指标和集群其他机器有没有明显异常。

3）通过 Master 节点验证的资源会在分钟级触发所有节点进行更新，如果没有通过就会发送邮件和消息对算法工程进行报警并阻断这次版本的更新。

一个模型在一个集群的 Master 节点上经过验证之后以分钟级快速推广到全部集群的机器节点，以有效保障稳定性和效率。

3. A/B 实验平台

有了自动化压测工具和资源管理系统之后，新的模型就可以安全地在线上服务加载。下面评估新模型在线上的效果。

A/B 实验是业界常用的能够科学评估模型效果的手段。如果我们想要验证模型的效果，我们需要把流量合理地分配到不同的模型进行打分，最后通过比较不同模型的指标来评估线上模型的效果。A/B 实验平台是业界通用做 A/B 实验的平台，通过小流量验证、小步快跑、快速迭代对线上模型进行快速升级。在 A/B 实验平台做实验的步骤如下。

• 在 A/B 实验平台给一个模型绑定一个实验。
• 模型加载到线上之后在 A/B 实验平台从其他模型调流量。
• 线上请求会根据随机 Hash 分桶将流量分配到不同的模型上。

通过一段时间的流量和数据积累，A/B 实验平台会生成实验报告，给出各个业务指标在新模型上的表现结果。业务指标是指导模型改善的北极星指标。如果业务指标是正向的，我们就可以在 A/B 实验平台把新模型流量调到 100%。这样，一个新模型的迭代就完成了。

12.5　本章小结

本章小米广告机器学习平台介绍了完整的算法流程——从数据采集、处理，到特征生成、代码开发、模型设计开发，再到上线部署。通过特征平台、模型管理平台、A/B 实验平台等多个工具实现了算法应用的全生命周期管理，大大提高了模型迭代效率。

第 13 章

腾讯金融推荐中台实践

腾讯金融业务线承载着支付基础、理财业务和金融创新等众多金融和支付相关业务。围绕着业务增长、用户体验优化和效率提升等关键目标,公司应用大数据和机器学习技术,以数据驱动方法推动各个业务目标迭代优化。尤其以推荐为代表的机器学习技术发展给业务带来可观收益,越来越多的业务探索算法在为业务带来价值。如何适配不同形态的业务快速上线推荐链路,以及如何支持算法工程师进行建模实验和效果验证,成为推广推荐技术的主要调整方向。平台化构建推荐系统成为组织的共识。本章将深入介绍腾讯金融业务推荐系统建设的方法。

13.1 业务介绍

推荐技术在腾讯金融的信用卡、理财通、话费充值等多个关键业务场景中都有应用。这些业务以物品推荐、信息流、广告等多种形式存在,推荐技术在这些场景中的应用提升了用户体验和营收,如图 13-1 所示。

13.1.1 业务优化目标

在有限的流量下,业务优化目标是精细化客群,进行用户洞察,更为精准地进行营销,提高流量利用率,提升每千次投放转化率及增加千次曝光转化金额。如图 13-2 所示,用户从触达、来访到点击和完成订单形成一个完整的转化漏斗。转化漏斗的每个阶段都有对应的业务目标。在用户触达阶段,系统将站内外合适的资源推送给对应的用户,以便将一部分用户引流到业务中形成用户来访,进而选择合适的内容、物品进行点击访问,最终达成一定比例的交易。从一个阶段到下一阶段都会有一定比例的用户流失。业务优化目标是在有限资源的前提下,尽可能准确地把握用户偏好,理解用户行为,优化人与物的匹配,最终促进业务营收增长。

图 13-1　金融业务场景

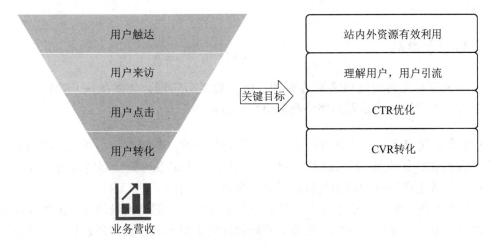

图 13-2　业务优化目标

13.1.2　业务特点

腾讯金融有理财、信用卡、充值等众多业务形态，这些业务具有数量多、差异大和调用链路复杂等特点，推荐系统需要有良好的抽象设计才能适配不同业务。

1. 数量多

腾讯金融的业务场景有理财、信用卡、话费充值等多个业务形态，面向不同用户的多种业务需求。

多种业务形态是指推荐系统需要支持的业务形态有理财、信用卡、话费充值等，业务形态多样。

同时，用户场景也很丰富。

2. 差异大

这些业务特点各异，差别很大。例如每月月底和月初会有大量用户完成话费充值业务，在此期间服务量通常是平时的很多倍；而理财通用户的获客成本较高，一旦成为平台用户，通常具有较高的黏性。

除了业务特点各异，差异大还表现在用户特点、运营方式、业务目标、业务周期等方面。

3. 链路复杂

推荐系统本身的复杂性以及组织数据基础设施的不断迭代和演变，使得现有推荐链路异常复杂，同时在推荐不同阶段的数据形态也不相同，表现在数据链路长、数据形态多样。

13.2　现状及挑战

由于推荐系统的建设以需求为驱动，面向功能来实现，如果从一开始缺乏全局设计，随着业务发展，一系列问题将凸显出来，具体如下。

- 模型迭代周期长：缺乏对特征的统一管理和维护，新增特征很难加入离线和在线样本，需要在特征上线和下线时进行相应的开发工作；系统缺少对特征生命周期迭代的支持，导致生产环境中应用新特征需要一个月以上时间。
- 模型上线易出错：整个线上服务处于割裂的状态，需要大量的人工配置才能将整个链路黏合起来，在出现问题时很难有清晰的脉络去追踪和定位问题；特征的质量、系统 JVM 状态、日志等也缺乏监控，大大影响问题的排查。
- 系统耦合：特征处理与模型预测逻辑耦合、多个业务模型在同一节点混部等，导致链路中单个环节问题经常会影响下游链路，单个业务问题可能会影响其他线上业务。
- 稳定性和可用性差：稳定性问题和可用性问题频发，开发团队以"打地鼠"的方式处理故障，而层层补丁进一步影响系统的稳定性，使得团队长期处于被动解决问题的状态。

我们在构建工业级推荐系统时通常会面临一系列问题，如：烟囱式开发模式、胶水代码频现；特征质量差、特征复用度低；在线问题定位困难；服务性能、伸缩性、可用性差；数据工程师、算法科学家、系统工程师之间分工不明确，沟通成本高等。而这些问题最终会导致推荐场景迭代周期长，优化提升困难，进而影响组织在行业中的竞争力。

经过深入分析，我们可以将其归纳为更深层次的两个大的因素：第一是推荐系统本身的复杂性，第二是算法和工程技术壁垒及由此引发的一系列沟通、理解问题。

13.2.1　推荐系统复杂性

如图 13-3 所示，一个典型的推荐系统包含将原始数据转化为特征、CTR 模型离线训练、在线特征存储及读取、在线排序等子系统。这些子系统之间需要高度集成，以达成离线数据和在线数据在整体推荐链路中的一致性，离线模型训练分布式并行，在线排序服务的高性能、高可用性及可伸缩性。构建一个完整的推荐系统通常涉及大数据开发、算法建模、后台服务、容器化等技术栈。因此，推荐系统通常是一个复杂的系统，需要多个团队紧密协作，具体体现如下。

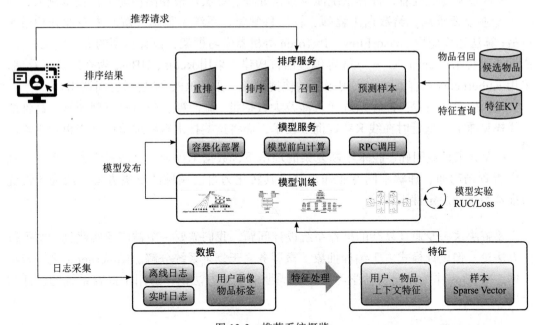

图 13-3　推荐系统概览

• 训练样本生成：需要将用户画像、物品标签的原始值经过特征处理后转换为 Sparse 数值表示，可能是 LibSVM、LibFFM、TFRecord 等格式，特征处理之后的样本输入算法后经训练形成对应的模型。

• 预测样本生成：首先针对输入的用户和候选物品在线查询其原始特征值，再经过与线下完全一致的特征处理后生成线上样本表示，将此样本表示输入模型完成在线预测。

- 数据格式：在整个推荐链路的各个数据处理阶段，特征以原始离线宽表、KV 存储、Sparse Vector、Tensor 等多种形式存在。
- 数据实时性：离线、在线、实时特征的计算口径和处理方式需要保持完全一致。
- 特征穿越：从多个源获取特征很容易出现聚合特征值的统计是在实际事件发生之后的情况，这样的特征输入模型后就会导致离线 AUC 接近于 1，使得训练得到的模型完全不具备准确预测的能力。

推荐系统是综合了特征处理、样本加工、模型训练、在线预测等多个环节数据处理链路的复杂系统，且对数据质量、一致性、实时性要求极高。

13.2.2　算法工程技术壁垒

推荐系统的算法工程技术壁垒主要体现在以下几方面。

- 从技术专业度看，推荐系统涉及数据处理、算法建模和高性能工程技术领域；对技术专业度要求高，给数据工程师、算法科学家、系统工程师理解对方专业知识带来挑战；算法建模应用 TensorFlow、PyTorch 等机器学习框架，以计算图的方式定义模型；高性能工程采用 Java、C++、Go 等编程语言构建，采用 Redis、HBase 做在线特征存储，采用 Kubernetes 和容器技术实现服务的快捷部署，采用 RPC 实现系统间调用。
- 从技术视角看：推荐系统通常涉及大数据批 / 流计算、分布式模型训练、高性能在线模型服务、低延时在线 KV 查询等技术，而将这些技术有机地协同起来也很困难。
- 在分工日益明确、技术不断复杂的环境下，数据工程师、算法科学家、系统工程师能否顺畅沟通、理解不同专业知识并将其转化为自己领域的解决方案，成为建设优秀推荐系统的决定性因素。

要解决这一专业且复杂的推荐系统设计问题，我们需要一个被广泛实践且切实可行的方法论。像设计模式之于编程抽象、微服务之于复杂系统分解、Kubernetes 之于容器编排，MLOps 作为面向机器学习全生命周期的实施方法论，适用于推荐系统的设计和建设。

13.3　MLOps 实践

推荐系统中包含数据接入、特征处理、模型离线训练、模型在线服务、模型持续训练及部署的完整机器学习活动。MLOps 是面向机器学习全生命周期，描述其中各个活动的内容及各活动与相关活动的关系，以及支持机器学习活动中对模型追踪、配置管理、指标监控、编排等的支撑体系。MLOps 是面向复杂的机器学习活动提出的一套行之有效的方法论。因此，我们从推荐系统全链路出发，采用 MLOps 方法论合理分解推

荐系统子系统,并通过统一的产品体验有机地串联起各个子系统,同时建设完整的日志、
链路追踪、监控体系,将推荐系统建设成为真正能够帮助算法科学家提高效率的系统。

为了系统性解决以上业务中的各种问题,我们以 MLOps 方法论为指导从机器学习
全生命周期角度出发,重点构建模型服务系统和特征系统,通过模型服务系统、特征
系统及现有的模型训练系统和推荐运营系统共同构建推荐中台。

在以 MLOps 方法论指导推荐中台建设过程中,我们遵循两个基本原则。

- 合理分解:在完整机器学习生命周期中,将数据处理、模型训练、模型发布 3 个
基本的活动独立到不同的子系统中。
- 有机结合:基于元数据对特征视图、特征处理等进行集中管理,通过可观测体系
将全链路数据串联起来,通过已有的 CI、CD 流程将离线训练和模型在线发布打通。

如图 13-4 所示,在推荐系统的 MLOps 实践中,将数据处理、模型训练、模型服
务及模型应用以独立的子系统承载。特征系统负责用户数据转化为可用于模型训练的
样本数据,提供灵活的特征处理算子及分布式计算能力;依托太极机器学习平台强大
的资源调度和并行模型训练能力进行 CTR 模型训练;通过模型服务系统对接离线模型
存储,支持异构模型快速线上发布,提供良好的服务伸缩能力来适配业务对模型服务
不同的并发要求;面向业务运营人员,在推荐运营系统中提供推荐场景定义、在线推
荐实验对比及推荐效果评估能力。

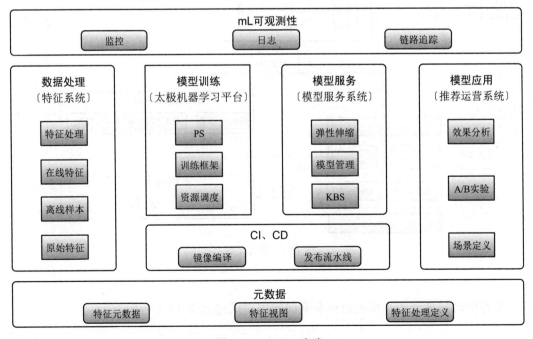

图 13-4　MLOps 实践

元数据管理服务定义了不同样本中选择的特征集合、原始数据转化为特征的方法与参数、生成样本所对应的特征视图和特征处理，以及训练模型所对应的样本、模型及服务的元数据。这样，数据在整个系统中流转的链路就会有机地串联起来。产品人员可以根据元数据中描述简化流程、优化用户体验。

另外，将监控、日志、链路追踪尽可能覆盖到所有子系统，将相关可观测数据接入公司统一的研效系统，集中提供日志检索、监控查看及报警、链路追踪及分析能力；同时，将相关系统的用户界面集成到推荐系统，通过可观测性体系更好地服务推荐主链路。

13.4 推荐系统产品体系

基于体系化设计原则，一个完整的推荐系统需包含图 13-5 所示的特征系统、模型训练系统、模型服务系统、推荐运营系统这几个子系统。每个子系统面向特定的用户，解决特定的问题，而且各个子系统有不同的技术特点。合理的拆分和建设各个子系统成为构建推荐系统的基础，有机协调子系统工作成为推荐系统运转的强有力引擎。

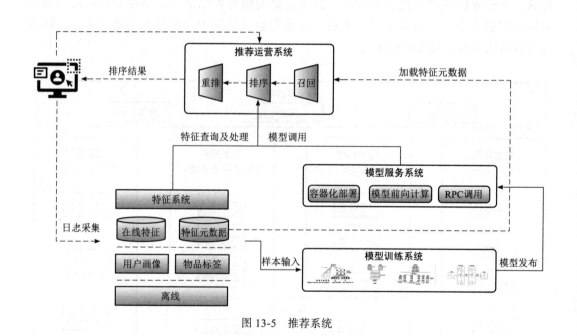

图 13-5　推荐系统

推荐中台的各个子系统的目标和面向的用户描述如表 13-1 所示。

表13-1　推荐中台的各个子系统目标及面向的用户

子系统	用户	目标
特征系统	算法科学家	面向算法建模和预测进行数据组织和管理，提供一致、高性能、实时的样本和特征服务
模型训练系统	算法科学家	提供 ML、DL 框架及训练资源调度能力，助力算法科学家进行快速建模和实验
模型服务系统	系统工程师	支持预训练模型快速上线，提供高性能、快速伸缩的在线模型推理服务
推荐运营系统	业务运营人员	面向业务运营，提供快速的推荐场景接入，支持推荐效果分析，支持推荐 A/B 实验和效果迭代

下面我们一起学习各个子系统要解决的关键问题及其核心能力。

13.4.1　特征系统

一个完整的特征系统需要具备以下特性。

- 提供特征元数据描述：对用户、物品、上下文等特征通过元数据描述，包括特征类型、数据类型、值的范围、数据来源等。
- 提供灵活的特征处理能力：针对离散、连续及需要做交叉的特征提供灵活、方便的特征处理组件。
- 特征分析能力：在特征探索阶段对特征进行分布统计和数值统计。
- 提供特征评估和选择能力：针对推荐目标采用 XGB 模型、Uplift 模型、互信息等方法评估特征对模型的贡献，帮助算法工程师从候选特征中筛选对模型有用的特征。
- 提供样本生成能力：基于算法工程师选择的特征及处理方法快速生成训练和测试样本，以用于模拟实验。
- 提供在线特征查询和特征转换的 SDK：提供用于在线特征查询和处理的 SDK，能够以满足业务延时的性能要求完成每个推荐排序请求中用户、物品、实时特征查询以及特征转换。
- 实时特征处理：快速、简单接入实时特征，及时、准确地更新特征。
- 保证离线和在线特征的一致：对于离线和在线特征，保证其原始值和经过处理后的值完全一致。
- 提供特征质量管理机制：及时发现上游服务、特征、样本中的异常数据，保证特征在合理范围内波动，确保推荐结果可信。

13.4.2　模型训练系统

模型训练系统提供 ML、DL 框架及训练资源调度能力，助力算法工程师快速建模和实验。从功能特性角度看，模型训练系统需具备以下特性。

- 提供数据访问及接入：快速接入特征、样本数据，能够支持模型直接访问存储在 HDFS、对象存储等数据源上的数据。
- 交互式开发环境和运行时：支持算法工程师按需申请具有不同计算设备（CPU、GPU 等）、不同计算规格（CPU 核数、内存大小、GPU 数量、存储大小等）、不同机器学习框架（TensorFlow、PyTorch、Spark 等）、不同 Python 版本的 Notebook 运行时，为算法工程师提供个性化的交互探索环境。
- 提供实验管理和实验追踪：支持算法工程师进行模型实验，以及在模型实验中对超参数、评估指标进行追踪和管理。
- 提供 Pipeline：以 DAG 形式支持建模实验的编排和调度，支持在此之上对运行节点的封装和参数设置。
- 提供模型仓库：当模型训练完成之后对模型进行中心化管理，支持模型版本管理。
- 提供资源管理和调度能力：通常，机器学习任务需要分布式调度多个计算实例参与计算，因此需要调度器具备对 GPU、CPU、RAM 等计算资源以及对象存储、块存储等存储资源的动态调度能力。
- 分布式计算：在训练大规模模型，尤其高维的 CTR 模型时需要协同多个 Worker 和 Parameter Server，因此推荐系统需要支持数据并行，即多实例并行读取训练样本 Batch 进行梯度计算；模型并行，即将高维的 Embedding 层按 Hash 方式切分到多个 Parameter Server 或者 GPU 设备上以解决单机不能存放完整模型的问题。

13.4.3　模型服务系统

模型服务系统支持以不同框架（TensorFlow、XGB、PyTorch 等）训练的模型快速上线，且能被客户端低成本集成，提供高性能、高可用、容量可伸缩的服务。模型服务系统具有以下特性。

- 提供模型发布能力：包括快速模型发布、自动版本发现、模型多版本管理等能力。
- 提供在线调试能力：通过在线 UI 完成模型输入、输出正确性验证。
- 提供在线 Profiling 能力：支持在线抓取模型内部完整的执行路径，通过图形化方式展示模型内部各算子的执行时间，以及 CPU、RAM、Network 等资源占用情况，方便用户快速、准确地定位性能问题。
- 支持容量评估和性能压测：在模型上线前通过压测工具快速评估线上服务的延时和容量，以便提前规划服务部署所需的资源。
- 提供服务编排能力：在复杂场景下支持一定的前置、后置处理，提供服务路由和结果合并等能力。

• 支持离线评估：在离线场景下支持批量预测作业并生成预测结果。

• 支持快速接入：提供 REST、gRPC 及 SDK 等多种客户端调用方式，支持模型服务快速接入应用系统。

13.4.4 推荐运营系统

面向业务运营，推荐运营系统提供快速的推荐场景接入，支持推荐效果分析，支持推荐 A/B 实验和效果迭代。图 13-6 所示为产品原型，用户可以通过拓扑组织的方式定义推荐场景。推荐运营系统提供召回、排序、重拍、替补等组件，其灵活、可编排的场景定义能力可支持推荐场景的灵活扩展。

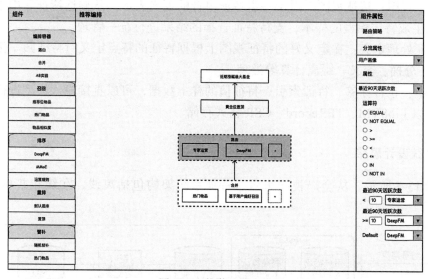

图 13-6 推荐运营系统

• 推荐场景定义：抽象推荐场景，以业务可扩展的形态支持业务运营人员定义推荐的完整链路，在召回、排序、重排等环节支持以灵活、可自定义的方法控制推荐场景，通过提供条件路由、结果合并、AB 实验等容器组件来支持对复杂计算逻辑的灵活适配。

• A/B 实验：支持业务运营人员和算法工程师进行 A/B 实验，以验证不同的模型、特征及规则对推荐效果的影响。

• 推荐分析：以报表形式在推荐场景、算法模型、A/B 实验等多维度对推荐效果进行统计分析。

13.5 系统设计

本节将系统介绍特征系统和模型服务系统的详细设计，分解各个模块设计的考虑因素，通过对模块的良好设计为推荐中台构建打好基础。

13.5.1 特征系统

1. 概念和术语

在特征系统中，统一概念和术语有助于产品组织和建立沟通环境。

- 特征库：表示特征对应的数据来源，包括离线和在线数据对应的物理存储，特征的名称、数据类型、特征内容类型、特征实时性、特征聚合方式等元数据信息。
- 标签数据集：包含用户标识、物品标识、建模目标及上下文特征（非必需）的数据集，例如点击、曝光、收藏日志。
- 特征视图：特征视图是对于一组特征组合的逻辑表示，从候选特征库中选取一部分特征来生成特定模型的样本，支持特征选择的结果进行统一管理。
- 特征处理定义：在定义好的特征视图上根据特征的特点定义对特征归一化、One-hot 编码、分桶、交叉、距离计算等处理。
- 样本：包含标签、特征索引、特征值的样本数据，可以直接输入模型进行模型训练，通常以 LibSVM、TFRecord、CSR 格式存储。

2. 系统设计思路

如图 13-7 所示，从全局视图来看，特征系统架构包括离线、在线和共享 3 部分。

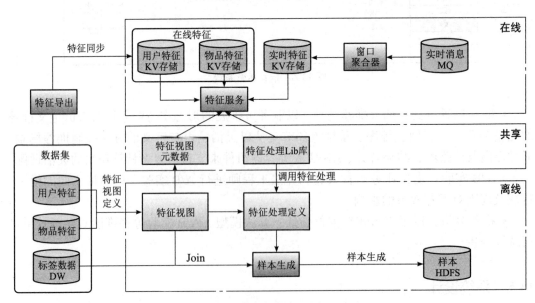

图 13-7　特征系统架构设计

离线部分负责处理离线样本生成；在线部分负责在线特征查询及处理；共享部分可被离线样本生成和在线特征处理复用。这样组织的好处在于将离线批量任务和在线实时计算任务解耦，再通过复用计算逻辑和元数据尽可能保证线上线下一致性。这种设计也会简化特征系统，降低复杂度。

每部分对应的职责和特性如下。

（1）离线

首先将全量的用户和物品特征存储在离线仓库，然后同步到线上的 KV 存储。

样本生成 Spark 任务将读取特征视图定义、特征处理定义等元数据，以此确定当前样本中用到的特征及其处理方法。样本生成任务关联用户特征、物品特征、标签数据，通过调用特征处理 Lib 库中的特征处理算子生成离线样本。

（2）在线

处理在线请求时，针对每个请求将并行从用户特征 KV 存储、物品特征 KV 存储以及实时特征 KV 存储中获取特征，根据当前请求对应的特征视图和特征处理元数据调用特征处理 SDK 完成特征转换。转化后的特征以样本的形式输入在线模型服务完成排序。

（3）共享

特征视图定义中包含特征名称，数据类型等元数据，以及用户定义特征处理相关算子及参数生成的相关元数据。

处理 Lib 库特征以独立 SDK 形式存在，以确保线上线下处理一致性，同时降低特征处理逻辑的复杂度。在离线任务中引用 SDK 完成离线样本的处理，在线处理时也通过调用特征 SDK 完成特征的查询和转换。

3. 系统设计

下面展开介绍特征系统详细设计方案，深入了解特征系统内部细节。

（1）特征元数据

特征是一个复杂的综合体，很难从一个维度准确描述，因此我们需要从多维度来描述特征。在准确、全面地描述特征的前提下，后续的特征管理和处理就会变得容易。表 13-2 是供参考的特征元数据组织方式。

（2）特征选择

我们可以用 XGB 模型、Uplift 模型、互信息等方法评估特征对模型的贡献。这里简单介绍互信息的原理和在特征选择中的应用。

表13-2　特征元数据组织方式

特征维度	分类
特征分组	用户特征、物品特征、上下文特征、生成特征
特征数据类型	Int、Float、Double、String
特征内容分类	连续特征、离散特征、多值离散特征、Embedding 特征
实时性	离线特征、实时特征

互信息是一个随机变量包含另一个随机变量信息的度量，如图 13-8 所示。互信息公式：$I(X；Y)=H(X)-H(X|Y)$。

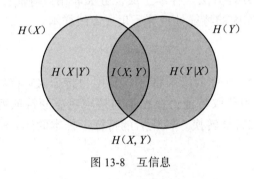

图 13-8　互信息

- $H(X|Y)$ 被称为条件熵，表示在知道事件 X 的情况下，事件 Y 可以提供的信息。
- $I(X；Y)$ 被称为互信息，表示事件 X 和 Y 共同提供的信息，也可以理解为知道事件 X 后可以给了解事件 Y 提供多少信息。

在采用互信息做特征选择时，我们需要考虑特征之间的相关性和冗余度。

（3）特征处理

特征处理 SDK 的设计应该独立于样本生成，抽象出标准化、交叉、距离计算、分桶等多种类型的算子，将控制算子行为的变量抽象为算子参数（例如分桶算子中桶的数量），在调用阶段通过动态执行技术实例化对应的算子并设置参数，然后完成特征处理。这样设计的好处一方面可以提升特征算子开发效率，另一方面在调用端只需要统一的逻辑就可以实现所有类型的特征处理。

以 ZScore 标准化为例，它实现了所有标准化处理算子的基类 Normalize。ZScore 处理所需的均值和标准差以参数的形式输入，在样本处理逻辑中只需要调用 norm 函数便可完成标准化处理。

```java
public class ZScoreScaler extends Normalize {

    private float mean;
    private float std;

    /**
     * 初始化的标准方法
     *
     * @param mean mean value of the feature
     * @param std standard deviation of the feature
     */
    public void init(float mean, float std) {
        this.mean = mean;
        this.std = std;
    }

    /**
     * 使用 Z Score 对特征进行标准化处理
     *
     * @param value
     * @return transformed feature
     */
    public float norm(float value) {
        return (value - mean) / std;
    }
}
```

（4）样本生成

样本生成采用 Spark 进行分布式处理，在加载原始特征后可以通过 Spark 中的数据集处理接口 MapFunction 对数据集中的每条记录进行处理。MapFunction 中调用特征处理 Lib 库将 Row 经过特征转换后生成样本。

```java
public class RowMapFunction implements MapFunction<Row, Sample> {
    @Override
    public Sample call(Row row) {
        //特征处理
    }
}
```

（5）特征在线存储

在线存储主要从容量和读取延时两个维度考量。在存储成本和延时之间，我们可以选择不同的 KV 存储并进行相关的优化。下面的几个措施有助于在这两方面优化特征在线存储。

- 数据压缩和序列化。特征经过压缩或者序列化后可以大幅缩小存储空间。具体的压缩比对于不同的数据类型的表现不确定。建议在具体的场景中，针对实际的特征数据选择合适的压缩和序列化方法。
- 并行读取。在特征源来自多个在线存储的情况下，我们可通过多线程并行读取特征来提升读取速度。
- 采用布隆过滤器。在特征容量过大，单一高速 KV 服务存储不了所有特征的情况下，我们可通过多级缓存解决存储容量问题。这时，我们可以采用布隆过滤器让客户端快速路由要访问的 KV 存储。

（6）特征一致性

线上线下特征不一致是引起模型质量的主要问题。在当前架构设计中，我们通过以下两种措施来保证特征一致性。

- 共享元数据：对离线生成样本时用到的特征视图，以及特征视图中每个特征处理的方法及参数以元数据形式存储；在线推荐引擎会加载当前模型用到的特征视图元数据；在线特征转化为在线样本时也会复用离线时特征处理元数据，这样就可以完全保证线下线上特征及特征处理元数据一致。
- 统一特征处理算子：我们将特征处理以 Library 库的形式独立出来，离线样本处理以及在线特征处理调用此 Library 库完成特征转换，不允许线上和线下特征处理逻辑不同，这样可保证在相同输入的情况下，同一个特征处理算子离线和在线的计算结果完全一致。

（7）实时特征

实时特征设计的原则是读写分离。我们可用 Flink 或 Spark Streaming 实现在线特征计算的窗口聚合器，提供 Min、Max、Count、Last_N 等基于窗口计算的聚合算子。该流式应用可读取消息队列中的事件并聚合成实时特征，然后写入在线特征 KV 存储。在线特征 SDK 只需要以只读方式读取当前时刻的实时特征并完成计算。

（8）特征监控

特征质量可以从样本监控、特征监控、特征漂移监控等几个方面来综合保障。

- 样本监控关注样本量及样本中的正负样本比例变化，确保样本规模和正负样本比例稳定。
- 特征监控是对于连续特征，按样本生成周期统计 Max、Min、Mean、Sum、Variance、Nonzeros、Total 等，并基于合适的波动范围进行监控；对于离散特征，监控每个离散值的数据量和所占比例，例如用户性别特征中 M、F 值覆盖的用户量及用户比例，确保离散特征处于稳定状态。

● 特征漂移指特征在不同样本中，分布随着时间变化。对此，我们可以通过一个累积分布函数（Cumulative Distribution Function，CDF）描述样本中特征的分布，然后在目标样本上用 KS 检验（Kolmogorov Smirnov Test）来评估其与对照样本分布是否一致，如图 13-9 所示。

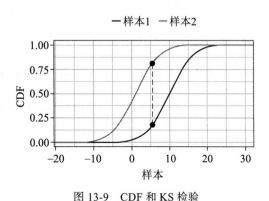

图 13-9　CDF 和 KS 检验

（9）服务可观测性

如图 13-10 所示，可观测系统由日志、监控和链路追踪 3 部分组成。通过可观测组件，我们可以对系统进行有效监控、故障排除和在线调试。

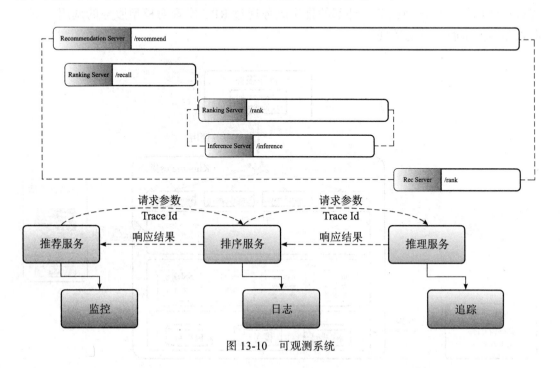

图 13-10　可观测系统

（10）特征 SDK

特征 SDK 涉及特征查询和特征处理两个主要任务。特征 SDK 的设计需尽可能轻量化，接口尽可能单一。下面是一个特征 SDK 接口设计示例：

```java
public interface FeatureService {

    Map<Integer, Float> getFeatsMap(String id);

    Map<String, Map<Integer, Float>> getFeatsMap(List<String> ids);

    LibsvmData transform(Map<Integer, Float> userFeature, Map<Integer,
Float> itemFeature);
}
```

13.5.2　模型服务系统

由于模型在线服务通常是一个无状态的、容量动态变化的在线服务，我们可考虑用 Kubernetes 容器化服务编排来实现。如图 13-11 所示，模型服务运行在云原生 Kubernetes 集群之上。其对接训练平台生成的模型，通过模型发现机制将最新的模型版本同步到模型服务系统存储中。模型服务启动时拉取对应运行时推理镜像，通过网关接口对外提供模型推理服务。外部的排序服务通过 RPC 实现对模型服务的调用。下面深入介绍模型服务系统实现。

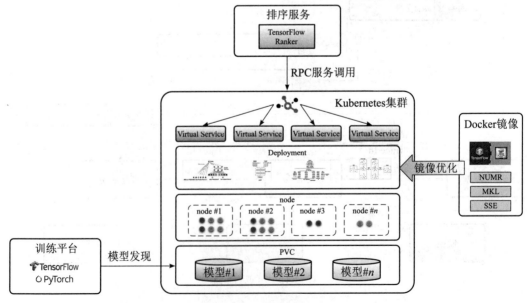

图 13-11　模型服务系统

1. 服务管理

对于模型服务的发布、停止、下线、扩缩容，以及对于模型文件的存储管理，我们可以通过 Kubernetes 提供的控制面 API 来实现。用户在模型服务系统界面的操作可转化为对 Kubernetes 中 PVC、Deployment、Service 等资源的管理。

- 将要发布的模型文件存储在对象存储或者其他云存储中，并创建对此存储的持久卷申领（Persistent Volume Claim，PVC）。
- 指定模型服务的镜像，比如业界广泛应用的 TensorFlow Serving。
- 指定创建服务所需服务实例数、CPU 和 RAM 资源规格。
- 创建 Deployment 来发布服务，并创建 Service 实现服务路由和发现。

下面是一个对于模型服务发布的 Yaml 描述，它定义了一个 WDL 模型在 TensorFlow Serving 框架中的部署。

```
apiVersion:apps/v1
kind:Deployment
metadata:
  name:wdl-model
spec:
  replicas:3
  template:
    ...
    spec:
      containers:
      - name:wdl-model
        image:tensorflow/serving
        ports:
        - containerPort:8500
        volumeMounts:
        - name:model-repository
          mountPath:/data/models
        resources:
          requests:
            cpu: 4
            memory: 8Gi
        command: ["/bin/sh", "-c", "/root/tensorflow_model_server --model_
name=wdl_model --model_base_path=/data/models/wdl"]
---
apiVersion: v1
kind: Service
metadata:
  name: wdl-service
```

```
spec:
  ports:
  - port: 8500
    targetPort: 8500
  selector:
    app: wdl-service
  type: LoadBalancer
```

2. 服务平滑

当服务版本变更时，为了实现在服务版本切换之间依然提供平滑的模型服务，我们需要从以下几方面进行优化。

- 服务 Liveness 和 Readiness：通过服务 Liveness 和 Readiness 让 Kubernetes 感知服务的健康状况，避免服务假死和延时启动问题对服务造成影响。
- Autoscale 策略：指定一个时间窗口，以便 Pod 在启动之后经过一定时间才可用；在缩容时指定一个稳定窗口，当服务负载在这个时间窗口内稳定小于资源使用阈值时才进行缩容，以防服务负载变化时频繁执行扩缩容；设置缩容速度，不允许服务直接缩容到最小实例。
- Warmup：模型服务在初次调用时需要执行服务初始化，这会导致最初的若干次服务调用耗时异常。我们通过实现或者应用 TensorFlow Serving 的 Warmup 机制在正式请求到来之前调用模型服务完成初始化。

3. 性能优化

在推荐场景中，在线模型的性能是非常重要的指标。在线模型优化是一个系统性工作，需要从多方面考虑。

- CPU 选型：由于模型推理是一个计算密集型任务，因此选用最新的 CPU 架构以及 SSE、AVX 指令集会带来一定的性能提升。注意，Intel 和 AMD 的 CPU 有一定差异，需要做测试后进行选型。
- TensorFlow Serving 参数优化：TensorFlow Serving 自身提供了一系列优化参数，包括启用 Batch 预测以及 TensorFlow 计算 Session 时的线程数量。
- MKL 优化：MKL 为 Intel 开发的基于 Intel CPU 的数据计算加速库，通过在编译 TensorFlow 时启用 MKL 编译并设置合适的参数提升 TensorFlow Serving 在 Intel CPU 上的性能表现。
- 图结构优化：生成的用于服务的 TensorFlow 模型可能存在冗余变量，或仅用于训练阶段的算子，我们可以通过优化 TensorFlow 模型来进一步优化服务性能。

4. 模型 Profiling

机器学习模型预测通常是计算复杂型任务，借助 TensorBoard 可视化工具可以在线抓取模型内部 Profiling 数据。如图 13-12 所示，可视化模型内部算子执行耗时和资源占用，这样我们可以准确、快速定位有性能问题的算子。

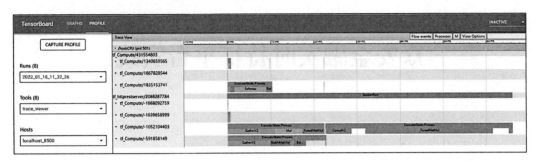

图 13-12　模型 Profiling

5. 服务可观测性

模型服务系统的可观测服务建设与特征系统的可观测服务建设方式一样，请参考上文。

13.6　本章小结

对于复杂系统，自顶向下设计能力、全局视野、对问题的洞察力以及系统的整合能力是关键。在建设过程中，我们很难一蹴而就，需要协同短期和长期目标，有策略地推进，同时协同业务、算法、数据人员，对齐目标，以足够的耐心持续投入。

第14章

众安金融实时特征平台实践

本章介绍众安金融的 MLOps 建设背景和整体实施思路，同时重点介绍实时特征平台的架构设计、实时特征计算的实现方式，以及特征平台如何支持反欺诈场景。

14.1 众安金融的 MLOps 建设背景

众安保险作为第一家互联网财产保险公司，为客户提供了保险服务、金融服务等综合金融业务。众安金融业务主要是通过信用保证保险服务，一方面为普惠人群提供增信支持，另一方面为银行等资金方提供风险缓释，助力普惠金融。

众安金融为无抵押的纯线上消费贷款平台提供信用保证保险服务，也为其他金融机构提供信用保证保险服务。信用保证保险业务的主要参与主体为融资方、资金方、保险人。在融资性保证保险模式下，融资方为投保人，资金方为被保险人。如果债权到期后融资方不能如期履约，权利人向保险公司提出索赔，保险公司予以理赔，众安金融承担理赔的责任，所以需要进行风险的全面识别、准确计量、严密监控并及时消化风险，将风险控制在设定范围内，确保金融业务健康发展和股东价值最大化。

众安金融充分运用金融科技，以用户为中心，将科技赋能于保前获客、保中信用管理、保后回收的全链路用户风险管理，构建了上万个信保风控特征和几千条核保规则，搭建了以大数据为基础、以风控策略与模型为工具、以风险指标为决策依据的全流程风险管理体系。

众所周知，如何管理好用户风险是金融业务的核心。众安金融风控利用大数据与个人信用的关联，通过各类数据挖掘大量用户风险特征，从而提升风控预测能力。此外，模型团队也会通过衍生特征来开发风险模型。风险模型的核心是从量化角度对用户给定一个具体、客观的风险分数。风险特征和风险模型是制定风险策略的重要依据，所以特征和模型会应用到风险决策的保前初筛和反欺诈识别、保中决策、保后监测等各个关键业务环节。

从 2018 年的最早接入人行征信特征，到逐渐接入三方数据特征、离线业务特征、实时业务特征、反欺诈特征和风险模型，面对大量的特征和模型的生产应用，众安金融开始实践 MLOps，通过完成特征平台和机器学习平台的系统化建设，支撑特征和模型高效、持续的生产化应用。

14.2　众安金融的 MLOps 建设思路

结合众安金融的组织结构，MLOps 的参与方主要有业务团队、模型团队、数仓团队和大数据开发团队。业务团队负责定义业务目标和衡量业务价值，数仓团队完成数据采集和准备，模型团队进行特征工程建设和模型开发，大数据开发团队完成特征和模型的生产部署和运维，多个团队一起参与 MLOps 的建设。

14.2.1　众安金融的 MLOps 流程说明

特征工程是 MLOps 流程的关键部分。对于众安金融业务来说，特征挖掘主要是基于风险指标（一般是逾期率）找到因变量。这些特征运用到风险策略中能提高对用户风险识别准确率。特征开发好之后，接下来就要进行模型的开发和训练，最后是特征和模型的在线化应用。众安金融的 MLOps 基本流程如图 14-1 所示。

图 14-1　众安金融的 MLOps 基本流程

前文对特征工程和机器学习平台介绍得很详细，这里简单介绍一下众安金融的 MLOps 中的特征工程。

1）样本准备：根据业务目标，比如保前获客、保中信用管理、保后回收，确定样本时间、样本人群，划分训练集。

2）数据处理：采集业务数据，然后对于缺失数据、异常数据、错误数据、数据格式进行清洗，此外也会使用连续变量、离散变量、时间序列等进行数据转换。

3）特征开发：金融特征主要通过审批逻辑、行为总结量化、穷举法、去量纲、分箱、WoE、降维、One-hot 编码等进行特征衍生，之后依据特征质量，比如特征指标（KS、IV、Gain、VIF、PSI 等）或者实际逾期率进行特征筛选。

为了实现特征和模型的高效生成和快速生产化，众安金融通过搭建大数据平台实现全域数据自动采集，为特征工程提供了丰富的数据加工能力支撑，同时通过大数据平台实现数据实时采集，为实时特征应用提供底层能力支撑。

模型开发、模型训练和模型应用通过机器学习平台一站式完成。机器学习平台通过可视化界面集成多种数据源和丰富的算法库，为模型快速迭代提供了可能。

接下来，我们需要考虑如何提供在线化应用，通过建设一套实时特征平台，实现特征和模型的管理、特征和模型的实时计算、特征和模型的实时监控等全链路的特征加工服务。图 14-2 是众安金融的 MLOps 整体架构。

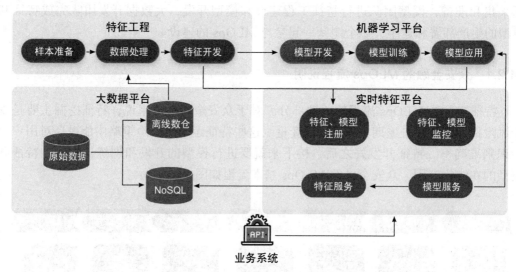

图 14-2　众安金融的 MLOps 整体架构

从图 14-2 可以看到，众安金融的 MLOps 体系可以分为 4 部分：大数据平台、特征工程、机器学习平台和实时特征平台。数据开发工程师通过大数据平台的能力采集相关业务数据，构建基于主题域的离线数据体系，此外也会把相关的数据同步到 NoSQL 存储引擎供给实时特征平台使用。数据采集完成后，数据科学家就可以在大数据平台进行特征工程建设，使用离线数仓进行特征挖掘，特征开发完成后在机器学习平台进行一站式模型开发和应用。在数据开发团队完成特征和模型开发之后，然后在实时特征平台进行特征元数据注册，这样特征平台就可以通过微服务接口提供特征查询和模型应用能力。

14.2.2　众安金融特征平台能力要求

金融风控场景的特征来源于很多时间序列数据，可以总结为以下几类。

- 交易行为数据：比如借款申请行为数据、还款行为数据、调额行为数据等，一般基于 RFM 体系进行特征工程建设，可以衍生出各种时间粒度的统计类特征。常用的统计方式有时间距离、行为波动、集中度等。
- 用户行为数据：基于用户在平台的行为埋点数据进行特征衍生。
- 人行征信数据：基于征信报告中丰富的个人征信数据进行特征衍生。
- 三方征信数据：多头借款行为数据。
- 设备抓取数据：用户授权的位置信息、IP 地址、设备指纹等数据。

从上面的分类可以看出数据源众多，每个数据源需要不同的数据加工方式，这就要求特征平台必须具备丰富的数据处理能力。此外，特征平台需要支撑实时金融风控业务场景，所以还需要保证高吞吐和低延时的服务能力。总结下来，特征平台必备的核心能力如下。

- 丰富的数据接入能力：以配置的方式接入丰富的数据源，比如内部业务数据、用户行为数据、三方征信数据等。
- 实时的数据处理能力：特征基本是应用于实时业务场景，所以需要实现源数据的实时收集和特征实时计算、加工。
- 高效的特征配置化能力：风控的精细化运营需要大量特征。为了提升特征上线效率，特征平台需要提供可配置化的特征加工能力。
- 快速的系统响应能力：风控策略的规则繁多，一次授信策略执行就会有几百次特征查询。除了实时业务之外，风控还会涉及各种贷中监测、批量提额、特征回溯等跑批任务对特征的查询，所以要求特征平台具备高吞吐和低延时的服务能力。

14.3　实时特征平台的架构设计

金融线上实时业务场景如登录、准入、授信、支用、提额等，批量的特征调用场景比如特征回溯、批量提额、贷中监测，催收业务场景等需要获取特征和模型才能进行风险识别。特征平台的初衷是为风控体系服务。随着业务的发展，模型逐渐被应用到用户营销场景。对于如此多的实时特征应用场景，众安金融需要建设一套高配置化和高性能的实时特征平台。

实时特征平台是众安金融 MLOps 平台的重要组成部分，主要负责实时特征计算和特征查询，为模型提供数据支撑。实时特征平台的架构设计需要考虑到特征管理、特征存储和特征服务等组件的设计和实现。

14.3.1 实时特征平台架构说明

实时特征平台围绕特征生命周期进行平台化能力建设，从特征配置、特征计算、特征管理和特征监控各方面进行功能扩展。每类特征都可以通过配置化的能力实现特征加工。经过技术选型，我们采用 Flink 作为实时计算引擎，使用阿里云的 TableStore 作为高性能存储引擎，然后通过微服务架构实现系统的服务化和平台化。图 14-3 是众安金融的实时特征平台架构。

图 14-3 众安金融的实时特征平台架构

我们从图 14-3 可以了解到最下面一层是实时特征数据源层，中间层是实时特征平台的核心功能汇总，最上层是整个特征平台的业务应用。下面重点介绍最下面一层和中间层。

14.3.2 实时特征数据源层

可以看出，该实时特征平台主要有 4 个数据源。

• 征信数据网关：提供人行等征信机构的用户信用数据，需要通过实时接口对接来查询征信数据。

• 三方数据平台：提供外部数据服务商和内部业务方的数据，通过实时接口服务完成实时数据的对接。

• 实时计算平台：实时接入业务系统的交易数据、用户行为数据和抓取的设备数据，经过实时数仓的加工同步到 NoSQL 存储。

• 离线调用平台：离线数据经阿里云的 MaxComputer 计算后同步到 NoSQL 存储，实现历史数据回流，从而支撑用户全业务时间序列特征计算。

14.3.3 实时特征平台的核心功能

1. 特征网关

特征网关是特征查询的出入口，具备鉴权限流、特征调用链路编排、数据路由等功能。鉴权限流是基于调用方实现的。特征网关会根据特征元数据信息路由到不同的特征数据源，从特征数据源查询到原始数据之后再路由到不同的特征计算服务进行特征加工。

2. 特征计算

在查询到特征的原始数据之后，三方特征计算可以把从三方数据平台和征信网关查询到的原始报文数据加工为对应的特征。三方特征计算实现了配置化的特征加工能力；实时特征计算实现了内部业务系统的实时数据加工；反欺诈特征计算实现了用户登录设备数据、用户行为数据和用户关系图谱等相关数据的加工；模型特征计算是借助机器学习平台的能力实现的——机器学习平台提供了模型训练、测试、发布等功能，特征平台集成了机器学习平台的能力实现了模型特征计算。这里需要注意特征组的概念：特征属于特征组，一个特征组下可能会有几十、上百个特征。出于计算性能和成本的考虑，特征计算是基于特征组维度进行的，也就是一次计算出特征组下的所有特征。

3. 特征管理

实时特征平台提供了特征变量管理、模型元数据管理、用户关系图谱管理、特征跑批任务管理。

4. 特征配置

为了支持特征的快速上线，实时特征平台实现了三方特征配置、实时特征配置、互斥特征配置、模型特征配置。

- 三方特征配置：支持通过可视化页面实现基于 JSONPath 处理报文数据。
- 实时特征配置：实现基于函数表达式语义的特征配置化。
- 互斥特征配置：支持在可视化的代码编辑器中进行特征组合、加工。
- 模型特征配置：实现模型自动化上线和模型特征生成的全流程配置。

5. 特征监控

为了更好地保障特征平台运行稳定性，特征监控尤其重要。我们提供特征全链路查询能力来支持快速定位特征数据问题，通过特征计算失败和特征值异常波动告警及时发现生产问题，此外通过特征调用大盘统计全局的特征调用。

总结下来，实时特征平台是基于微服务架构的一套数据平台，通过接入三方数据、征信数据、实时业务数据、离线加工数据，经过特征计算服务、模型计算服务等实现特征的全链路加工，从而为业务系统提供实时特征数据查询能力。

14.4   实时业务特征计算

实时业务特征计算方案有两种，一种是实时同步原始业务数据，然后在实时计算任务执行的同时实现特征的加工，这是经典的 ETL 方式。这种方式的优点是特征查询非常高效，查询性能好，但是实时任务计算复杂，需要大量实时计算资源，且特征衍生也比较困难。另一种是实时同步原始业务明细数据，但是特征加工是即时进行的，这属于 ELT 方式，也就是在特征查询时进行特征计算。这种方式的缺点是特征查询繁重，需要高速特征查询引擎支持，但是实时任务计算比较简单，特征衍生也比较方便。出于业务对于特征频繁衍生的要求和节省实时计算资源的考虑，我们选择了第二种即时加工特征方案。

14.4.1   实时业务特征计算系统设计

实时业务特征数据主要来源于业务系统的用户交易行为数据。这些数据主要存储在业务系统的 MySQL 中，通过 Kafka 和 Flink 采集业务数据，同时使用 Spark 实现将离线数仓数据回补来完成全量时序数据的采集，并使用实时特征计算引擎完成特征加工。实时业务特征计算系统架构如图 14-4 所示。

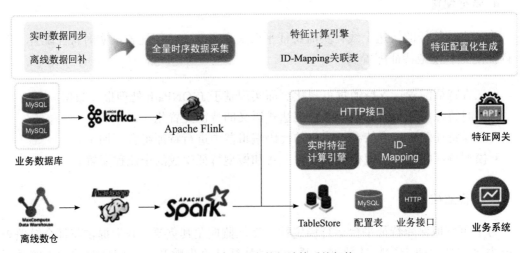

图 14-4   实时业务特征计算系统架构

整体实时业务特征模块分如下 3 部分。

1）实时业务数据采集模块：通过众安内部的数据中间件（BLCS）实时抓取 MySQL 中的 Binlog 数据并发送到 Kafka，然后使用 Flink 监听 Kafka 中的数据并同步到实时数仓，之后把明细数据实时写入 TableStore。

2）实时特征计算系统：实时特征计算系统通过结合表达式语言 Groovy 和 ID-Mapping 实现了一套特征计算引擎，通过这套计算引擎完成特征加工，进而通过 HTTP 接口为特征网关提供实时特征计算能力。

3）历史业务数据补全：实时业务特征计算不但需要实时的增量数据，还需要全量的历史数据。首先使用离线调度平台从离线数仓回流历史数据到 HDFS，然后使用 Spark 执行离线计算任务后再把加工的数据回流到 TableStore。结合离线数据和实时数据就可以支持基于全量业务时序数据的特征加工。

14.4.2 实时业务特征核心数据模型

实时业务特征数据模型是实时特征平台的核心，它包含一套 ID-Mapping 和各个业务主题域数据。这个模型是实时特征计算和服务的基础。ID-Mapping 是指将不同数据源中的 ID 进行映射，以保证特征计算的正确性和一致性。在实时业务特征核心数据模型中，ID-Mapping 需要实现数据的实时同步，以确保数据的准确性和及时性。业务主题域的数据包含各个业务主体（如用户、授信、支用、还款、额度、逾期等）的属性信息，以及它们之间的关联关系。在实时特征平台中，这些数据被清洗、标准化和整合，以构建统一的数据模型。

金融风控业务场景主要是以用户身份证、用户手机号等维度查询相关特征，因此抽象了一套用户实体关系的 ID-Mapping 表，实现了身份证、手机号等维度到用户 ID 的关联，特征查询时以身份证或者手机号作为入参来查询 ID-Mapping 表获取用户 ID，然后根据用户 ID 查询 TableStore 中的业务明细数据。

风控策略对于特征的要求非常精细，比如一个用户支用次数、支用金额这种简单的特征就会包含近 5 分钟、近半个小时、近一个小时、近三个小时、近六小时、近一天、近七天、近三十天、距今为止等维度的统计口径。考虑到计算窗口多样性，尤其是全量数据这样的统计维度，出于金融风控业务对特征频繁衍生的要求和节省实时计算资源等多方面的考虑，我们选择了 ELT 的即时加工特征方案，具体方案为 Flink 实时任务主要完成对于数据的清洗和简单的整合，然后把整合后的业务明细数据回流到 TableStore。实时业务特征核心数据流如图 14-5 所示。

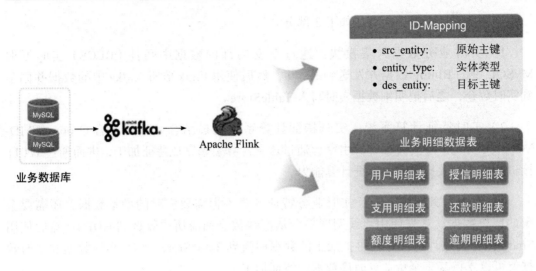

图 14-5　实时业务特征核心数据模型

14.4.3　实时业务特征计算引擎

　　早期的特征加工是通过开发人员编写代码来实现的。随着特征需求越来越多，为了实现特征快速迭代，我们借助表达式语言和 Groovy 实现了一套基于特征计算函数的特征配置化，结合 ID-Mapping 实现了特征计算引擎。特征计算引擎架构如图 14-6 所示。

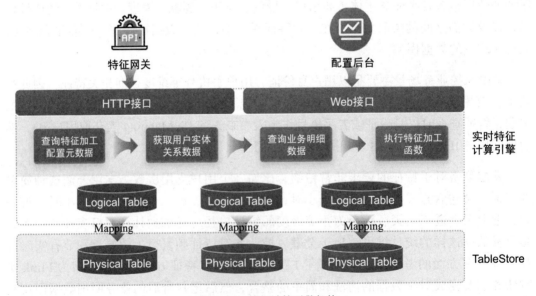

图 14-6　特征计算引擎架构

　　实时业务特征计算数据流处理主要分为如下几步。

　　1）创建实时 Flink 任务把用户关系数据同步到 ID-Mapping 表，从而支持用户多维数据查询。

2）创建实时 Flink 任务把用户业务数据回流到阿里云的 TableStore，实现业务明细数据的实时同步。

3）在特征平台的实时特征配置页把上一步同步到 TableStore 的数据表注册为特征计算引擎元数据，然后选择相关的特征元数据，并填写特征基础信息、特征加工函数，通过测试等过程后上线使用。

4）特征查询时，首先根据入参查询 ID-Mapping 表以获取用户 ID，根据用户 ID 查询 TableStore 中的用户明细业务数据，然后由特征计算引擎执行配置的特征计算表达式，计算出来的结果就是特征值。

得益于 TableStore 的高性能查询能力，实时特征平台可以提供高并发、高性能的特征计算能力，但是有些特征不但依赖实时业务数据，还可能需要调用业务系统的接口来获取数据。对于只能提供接口的数据源，特征平台支持把这种接口形式的数据源注册为特征引擎的元数据，从而实现配置化的特征计算。此外，特征平台支持多个数据源关联查询。

14.5　反欺诈场景中的特征计算

随着金融欺诈风险不断扩大，反欺诈形势越来越严峻，实时特征平台不可避免地需要支持反欺诈场景中的特征计算。

14.5.1　反欺诈特征计算系统设计

反欺诈特征计算流程和实时特征计算流程类似，除了数据源来源于实时业务数据外，反欺诈场景更关注的是用户行为数据、用户设备数据、用户关联关系等。用户行为数据会通过埋点平台（XFlow）上报到 Kafka。这些特征数据也是使用 Flink 进行实时计算。不过，和实时业务特征计算的区别是反欺诈特征计算是在实时数仓中直接计算好之后存储到 Redis、图数据库等高速查询存储引擎。这是为了满足反欺诈特征查询的高性能要求。此外，反欺诈场景更关注实时数据变化。我们可以通过图 14-7 加强对反欺诈特征计算系统设计的了解：

从图 14-7 可以看出，反欺诈特征通过 HTTP 接口为特征网关提供特征计算服务。对于不同的反欺诈特征数据源，我们可使用不同的存储方式。

- TableStore：借助 TableStore 的高性能查询能力和 LBS 函数实现位置聚集类特征计算。
- NebulaGraph：使用图数据库实现用户关系、设备关系等关联实体的数据存储。
- Redis：提供实时的用户行为特征数据存储。

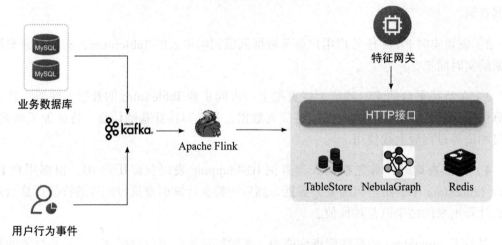

图 14-7　反欺诈特征计算系统

14.5.2　反欺诈特征分类说明

反欺诈特征分类样例如图 14-8 所示。

图 14-8　反欺诈特征分类样例

（1）第一类：用户行为类特征

该类特征主要是基于埋点的用户行为数据，基于用户启动 App 的次数、页面访问时长、点击次数、输入次数等进行衍生。

（2）第二类：位置识别类特征

该类特征主要是基于用户的实时地理位置信息，经过 GeoHash 算法，获得位置聚集类特征。举例，反欺诈团队通过位置聚集特征，发现了一批可疑用户，然后经过反欺诈模型识别这些用户的位置照片，发现他们的照片背景相似，都是在同一家中介公司进行业务申请，这种行为其实是有一定风险的。通过把位置识别类特征和 AI 图像识别能力进行结合，我们就可以更精准地定位类似欺诈行为的用户。

（3）第三类：设备关联类特征

该类特征主要是通过用户关系图谱来获得。通过获取同一个设备的关联用户情况，我们可以快速定位到一些"羊毛党"和具有简单欺诈行为的用户。

（4）第四类：用户图谱关系类特征

通过实时获取用户在登录、注册、授信、支用等场景的设备信息和用户提交的三要素等数据，我们可构造用户关系图谱。在用户关系图谱中，用户、手机号、设备号等都被看作一个节点，节点之间的边表示它们之间的关系。通过查询用户的邻边关系、用户关联的节点度数、是否关联到一些黑灰名单用户等方式，我们可以有效识别潜在的风险用户，提高风险控制效率和准确性。

（5）第五类：社群类特征

通过判断用户关系图谱的社群大小和社群内用户行为表现，我们可以提取出一些统计类社群规则特征，以帮助发现风险团伙。以下是一些可能有用的规则特征。

- 社群大小：通过计算社群内用户的数量，可以确定社群的大小。较大的社群可能更容易引起注意，并且可能更具有潜在的风险。
- 群体行为：社群内是否存在一些群体行为，如用户在特定时间段内集中活跃等。这种行为可能表明社群内的用户有共同的利益、目标或观点，也可能表明他们在参与某种非法活动。
- 用户行为模式：分析用户在社群内的行为模式，例如某些用户是否是被拒绝用户，是否有逾期行为等，这可能有助于确定风险团伙。

通过分析这些社群规则特征，我们可以帮助发现潜在的风险团伙。值得注意的是，这些规则特征并不能完全确定某个社群是否是风险团伙，需要结合更多的情报信息进行综合分析。

14.5.3　用户关系图谱实现方案

下面重点介绍用户关系图谱设计，整体设计思路如下。

1）首先是对于图数据源的选择。要想构建比较有价值的用户关系图谱，一定要找到准确的数据进行图建模。用户关系图谱的数据主要来自用户数据，比如手机号、身份证、设备信息、联系人等相关数据。

2）其次是图数据存储引擎选型。这里需要关注引擎的稳定性、数据的实时性、集成的方便性、查询的高性能。存储引擎的选择非常重要，现在市面上有不少图数据库。存储引擎选型过程中，我们需要重点考虑数据处理能力和稳定性，一定要经过全面的技术调研。

3）然后是考虑图数据库相关的算法支撑能力。除了基本的相邻边查询能力，我们还要考虑图数据库是否有比较丰富的图算法支持，比如在反欺诈场景使用到的是社群发现算法。

4）最后需要考虑通过API提供图数据服务。在反欺诈场景中，用户关系图谱除了可提供图数据特征服务外，还可以赋能营销推荐。

经过多方位的选型调研，我们最终选择了NebulaGraph作为图数据库。关于NebulaGraph的相关信息，读者可以从官网了解，这里不再赘述，图14-9是用户关系图谱应用的架构。

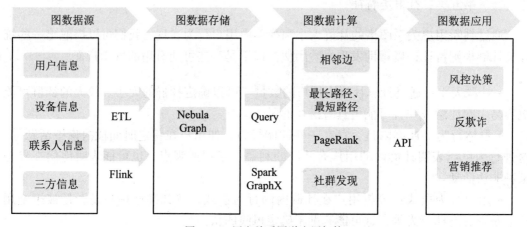

图14-9 用户关系图谱应用架构

通过对用户关系图谱中的数据挖掘，我们可了解用户社群的年龄分布、消费预估水平分布、平均额度使用率、群内节点类型数量和比例、群内黑/灰名单数量和比例等。下面列举了一些图特征供大家参考。

- 第一方欺诈：同一个人申请多次，而且提交的联系人等关键信息不一致。
- 疑似中介代办：部分人关联了相同的联系人手机号。
- 疑似信息冒用：一个手机号被多人作为申请手机号使用。
- 疑似团伙欺诈：图谱社群的节点规模超过了一定的阈值。

当然，一两个图特征无法进行精准反欺诈，需要组合多类特征形成反欺诈策略规则，从多维角度提高反欺诈识别准确度。

14.6 本章小结

本章重点介绍了众安金融的实时特征平台建设背景、实时特征平台的整体架构设计、实时业务特征的计算方案，以及反欺诈特征平台的实现思路和应用场景。众安金融的实时特征平台提供了高效计算大量特征的能力，从而支持实时风险决策。实时特征平台架构设计是一个复杂的系统工程，需要考虑诸多因素，例如数据规模量级、数据处理时效、特征计算性能、特征计算配置化能力、特征监控能力等。众安金融的实时特征平台架构设计可以作为一个参考案例，但并不一定适合所有的业务场景。每个公司的业务需求和技术栈有所不同，因此我们需要根据具体情况进行架构设计和实现。同时，随着业务的不断发展和技术的不断创新，架构设计方案也需要持续迭代和优化，以适应不断变化的需求和环境。

希望读者通过学习本章可以了解实时特征平台的设计方法和实现原理，掌握相关的技术和工具，进而根据本公司的业务需求和自身的技术栈，设计出最合适的实时特征计算方案。

第 15 章

MLOps 成熟度模型

MLOps 作为人工智能在企业内部规模化落地的工程技术实践，虽然在业内还是一个比较新鲜的事物，但是随着技术的快速发展和在各家科技企业的纷纷落地，陆续出现一些和行业标准相关的模型。虽然笔者认为这些模型相对来说还处于比较早期的阶段，远远谈不上成熟甚至达到行业标准或者国际标准，但是也有一定的参考意义。所以，本章做一些简单介绍，帮助读者对 MLOps 发展进行更全面的了解。

行业标准中一个比较典型的内容就是 MLOps 成熟度模型。

15.1 能力成熟度模型概述

MLOps 成熟度模型可以认为是能力成熟度模型中的一种。

那么，什么是能力成熟度模型？

能力成熟度模型：作为客观评估政府承包商流程实施合同软件项目能力的工具而开发的。该模型基于《IEEE 软件》（Leee Software）中首次描述的流程成熟度框架进行开发，后来在 Watts Humphrey1989 年出版的《管理软件过程》一书中进行了描述。虽然该模型来自软件开发领域，但它也被用作一般模式来辅助业务流程。

能力成熟度模型对于一些希望通过标准化运作达到一定水准的工作是很有帮助的。

MLOps 作为一个新鲜事物，目前还缺乏行业标准和国际标准。不过，国内外一些公司和组织机构已经开始制定 MLOps 能力成熟度模型，其中比较有名的是谷歌的 MLOps 成熟度模型和微软云的 MLOps 成熟度模型。

另外，中国信息通信研究院牵头和国内一些人工智能优秀企业协同开发的 MLOps 成熟度模型在本章也有相应介绍。

15.2　谷歌的 MLOps 成熟度模型

谷歌一直被认为是业内人工智能技术领先企业之一，对人工智能各方面包括 MLOps 的认识是非常深刻的。谷歌云是谷歌对外提供人工智能商业技术服务的关键平台。谷歌不断把自己的人工智能系统落地经验以技术白皮书或者推荐标准的方式对外输出，以便和业内人士交流人工智能工程化经验。其中也包含一部分 MLOps 成熟度模型内容，具体为在标题为" MLOps：机器学习中的持续交付和自动化流水线"的文章中讨论了谷歌云实现和自动执行机器学习系统的持续集成、持续交付和持续训练技术。

15.2.1　谷歌对 MLOps 的理解和认识

谷歌有很强的工程文化，对于 DevOps 和 MLOps 都有自己独特的认识。SRE（Site Reliability Engineer）负责 DevOps 在谷歌内部的具体实现。谷歌认为：MLOps 是一种机器学习工程文化和工程实践方法，适合被数据科学家和机器学习工程师把 DevOps 原则运用于机器学习领域，旨在统一机器学习系统开发（Dev）和机器学习系统运维（Ops）。实施 MLOps 意味着机器学习系统落地全部流程（包括数据收集、模型训练、模型测试、模型发布、模型部署和模型监控等）实现自动化。MLOps 和 DevOps 在工程文化和工程实践上有相同之处，也有差异。

下面分别从工程文化和工程实践两个方面介绍两者的异同。

1. 工程文化方面的异同

（1）DevOps 和 MLOps 在工程文化上的相同之处

谷歌认为 MLOps 是 DevOps 原则在机器学习领域的扩展，同样可实现缩短开发周期、提高部署效率、可靠且高频发布。

谷歌是业内率先采纳 DevOps 原则的著名企业之一。谷歌认为 DevOps 打破了系统研发团队（Dev）和系统运维团队（Ops）之间的部门墙，加强双方协同合作。而且，它认为 MLOps 同样打破了机器学习从业者包括 AI 科学家（ML）和 AI 工程师（Ops）之间的界限，方便双方更流畅地合作。

（2）DevOps 和 MLOps 在工程文化上的不同之处

人工智能系统落地与传统的软件系统落地在以下几方面存在不同。

- 团队技能方面。在人工智能项目中，研发团队中的关键角色是 AI 科学家，他们主要负责进行数据探索、数据分析、模型开发和实验。这些人员可能不是经验丰富的、能够构建生产级服务的软件工程师。详见本书第 2 章中"MLOps 涉及的角色"。

- 开发方面。机器学习在本质上具有实验性，应该尝试不同的特征、算法、建模技术和参数配置，以便尽快找到问题的最佳解决方案，所面临的挑战在于跟踪哪些方案有效、哪些方案无效，并在最大限度提高代码重复使用率的同时维持可重现性。

- 测试方面。测试人工智能系统比测试传统的软件系统更复杂，因为除了典型的针对代码的单元测试和集成测试之外，还需要针对数据质量进行验证，针对模型质量进行评估以及效果验证等。

- 部署方面。人工智能系统部署不只是将离线训练的机器学习模型部署为预测服务那样简单。人工智能系统可能会要求多步骤的流水线，以便实现重新训练和部署模型自动化。此流水线会大大增加复杂性，可能还需要在自动化执行之前由 AI 科学家手动执行，以便持续训练和验证新模型。

- 生产方面。机器学习模型的性能可能会随着时间流逝而下降，但这不是因为代码或模型出现 Bug，而是因为世界在变化，数据在不断变化。换句话说，与传统的软件系统相比，机器学习模型会随着时间的流逝而出现效果衰退，所以需要持续跟踪数据的统计信息并监控模型的在线预测性能，以便系统在预测值与预期不符时发送通知，让研发团队及时采取措施，比如重新训练等。

2. 工程实践方面的异同

人工智能系统和传统的软件系统在与源代码相关的持续集成（包括单元测试、集成测试）以及软件模块或软件包的持续交付方面基本相同。但是在机器学习系统中，二者有一些显著差异。MLOps 相对于 DevOps，有新增内容并同时对持续集成和持续部署做了一定的扩展。

1）在 MLOps 中，持续集成（Continuous Integration，CI）不仅包括测试、验证代码和组件，还包括测试、验证数据和模型。

2）在 MLOps 中，持续部署（Continuous Deployment，CD）不再针对单个软件包或服务，而会针对自动部署服务（模型预测服务）的系统。

除 CI 和 CD 之外，MLOps 增加了持续训练（Continuous Training，CT）和持续监控（Continuous Monitoring，CM）。

15.2.2　谷歌对 MLOps 成熟度等级的定义

谷歌认为，MLOps 成熟度主要由机器学习全生命周期中的任务自动化程度来决定。任务的自动化程度越高，意味着 MLOps 成熟度越高，随之而来体现出来的业务结果是模型训练和模型部署频率提高和次数增加。所以，谷歌按照任务自动化水平把 MLOps

成熟度分为级别 0、级别 1、级别 2。

1. MLOps 成熟度级别 0：手动执行

人工智能研发团队内部的 AI 科学家和 AI 工程师需要根据业务需求协作构建和部署机器学习的各种模型。如果他们构建和部署机器学习模型的过程中所有任务全部是手动完成的，这样的水平被视 MLOps 成熟度级别 0。

MLOps 成熟度级别 0 的机器学习流程如图 15-1 所示。

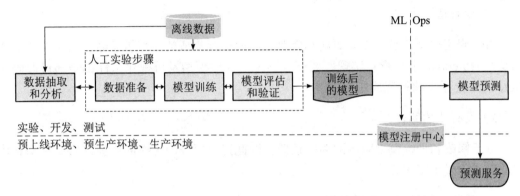

图 15-1　MLOps 成熟度级别 0 的机器学习流程

如图 15-1 所示，整个流程被分为 ML 和 Ops 两个部分。左边的 ML 部分主要职责是处理数据并训练出模型，最后提交给模型注册中心。右边的 Ops 部分把模型从模型仓库中读取出来，并搭建模型预测系统，对外提供预测服务。系统又被分为线上和线下部分，在水平线之上的部分为线下部分，主要职责是在线下环境进行各种实验、研发和测试；在水平线之下的部分为线上部分，主要职责为提供线上预测服务。

该研发和运维流程的主要特点如下。

1）流程中每个任务都通过脚本手动执行。

流程中每个任务（包括数据分析、数据准备、模型训练、模型评估和模型验证）都是手动执行的，并且手动从一个步骤转到另一个步骤。此过程通常由 AI 科学家以交互方式在 Notebook 中编写和执行 Python 代码驱动，直到生成有效的模型为止。

2）机器学习研发（ML）与运维（Ops）分离。

该过程把创建模型的 AI 科学家与将模型部署上线作为预测服务的 AI 工程师严格分开。AI 科学家经过数据探索、特征工程、模型实验、模型训练等步骤后得到训练后的模型，然后将模型作为交付物移交给 AI 工程师团队，以便在其负责的底层基础架构上进行部署。此移交工作可能通过将经过训练的模型放在模型特有的仓库中，或者通过把模型对象迁入代码库来完成。之后由负责模型部署的 AI 工程师在生产环境中进行部署，提供模型预测的功能以低延时、高吞吐的服务提供给下游应用开发者使用。AI 科学家和 AI 工程师的工作环境和开发语言等不一致，可能会导致训练、预测所使用的逻辑和数据不一致，最终影响线上部署的模型效果。

3）模型更新的频率较低。

该过程假定 AI 科学家团队管理的是一些不会经常更新（更改模型实现或使用新数据重新训练模型）的模型。新模型版本每年仅更改有限的几次。

4）没有持续集成。

由于假定模型几乎不需要更新和修改，因此持续集成的工作被忽略。通常，测试代码是在 Notebook 上执行。实现、测试、训练、评估模型及可视化工件都是通过源码在 Notebook 上手动执行完成。

5）没有持续部署。

由于修改和训练模型版本的频率较低，因此持续部署的工作同样被忽略。模型和代码的部署通过手工来完成。

6）部署流程只包含预测服务。

该过程仅涉及将经过训练的模型部署为预测服务（例如，通过 Rest API 对外提供服务的微服务），而不是部署整个机器学习系统。

7）缺乏主动的性能监控。

该流程不会主动跟踪或记录模型预测结果，以检测模型是否性能下降和其他模型行为偏移，没有持续训练。

在成熟度等级为 0 的人工智能研发和运维流程中，模型训练和模型预测全部通过手动执行，常见于初步尝试部署机器学习模型到企业内部的场景中。往往机器学习模型经过训练和部署上线后，基本就不再改动。实际上，在现实环境中部署模型一段时间后，模型有可能会失效，因为模型无法适应环境的变化或数据的变化。尤其是一些需要实时数据反馈的商业场景，比如零售行业各种销量和物流预测场景、金融行业 ToC 或者 ToB 业务的实时风控场景、ToC 消费业务的实时推荐场景，对模型重新训练的频率要求比较高，商业价值又非常高。全部手动完成模型重新训练和部署在时间和效率上是不可能的。

所以，我们需要把模型训练和模型部署工作以流水线方式自动化。如果做到了，MLOps 成熟度就达到级别 1。

2. MLOps 成熟度级别 1：机器学习流水线

MLOps 成熟度级别为 1 的系统的特点是自动执行机器学习流水线来持续训练模型，并持续交付模型以提供预测服务。

MLOps 成熟度级别 1 的机器学习流程如图 15-2 所示。

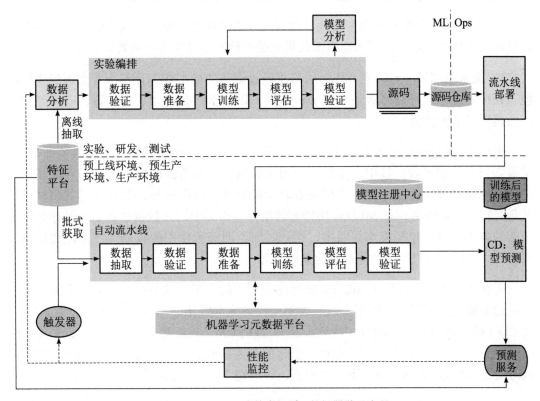

图 15-2　MLOps 成熟度级别 1 的机器学习流程

该流程比图 15-1 所示流程要复杂得多。它同样也分为上下两部分，水平分界线之上的部分变化不大，还是线下进行模型训练，同样需要执行数据准备、模型训练、模型评估等任务，不过训练后的产出不再是模型，而是包括模型产出一系列流水线（将被部署到线上环境）。线上部分即水平分界线的下面部分，从线下部分获得流水线之后，同样执行数据准备、模型训练、模型评估等任务，最后生成模型并写入模型仓库，并提供线上的预测服务。另外，线上部分增加了性能监控功能，以实时监控线上预测服务的性能，如果有性能下降趋势，下降到低于预定阈值后，及时触发进行流水线式重新训练。

该研发和运维流程的主要特点如下。

1）模型的持续训练。系统会在生产环境中根据模型性能监控发现性能下降或者新的数据到来并触发使用最新的数据自动进行模型训练。

2）模型的持续交付。生产环境中的机器学习流水线使用线上的最新数据进行训练并产出新模型之后，会自动持续部署，提供给线上预测服务。

3）快速实验自动化。机器学习实验的步骤经过编排成为流水线，流水线上的各任务自动执行，并且自动转换，这样可以快速进行模型迭代实验和部署。

4）严格保证训练和预测一致性。在开发或实验环境中使用的流水线实现会在线下环境和线上环境使用，保证训练模型效果和线上预测环境中的模型效果一致。

5）流水线部署。在级别 0 中，可以将经过训练的模型作为预测服务部署到生产环境。在级别 1 中，可以部署整个训练流水线，该流水线会自动重复运行，以将经过训练的模型用于预测服务。

相对于 MLOps 成熟度级别 0 架构，该架构增加了一些新的组件，包括特征平台、机器学习元数据平台。其中，特征平台用于对机器学习所需的特征定义、存储和访问进行标准化处理，为模型训练提供高吞吐、批量特征读取服务，同时为模型预测提供低延时特征读取服务，是 MLOps 所特有的组件。机器学习元数据平台用于保存训练和预测的各种信息，包括流水线版本、执行时间、训练所使用的数据等，保证数据训练可重现，方便进行故障定位和数据合规处理等。

研发和运维能力达到了 MLOps 成熟度级别 1 的水平，就可以在一个特定的机器学习场景中做到模型开发、模型上线、模型监控等流水线化，即自动 CI（持续集成）、自动 CD（持续部署）、自动 CT（持续训练）、自动 CM（持续监控）。但是，如果希望在多个场景中达到流水线化，即达到规模化的流水线化，工程能力自动化要求会更高，这时需要 MLOps 成熟度达到下一个级别，即级别 2——CI/CD 流水线自动化。

3. MLOps 成熟度级别 2：CI/CD 流水线

如果希望在生产环境的多个场景中快速、可靠地更新流水线，我们需要一个可靠的自动化 CI/CD 系统。此自动化 CI/CD 系统可以让 AI 科学家在多个场景中快速探索有关特征工程、模型架构和超参数的新理念。他们可以实现这些理念，并自动构建、测试新的流水线组件，以及将其部署到目标环境。

MLOps 成熟度级别 2 的机器学习流程如图 15-3 所示。

该流程与图 15-2 所示流程类似，不同点在于流水线本身的配置支持持续集成和持续部署，即流水线的配置发生改变，会自动触发持续集成（线下环境的编译、测试、打包等）和持续部署（线上环境的模型训练和模型部署）。这种流水线本身作为代码的一部分，受代码版本系统的管理的方式称之为 Pipeline as Code（流水线代码化）。图 15-3 中标号为 1、2、3、4、5、6 的部分会自动按顺序执行。

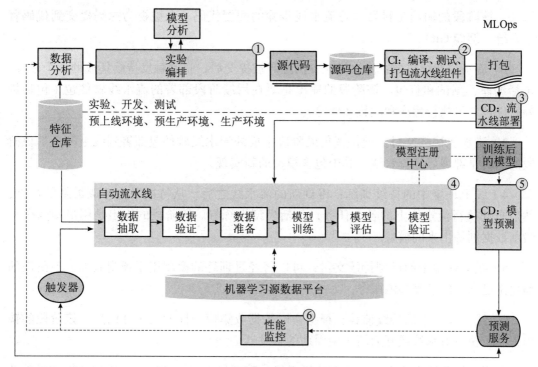

图 15-3　MLOps 成熟度级别 2 的机器学习流程

MLOps 流水线自动执行如图 15-4 所示，这种图示更容易理解。

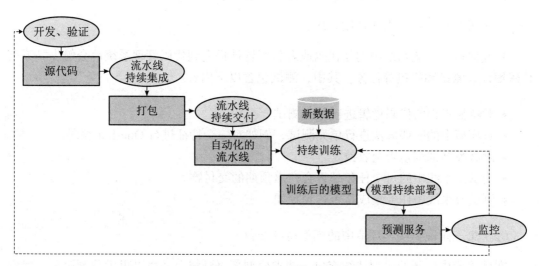

图 15-4　MLOps 流水线自动执行

图 15-4 所示的流水线按照执行顺序划分为以下阶段。

1）模型开发和验证：AI 科学家和 AI 工程师在此阶段可以反复尝试新的机器学习

算法。该阶段的输出是机器学习流水线步骤的配置代码（会被视为源码提交到代码管理系统，例如 Git）。

2）流水线持续集成：流水线配置的源码被提交后，自动触发持续集成的各个任务，包括编译、测试和打包。该阶段的输出是要在后续阶段部署的流水线软件包（包括依赖软件包、可执行程序和配置文件等）。

3）流水线持续交付：把持续集成阶段生成的流水线软件包部署到线上环境。该阶段的输出是部署好的流水线，其中包含模型的新实现。

4）线上环境中的持续训练：得到新的流水线之后，从特征平台读取最新的数据，然后自动执行流水线上的各个任务，包括模型训练等。该阶段的输出是用最新代码和最新数据训练出来的模型。

5）线上环境中的模型持续交付：可以将经过训练的模型用于预测服务。该阶段的输出是已部署的模型预测服务。

6）线上环境中的持续监控：根据实时数据收集模型性能的统计信息。该阶段的输出是用于执行流水线或开启新实验周期的触发器。

在流水线开始实验之前，数据分析仍然是数据科学家手动执行，模型分析也是手动执行。

其中，第二阶段和第五阶段有比较多的注意事项。

（1）第二阶段：流水线持续集成

在此阶段中，流水线中的新代码或者新配置被提交到代码管理系统后会触发一系列代码编译、测试和打包等任务。其中，测试包含以下内容。

- 对特征工程的代码逻辑进行单元测试。
- 对模型中的一些方法进行单元测试，例如对一个特征进行 One-hot 编码。
- 测试模型训练是否会收敛。
- 测试流水线中的每个任务是否会产出预期的交付物。
- 测试流水线中任务集成是否达到预期。

（2）第五阶段：线上环境中的模型持续交付

在此阶段中，新的模型持续交付，即把模型部署到线上环境以提供预测服务。我们需要注意如下事项。

- 在部署模型之前，验证模型与目标基础架构的兼容性，包括验证模型所需的软件包是否已安装到服务环境，以及内存、计算和 GPU 资源是否可用。

● 对预测服务进行功能测试：使用不同输入来调用预测服务的 API，并确保获得预期响应。

● 对预测服务进行性能测试：线上预测服务的 QPS 和延时等性能指标是否符合预期。

谷歌认为，在生产环境中落地人工智能系统，并不是仅仅把训练后的模型部署到线上，为下游应用提供预测服务的 API，而是要密切监控线上模型性能，按照需要重新进行模型训练和部署。而这个过程需要自动执行，而且需要在企业多个人工智能场景中自动执行。

所以，它把 MLOps 成熟度分为 3 个等级。理想的等级是第三个等级，即 CI/CD 流水线。在此等级下，我们可以实现规模化的持续集成、持续部署、持续训练、持续监控，从而支撑多个业务的机器学习系统快速开发和上线。

15.3　微软的 MLOps 成熟度模型

无独有偶，微软作为在人工智能领域领先的科技企业，在 MLOps 领域也做了很多工作。微软除了对客户提供全套的机器学习平台服务之外，也对外公布了 MLOps 成熟度等级定义。

15.3.1　微软对 MLOps 成熟度模型的理解和认识

微软定义 MLOps 成熟度模型的目的是向业内阐明 MLOps 的原则和做法，把它作为指标建立起衡量机器学习生产环境及其关联流程的成熟度所需的渐进性要求，促进生产环境中机器学习系统研发和运维的持续改进。

MLOps 成熟度模型有助于阐明企业成功运行 MLOps 所需遵守的原则和做法，可作为依据来确定组织现状和差距，具体如下。

● 建立契合实际的成功标准，即机器学习在企业落地所需具备的能力和企业当前阶段、下一阶段的要求相匹配，不坐井观天，也不好高骛远。
● 规划下一步工作内容，即规划下一阶段所需要做的事情，包括人员组织、工作流程、平台工具等。
● 确定每个阶段的预期结果，即了解每个阶段能得到的确定产出。

与大多数能力成熟度模型一样，微软的 MLOps 成熟度模型也从人员、组织、流程和技术等多个维度进行定性分析，主要是从自动化水平的高低进行区分，分为 5 个等级。和谷歌一样，微软也认为 MLOps 成熟度水平越高，自动化程度越高。不过和谷歌的 MLOps 成熟度模型仅仅集中在研发流程和工具平台不同的是，微软的 MLOps 成熟度模型还包含了人员组织情况。

15.3.2　微软对 MLOps 成熟度等级的定义

微软的 MLOps 成熟度模型分为以下 5 个级别。

- 级别 0：无 MLOps，所有任务手动完成（类似谷歌的 MLOps 成熟度级别 0 ）。
- 级别 1：有 DevOps 无 MLOps，特点是代码有 CI 和 CD，即代码有自动化持续测试和持续部署，但是模型和数据相关任务没有实现自动化。
- 级别 2：自动化训练，特点是模型训练的相关任务实现自动化，包括自动化模型训练和模型管理。
- 级别 3：自动化部署，特点是模型部署的相关任务实现自动化，包含模型 A/B 测试、代码自动化测试、模型训练自动化、模型部署自动化。
- 级别 4：完整 MLOps，全流程自动化。

下面详细介绍各级别中人员协作情况、模型训练情况、模型部署情况、应用程序集成情况等。

1. 级别 0：无 MLOps，所有任务手动完成

（1）人员协作情况

- AI 科学家：独立工作，而不是定期与整个研发团队交流和沟通。
- 数据工程师：和 AI 科学家的情况类似，独立工作，与外界交互很少。
- 软件工程师：同样独立工作，从 AI 科学家那里远程接收模型。

（2）模型训练情况

- 通过手动方式收集数据。
- 计算资源没有被托管，而是各个团队独立地使用特定资源（计算资源并没有共享）。
- 训练结果不具备可重现性，模型调试比较困难。
- 以手动方式完成单个模型的交付（可能以文件形式交付）。

（3）模型部署情况

- 通过手动方式完成模型部署。
- 对模型效果进行评估的脚本是手动创建并执行的，并不受版本管理系统控制也不会自动触发重新训练等任务。

- AI 科学家或 AI 工程师单独处理发布流程，没有自动化。

（4）应用程序集成情况

- 严重依赖 AI 科学家和 AI 工程师的专业知识来判断是否集成成功。
- 每次集成都是通过手动发布。

2. 级别 1：有 DevOps 无 MLOps

（1）人员协作情况

- AI 科学家：独立工作，而不是定期与整个研发团队交流和沟通。
- 数据工程师：和 AI 科学家的情况类似，独立工作，与外界交互很少。
- 软件工程师：同样独立工作，从 AI 科学家那里远程接收模型。

（2）模型训练情况

- 通过流水线的方式，用数据管道自动收集数据。
- 计算资源有可能是被托管的，也有可能是独立的。
- 训练结果不具备可重现性，模型调试比较困难。
- 以手动方式完成单个模型的交付。

（3）模型部署情况

- 通过手动方式完成模型部署。
- 对模型效果进行评估的脚本是手动创建并执行的，可能受版本管理系统控制。

（4）应用程序集成情况

- 模型相关代码存在自动化测试。
- 严重依赖 AI 科学家和 AI 工程师的专业知识来判断是否集成成功。
- 应用程序代码需要单元测试。
- 应用程序在完成测试后自动发布。

3. 级别 2：自动化训练

（1）人员协作情况

- AI 科学家：与数据工程师紧密合作，将模型训练代码转换为可重复的脚本或作业。

- 数据工程师：与 AI 科学家合作完成模型训练相关的脚本，可以自动执行。
- 软件工程师：独立工作，从 AI 科学家那里远程接收模型。

（2）模型训练情况

- 通过流水线的方式，用数据管道自动收集数据。
- 计算资源是被托管的，即底层的计算资源通过共享平台共享。
- 训练结果是可追溯、可重现的。
- 训练模型的代码和生成的模型都受版本管理系统控制。

（3）模型部署情况

- 通过手动的方式完成模型部署。
- 对模型效果进行评估的脚本受版本管理系统控制。

（4）应用程序集成情况

- 模型相关代码存在自动化测试。
- 严重依赖 AI 科学家和 AI 工程师的专业知识来判断是否集成成功。
- 应用程序代码需要单元测试。
- 应用程序在完成测试后自动发布。

4. 级别 3：自动化部署

（1）人员协作情况

- AI 科学家：与数据工程师紧密合作，将模型训练代码转换为可重复的脚本或作业。
- 数据工程师：与 AI 科学家和软件工程师协作管理输入、输出。
- 软件工程师：与 AI 工程师协作将模型自动集成到应用程序代码。

（2）模型训练情况

- 通过流水线的方式，用数据管道自动收集数据。
- 计算资源是被托管的，即底层的计算资源通过共享平台共享。
- 训练结果是可追溯、可重现的。
- 训练模型的代码和生成的模型都受版本管理系统控制。

（3）模型部署情况

- 模型通过流水线自动发布到线上。

- 对模型效果进行评估的脚本受版本管理系统控制。

（4）应用程序集成情况

- 每个模型版本都通过单元测试和集成测试。
- 不太依赖 AI 科学家的专业知识。
- 应用程序代码需要单元测试和集成测试。

5. 级别 4：完整 MLOps，全流程自动化

（1）人员协作情况

- AI 科学家：与数据工程师紧密合作，将模型训练代码转换为可重复的脚本或作业。
- AI 工程师：与 AI 科学家和软件工程师协作来管理输入、输出。
- 软件工程师：与 AI 工程师协作将模型自动集成到应用程序代码，并实现部署后自动收集指标数据。

（2）模型训练情况

- 通过流水线的方式，用数据管道自动收集数据。
- 根据线上监控指标，自动触发重新训练。
- 计算资源是被托管的，即底层的计算资源通过共享平台共享。
- 训练结果是可追溯、可重现的。
- 训练模型的代码和生成的模型都受版本管理系统控制。

（3）模型部署情况

- 模型通过流水线自动发布到线上。
- 对模型效果进行评估的脚本受版本管理系统控制。
- 持续集成模型自动化部署。

（4）应用程序集成情况

- 每个版本的模型需要单元测试和集成测试。
- 不太依赖数据科学家的专业知识。
- 应用程序代码需要单元测试、集成测试。

　　微软的 MLOps 成熟度模型主要是把机器学习全生命周期的活动分解为 3 个阶段（模型训练、模型部署、应用程序集成），不同阶段的任务自动化程度不同，对应不同的

成熟度等级。它同时对人员协作情况进行了分析，针对三种角色（AI 科学家、AI 工程师、软件工程师）在不同级别的组织和协作关系给出分析。

理想状态下（即最高等级的成熟度），机器学习全生命周期实现自动化；同时，AI 科学家、AI 工程师、软件工程师三者紧密协作，一起实现模型训练、模型部署、应用程序集成自动化。相对于谷歌的 MLOps 成熟度模型，它简化了人工智能应用研发和运维全生命周期中的任务，降低了 MLOps 成熟度模型复杂度，让读者容易理解；同时增加了人员协作情况解读，从组织角度阐述了 MLOps 实施原则，相对来说更全面一些。两者的模型各有千秋，各有侧重，很难说哪种模型更适用一些。笔者观点：谷歌的 MLOps 成熟度模型更极客范一些，微软的 MLOps 成熟度模型相对容易理解，但是在工程能力要求上，对最高级要求相对谷歌模型的最高级要求要低一些。

15.4　信通院的 MLOps 成熟度模型

在介绍了国外谷歌和微软的 MLOps 成熟度模型之后，我们再一起看看国内 MLOps 相关的标准情况。国内由中国信息通信研究院（以下简称"信通院"）、云计算与大数据研究所（以下简称"云大所"）牵头，和国内众多人工智能领先企业包括中国农业银行、中原银行、浦发银行、招商银行、北京银行、建信金科、百度、京东、中国联通、华为、商汤科技、阿里巴巴、腾讯、整数智能、九章云极、第四范式、微软中国、IBM、深兰科技、蚂蚁集团、渊亭科技、华佑科技、亚信科技、深信服科技、格创东智、万达信息、上海仪电、智谱 AI、OPPO 等一起协作并发布了《人工智能研发运营一体化（Model/MLOps）能力成熟度模型》标准。可以认为，这是中国版的 MLOps 成熟度模型。

该标准从人工智能模型全生命周期治理等角度针对人工智能研发运营管理体系提出一套全方位的标准规范。该标准把 MLOps 定义为人工智能研发运营一体化实现，是一种相当不错的解读。

（1）该标准的出台背景

信通院一直在牵头推动云计算、开源、大数据等领域的各种标准化工作，所以它们来牵头制定 MLOps 能力成熟度模型标准顺理成章。这说明它们认为人工智能落地已经到了需要制定行业标准的阶段了。

该标准的出台是为了实现人工智能项目开发过程中数据、算法、模型等 AI 资产有序、高效地研发和运营，促成人工智能系统在企业规模化落地。该标准包含若干部分，目前完成了第一部分（开发管理）的制定，其他部分还在讨论制定中。

（2）该标准的价值

该标准适用于智能转型或升级的组织，面向机器学习等模型研发和运维项目，以生产规模化、高质量、低风险的人工智能模型为目标，从开发管理、模型交付等方面全面推进人工智能项目管理能力和人工智能工程能力建设。这部分内容以"开发管理"标准为基础，重点聚焦于机器学习项目开发和运维管理，帮助企业准确定位能力水平，诊断自身能力的缺漏和不足，并提供定制化改进方向和提升路径，推动组织级人工智能工程化能力升级。

该标准融合了 MLOps 基本原则中的自动化、版本控制、实验跟踪、测试、可重现性等理念。

（3）该标准中第一部分"开发管理"内容

如图 15-5 所示，"开发管理"标准的完整体系包含 3 个能力子域（需求管理、数据工程和模型开发）、10 个能力项（需求分析、特征工程、模型训练等）、28 个能力子项和近 240 个细分能力要求。因为篇幅关系，本书简单介绍其中两个能力子域（需求管理和数据工程）。更多内容可以参考该标准的白皮书。

Model/MLOps能力成熟度模型 第一部分：开发管理									
能力子域	需求管理			数据工程				模型开发		
能力项	需求分析	测试用例设计	项目计划	数据收集	数据探索	数据处理	特征工程	模型构建	模型训练	评估与选择
能力子项	需求确认／可行性评估	场景设计／测试用例编写／测试用例管理	进度管理／资源管理／风险管理	数据接入	数据组织／探索性分析	数据质量评估／数据预处理／数据标注	数据版本管理／特征选择与处理／特征管理	流水线管理／开发环境管理／算法组件管理／流水线构建	实验管理／超参数优化／元数据管理／模型管理	评估指标管理／评估任务管理／模型选择

图 15-5　信通院的 MLOps 成熟度模型标准中"开发管理"部分全景图

15.4.1　需求管理能力子域相关内容

需求管理是任何项目管理的源头，也是机器学习项目成功落地的首要环节，如果处理得不好，很容易造成混乱，出现各个角色对项目需求和目标理解不一致，各种风险层出不穷等情况，最终造成项目失败。所以，能力成熟度模型先从需求管理开始。

需求管理是对业务需求转化为技术需求的过程进行管理。其中，需求管理能力子域的分级如图 15-6 所示。

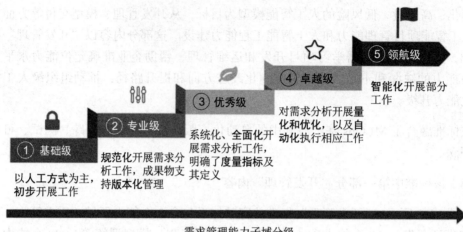

需求管理能力子域分级

图 15-6 信通院 MLOps 模型中需求管理能力子域分级

需求管理包括需求分析、测试用例设计、项目计划 3 个能力项要求。很多时候，机器学习项目的交付不满足业务方真实需求而不得不返工，正是因为模型开发前缺乏适当的需求分析。需求分析帮助开发人员识别需求的有效性、评估需求实现难度并构建机器学习建模方案。需求分析主要包含需求确认、可行性评估、场景设计 3 个能力子项。

- 需求确认：技术人员从业务角度充分理解需求目标和要求，以便于后续建模工作的开展。
- 可行性评估：对需求的业务价值及其可行性进行充分论证。
- 场景设计：将业务需求转化为人工智能问题的描述，形成最终模型解决方案。

信通院 MLOps 模型中需求确认能力子项分级要求如表 15-1 所示。

表15-1 信通院MLOps模型中需求确认能力子项的分级要求

需求确认分级要求	
1 级	与业务人员沟通确定需求目标和范围
2 级	（在上一级基础上） 1. 具备制定需求管理相应规范，定义标准化的输入、输出，评估业务需求的价值和目标定义的能力 2. 对于复杂需求，能够按照不同维度进行分解和分类、分级 3. 具备需求版本管理能力
3 级	（在上一级基础上） 1. 明确需求边界、价值、背景、营销 / 风控策略、时间计划等 2. 定义功能性、非功能性需求度量指标，有明确的验收条件 3. 具备需求可追溯能力

（续）

	需求确认分级要求
4 级	（在上一级基础上） 1. 制定完善的需求价值度量标准，具备自动分析需求数据（例如根据需求类别或优先级等属性展开分析）能力 2. 具有完整的项目质量与过程评估指标
5 级	（在上一级基础上） 自动采集并定期回顾价值度量数据，逐渐形成体系，做到可量化、可预测

可以看出，该标准的分解非常详细。下面介绍数据工程能力子域。

15.4.2　数据工程能力子域相关内容

如前文所述，数据是人工智能落地最难也是最容易出错的部分。下面来看看该标准对数据相关部分是如何介绍的。

该标准的数据工程部分基于标准化、体系化、自动化原则，对数据来源、处理、存储、流转等管理过程提出要求，希望可以解决企业内数据来源分散、数据质量良莠不齐、数据存储凌乱、数据集难以共享等问题。

数据工程能力子域包括数据收集、数据探索、数据处理、特征工程 4 个能力项。数据工程能力子域分级如图 15-7 所示。

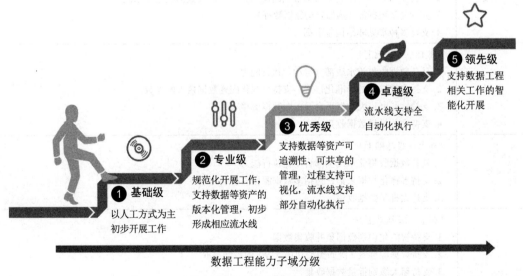

图 15-7　信通院 MLOps 模型中数据工程能力子域分级

1. 数据收集能力项要求

数据质量直接决定模型训练效果。不同企业的训练数据来源不同，有的来源于企业内部的数据中台，有的来源于企业内部的数据湖，有的来源于 IoT 设备，还有的来源于外部数据源等。该标准中数据收集部分对数据接入、数据管理等进行了规范，并对数据收集的流水线提出了技术能力要求，可帮助企业将来源分散、类型零散的数据转为接口统一、组织有序、安全可用的数据，并提高数据收集过程管理能力。

数据收集能力项又包括数据接入、数据组织两个能力子项。

- 数据接入：将各种来源、各种类型的零散数据整合在一起的过程。
- 数据组织：按照一定方式和规则对数据进行归并、存储等管理的过程。

表 15-2 展示了信通院 MLOps 模型中数据接入从 1 级到 5 级不同级别的细分能力要求。

表15-2   信通院MLOps模型中数据收集能力分级要求

	数据接入能力分级要求
1 级	1. 通过人工方式实现数据接入 2. 支持常见的数据源（例如关系数据库等） 3. 支持常见结构化数据和半结构化数据
2 级	（在上一级基础上） 1. 具备制定数据接入相应规范的能力 2. 具备使用脚本等工具来收集数据的能力，初步形成数据收集流水线 3. 支持复杂数据源（例如异构数据源等） 4. 支持多种常见非结构化数据
3 级	（在上一级基础上） 1. 具备数据收集流水线部分自动化执行能力 2. 支持多数据源的标准化接入，支持可视化配置数据接入的参数 3. 支持物联网、大数据平台及实时数据流接入 4. 支持中等批量数据收集
4 级	（在上一级基础上） 1. 具备数据收集流水线全部自动化执行能力 2. 支持多样化数据采集，包括多数据源接入自动化 3. 支持大批量数据收集
5 级	（在上一级基础上） 1. 支持智能化识别数据集并收集数据 2. 支持数据源标签（例如类型和场景等）的自动提取 3. 支持超大级别批量数据收集

如表 15-2 所示，最低一级是全手工执行，稍高一级实现了版本管理并开始自动化，

再高一级实现了数据收集自动化，更高一级实现了全流程自动化，最高一级实现了部分的智能化。每一级别支持的数据源能力也有差异：最低一级支持结构化数据，稍高一级支持非结构化数据，再高一级支持流式数据，更高一级支持批量数据等。

2. 数据探索能力项要求

该标准中数据探索部分对数据探索分析和数据质量评估提出了规范化、自动化和可视化等方面的要求，使团队在面对庞杂无序的数据时能抽丝剥茧、全面快速地挖掘数据隐含信息、衡量数据质量，并实现数据探索过程的可重现、可复用。

数据探索能力项又包括探索性分析、数据质量评估两个能力子项。

- 探索性分析：基于数据自身和统计分析，从数据数量、属性、统计特征及数据源关联关系等多个方面，发现有利于后续特征工程的信息。
- 数据质量评估：从多个维度评估数据是否达到预期质量要求，例如完整性、规范性、一致性、准确性、时效性、唯一性、合理性、冗余性、获取性等。

表 15-3 展示了信通院 MLOps 模型中探索性分析从 1 级到 5 级不同级别的细分能力要求。

表15-3　信通院MLOps模型中探索性分析能力分级要求

探索性分析能力分级要求	
1 级	通过人工方式开展探索性分析
2 级	（在上一级基础上） 1. 具备制定探索性分析相应规范的能力 2. 具备使用脚本等工具识别数据模式和特征，并支持报表、图表、视图等方式进行探索性分析的能力 3. 初步形成数据探索流水线，并具备其版本管理能力
3 级	（在上一级基础上） 1. 具备数据探索流水线部分自动化执行能力，支持与数据收集流水线有效衔接 2. 具备数据探索流水线的可视化能力，及其追溯能力
4 级	（在上一级基础上） 1. 具备数据探索流水线全自动化执行能力 2. 支持探索性分析模板的标准化配置，辅助用户自动实现数据探索和验证
5 级	（在上一级基础上） 支持对探索性分析过程的自主学习，自动化创建分析模板

3. 数据处理能力项要求

该标准中数据处理部分围绕数据规范化、自动化、共享性、可追溯等角度，对数据预处理、数据标注及版本管理的技术能力提出要求，以最大限度提高数据质量，提高数据共享和可追溯能力，并从过程管理上保证后续模型训练效果。

数据处理包括数据预处理、数据标注、数据版本管理 3 个能力子项。

- 数据预处理：数据清洗、数据转换和数据增强的过程。
- 数据标注：对需要机器识别和分辨的数据贴上标签，这是机器学习模型能够学习和准确预测的关键。
- 数据版本管理：对处理过程中的数据各版本进行管理，以实现数据可追溯。

表 15-4 展示了信通院 MLOps 模型中数据预处理从 1 级到 5 级不同级别的细分能力要求。

表15-4　信通院MLOps模型中数据预处理能力分级要求

数据预处理能力分级要求	
1 级	人工开展数据预处理
2 级	（在上一级基础上） 1. 具备制定数据预处理相应规范的能力 2. 使用离线工具等进行数据预处理 3. 初步形成数据预处理流水线，并具备其版本管理能力
3 级	（在上一级基础上） 1. 具备数据预处理流水线部分自动化执行能力，支持与数据探索流水线的有效衔接 2. 具备数据预处理流水线可视化能力，及其追溯能力 3. 具备妥善的数据增强能力，支持对现有样本进行数据增强（例如图像翻转、缩放、裁剪等）
4 级	（在上一级基础上） 1. 具备数据预处理流水线全自动化执行能力 2. 支持高级数据增强能力（例如基于 GAN 的数据增强、神经风格转换等） 3. 支持自动化触发数据纠偏操作
5 级	（在上一级基础上） 1. 具备智能化数据预处理能力 2. 具备消除数据中可能隐含的偏见、歧视的能力

4. 特征工程能力项要求

特征作为模型训练的重要输入之一，经常出现与决策相关度高低不一、可用性时好时坏、训练效果糟糕时难以追责等问题。该标准中特征工程部分围绕规范化、自动化、自适应、共享性、可追溯、准入机制、异常处理等维度，提出了全面的特征工程能力要求，以帮助企业提高特征管理能力，提升特征处理、特征应用和共享质效水平，从而提升整体研发效能。

特征工程是数据工程的最后一步，包括特征选择和处理、特征管理、流水线管理 3 个能力子项。

- 特征选择和处理：从所有特征中选出算法学习所需的相关特征，并进行相应的改进和处理。
- 特征管理：对特征进行存储、版本管理和共享等，以实现特征可追溯和可重用。
- 流水线管理：对特征工程中各步骤进行串联和标准化管理，以加快执行速度，提高生产效率。

表 15-5 展示了信通院 MLOps 模型中流水线管理从 1 级到 5 级不同级别的细分能力要求。

表15-5　信通院MLOps模型中流水线管理能力分级要求

流水线管理能力分级要求	
1 级	人工执行特征工程各步骤
2 级	（在上一级基础上） 1. 具备特定特征工程流水线管理相应规范的能力 2. 初步形成特征工程流水线，并具备其版本管理能力
3 级	（在上一级基础上） 1. 具备数据预处理流水线部分自动化执行能力，支持与数据探索流水线的有效衔接 2. 具备数据预处理流水线可视化能力，及其追溯能力
4 级	（在上一级基础上） 1. 具备特征工程流水线全自动化执行能力 2. 支持数据工程流水线（包括数据收集、数据探索、数据处理和特征工程）全自动化执行
5 级	（在上一级基础上） 具备智能化特征工程流水线执行能力

15.5　本章小结

虽然国内外都有相应的 MLOps 成熟度模型标准，各方的设计思路并不完全一致，但是基本覆盖了机器学习全生命周期，也都朝着更多自动化方向进行规范。

相信随着产业的发展和技术的不断成熟，MLOps 成熟度模型标准也会得到进一步发展和采纳，促进业内人工智能系统在企业落地水平的普遍提高。这估计也是所有 MLOps 成熟度模型标准设定和推广的初衷吧！

国内与人工智能技术研发相关的企业可以根据自身现阶段的需求和技术能力，从企业商业战略、技术战略出发，灵活参考各种 MLOps 成熟度模型标准，根据各标准的特点，有针对性地进行中短期目标规划。